人工智能驱动的

机械故障诊断技术及应用

ARTIFICIAL INTELLIGENCE-DRIVEN
MECHANICAL FAULT DIAGNOSIS TECHNOLOGY AND APPLICATIONS

余建波
主编

化学工业出版社
·北京·

内容简介

《人工智能驱动的机械故障诊断技术及应用》力求以方法科普为基础，深化拓展为核心，案例驱动为抓手，图文并茂地向广大读者介绍机械故障诊断的流程、方法与实践。

本书共11章内容，具体包括绪论、机械故障诊断的信号处理方法、机械故障特征提取与选择技术、机械故障诊断技术、基于深度学习的信号特征提取技术、基于迁移学习的智能故障诊断技术、基于增量学习的故障诊断技术、小样本下基于虚实融合的旋转机械设备故障诊断方法、典型旋转机械设备故障智能诊断、端边云集成技术在机械设备智能维护中的应用和机械设备故障智能诊断系统。

本书可用作机械故障信号处理、智能诊断、深度学习等领域的入门图书，也适合机械工程、电子信息及相关交叉学科硕士研究生及以上学历学生作为教材使用。

图书在版编目（CIP）数据

人工智能驱动的机械故障诊断技术及应用 / 余建波主编. -- 北京 ：化学工业出版社，2026. 1. -- ISBN 978-7-122-49434-4

Ⅰ. TH17

中国国家版本馆CIP数据核字第202523C8C2号

责任编辑：周　红　　　　文字编辑：王帅菲
责任校对：王　静　　　　装帧设计：王晓宇

出版发行：化学工业出版社
（北京市东城区青年湖南街13号　邮政编码100011）
印　　装：大厂回族自治县聚鑫印刷有限责任公司
787mm×1092mm　1/16　印张15　字数364千字
2026年2月北京第1版第1次印刷

购书咨询：010-64518888　　　　售后服务：010-64518899
网　　址：http://www.cip.com.cn
凡购买本书，如有缺损质量问题，本社销售中心负责调换。

定　　价：99.00元

前言

随着我国研究生教育事业的蓬勃发展以及高等教育各学科交叉融合逐渐深化，机械工程及其各交叉学科领域对多学科、全方位、双向拓展教育的需求日趋迫切，研究生多领域融合、理论与实践携手共进能力亟待加强。

为帮助机械工程及相关专业研究生熟练掌握机械设备故障诊断相关理论、方法与实践，给其他专业的读者快速科普机械工程、故障诊断基础，我们编写了《人工智能驱动的机械故障诊断技术及应用》一书，力求以方法科普为基础、深化拓展为核心、案例驱动为抓手，图文并茂地向广大读者介绍机械故障诊断的流程、方法与实践，理清各环节重点、难点以及痛点。

机械故障诊断一直以来都是机械工程领域的重要研究方向。保障关键机械设备高效率、高可靠地稳定运行，对个人、企业乃至国家来说都至关重要，这也是实现大型智能化系统局部保障的关键因素。目前，机械设备呈现智能化水平日趋拔高、系统集成化程度持续完善、高精尖技术融合度不断攀升的发展趋势，特别强调了机械设备在多维度多立体复杂作业场景下的可控性、可诊性以及可维护性。机械故障诊断一般包括环境感知、特征抽取、模式匹配、故障分类以及故障预测等系列环节，传统的故障诊断模式往往组合各个关键环节的关键方法形成解决方案，通过信号处理、特征提取、分类聚类等技术完成对机械设备故障模式的识别与匹配，在取得一系列成果的基础上，实现了对机械设备关键部件的故障检测及预警，一定程度上降低了设备持续恶化带来的风险，也避免了更大的损失。值得一提的是，近年来，以深度学习为代表的人工智能方法在特征工程、模式识别以及预知预测等领域的重大突破，为机械设备故障诊断技术提供了强有力的理论与技术基础，使机械设备故障诊断技术智能化水平以及普适性得到了进一步提升，基于数据驱动、机理驱动、数据机理双驱动的各类人工智能机械设备故障诊断方法也呈现出前所未有的准确性以及鲁棒性。因此，建立基于多源信息感知、规则特征提取、鲁棒模式识别以及精准故障预测的智能机械设备故障诊断系统，构筑集感知、抽取、匹配及学习于一体的机械故障诊断知识体系，完善机械设备故障诊断智能化新框架及新流程，对实现高端制造加工装备零故障可靠运行及优化、推动我国高端重大机械设备智能化故障诊断进一步发展意义重大。

本书具有以下特点。

① 由浅入深，循序渐进。本书以机械设备故障诊断完整流程为脉络，详细介绍了环境感知（信号收集）、信号处理、特征抽取、特征选择、故障诊断以及预测等各环节的逻辑与方法，并在此基础上对常见机械设备的故障模式及机理作出了简要介绍。

② 图文并茂，易于理解。本书涉及的各信号、规则、特征等相关理论较为复杂，且推理较为烦琐，为帮助读者理解方法背后的理论支撑，进一步加深理论对实践的指导作用，我

们采用了图文结合的方式对相关理论进行介绍和描绘，相信能帮助读者跨越理解瓶颈，掌握核心要素。

③ 案例驱动，注重实践。本书各个章节所提及的相关理论与方法都尽可能地辅以实际案例进行示范以及验证，并对各个方法所涉及的原理、数据、模型以及效果进行了呈现，也最大限度地保障各位读者能够复现相关基础实例，以加深自身理解、提高实际应用能力。相信通过本书的阅读，各位读者将在理论与实践方面都有所收获。

本书是集体智慧与汗水的结晶，丰富内容的背后是相关成员的默默耕耘与付出。本书一些内容来自课题组博士与硕士研究生的毕业论文，包括吕靖香、刘海强、郑小云、刘珈彤、刘兴、沈宗礼、张铖怡、周兴康、陈淑梅、胡天中、程训、王思远、黄佳欢、叶壮、孙远航等。在本书撰写期间，研究生刘文溢、叶壮、苗梦奇、肖朝昂、李时进、王思远、黄佳欢、薛洋洋、蒋子越等做了大量的资料收集、整理与筛选工作，并基于实际案例与数据进行了各项实验以及验证。在此，我们由衷地感谢国家自然科学基金委员会等科研基金方面的多项资助，同时也衷心感谢各位学术界同仁对我们工作的支持与帮助。

高楼大厦始于坚实地基，本书在撰写过程中参考了大量文献资料，并在这些文献资料的基础上进行凝练、总结、编写，并结合自己的工作进行创新以及示范验证。对所引用的资料已经尽可能地罗列在了参考文献之中，但难免有所遗漏，若有遗漏，特在此表示歉意，并向所有参考资料的作者表示崇高的敬意以及真挚的感谢！

盼广大读者通过对本书的阅读，增进对智能制造环境下机械故障诊断技术及方法的热爱，迸发如源泉般的机械、电子及智能信息化的多领域交叉灵感，更助力我国完成从“制造大国”向“制造强国”的新时代转型，早日实现建设社会主义现代化强国的百年目标。

由于作者水平有限，书中疏漏、不妥之处在所难免，还望各位读者不吝赐教，不胜感激。

余建波
2025 年 8 月 8 日

目录

第 1 章
绪论 / 1

1.1 机械故障诊断的含义 ………… **1**
1.2 机械设备故障诊断的发展 ………… **2**
1.3 机械设备故障诊断技术 ………… **4**
1.3.1 信号收集与处理技术 ………… 4
1.3.2 特征提取选择及学习技术 ………… 5
1.3.3 故障分类及健康评估技术 ………… 7
1.4 本章小结 ………… **8**
参考文献 ………… **8**

第 2 章
机械故障诊断的信号处理方法 / 10

2.1 振动信号时频域分析 ………… **10**
2.1.1 时域分析技术 ………… 10
2.1.2 频域分析技术 ………… 14
2.1.3 包络分析技术 ………… 20
2.1.4 时频域分析技术 ………… 23
2.2 小波分析技术 ………… **28**
2.2.1 小波滤波 ………… 28
2.2.2 小波选择 ………… 29
2.2.3 二进小波 ………… 30
2.2.4 提升小波 ………… 31

2.3 Hilbert-Huang 变换技术 …… **37**
2.3.1 EMD 方法 …… 38
2.3.2 Hilbert-Huang 变换 …… 38
2.4 LMD 技术 …… **39**
2.4.1 LMD 算法 …… 39
2.4.2 LMD 的优点及存在的一些不足 …… 43
2.5 ITD 分解技术 …… **43**
2.5.1 固有时间尺度分解算法过程 …… 43
2.5.2 固有时间尺度分解算法性能分析 …… 44
2.6 形态学滤波故障特征提取方法 …… **45**
2.6.1 形态学滤波研究现状 …… 45
2.6.2 形态学基本理论 …… 46
2.6.3 基于形态学滤波的故障诊断应用 …… 47
2.7 本章小结 …… **52**
参考文献 …… **53**

第 3 章
机械故障特征提取与选择技术 / 56

3.1 特征产生 …… **56**
3.2 基于数据投影的特征提取与选择技术 …… **57**
3.2.1 主成分分析 …… 57
3.2.2 独立主元分析 …… 58
3.2.3 线性判别式分析 …… 58
3.3 基于流形学习的特征提取与选择技术 …… **59**
3.3.1 拉普拉斯特征映射算法 …… 60
3.3.2 局部保持投影算法 …… 61
3.3.3 局部和非局部保持投影 …… 62
3.4 案例分析 …… **63**
3.5 本章小结 …… **66**
参考文献 …… **67**

第 4 章
机械故障诊断技术 / 68

4.1 专家系统 …… 68

4.1.1 专家系统概述 …… 68

4.1.2 诊断知识的表示 …… 71

4.1.3 诊断推理和知识获取 …… 72

4.2 模糊理论 …… 73

4.2.1 隶属度函数及模糊矢量 …… 73

4.2.2 模糊关系方程 …… 75

4.2.3 模糊诊断准则 …… 81

4.3 人工神经网络 …… 81

4.3.1 人工神经网络原理 …… 81

4.3.2 神经网络结构 …… 84

4.3.3 基于神经网络的故障诊断 …… 87

4.3.4 基于神经网络的故障诊断实例 …… 88

4.4 支持向量机 …… 91

4.4.1 统计学习理论 …… 91

4.4.2 支持向量机的原理 …… 92

4.4.3 基于支持向量机的故障诊断 …… 95

4.4.4 基于 SVM 的故障诊断实例 …… 95

4.5 隐马尔可夫模型 …… 97

4.5.1 概率计算问题及其前后向算法 …… 98

4.5.2 状态预测问题及其 Viterbi 算法 …… 99

4.5.3 参数学习问题及其 Baum-Welch 算法 …… 100

4.6 本章小结 …… 101

参考文献 …… 101

第 5 章
基于深度学习的信号特征提取技术 / 103

5.1 基于深度置信网络的故障诊断方法 …… 103

5.1.1 深度置信神经网络的基本原理 …… 103
5.1.2 深度置信神经网络的结构 …… 105
5.1.3 基于深度置信网络的设备故障诊断模型 …… 106
5.2 基于堆叠降噪自编码器的故障诊断方法 …… 107
5.2.1 堆叠降噪自编码器的基本原理 …… 107
5.2.2 堆叠降噪自编码器的结构 …… 109
5.2.3 堆叠降噪自编码器的训练流程 …… 109
5.2.4 基于堆叠降噪自编码器的特征提取实例 …… 110
5.3 基于卷积神经网络的故障诊断方法 …… 112
5.3.1 卷积神经网络的基本结构 …… 112
5.3.2 卷积神经网络的基本特征 …… 114
5.3.3 卷积神经网络的优化改进 …… 115
5.3.4 基于多通道一维卷积神经网络的齿轮箱故障诊断实例 …… 117
5.4 基于卷积自编码器的故障诊断方法 …… 120
5.4.1 卷积自编码器的基本原理 …… 120
5.4.2 卷积自编码器的结构 …… 121
5.4.3 一维残差卷积自编码器 …… 123
5.4.4 基于一维残差卷积自编码器的齿轮箱故障诊断实例 …… 127
5.5 本章小结 …… 130
参考文献 …… 131

第 6 章
基于迁移学习的智能故障诊断技术 / 132

6.1 迁移学习的概念 …… 132
6.2 基于迁移学习的域自适应技术 …… 134
6.2.1 最大均值差异（MMD） …… 135
6.2.2 相关对齐（CORAL） …… 135
6.2.3 对抗学习 …… 136
6.3 基于迁移学习的特征提取与故障诊断技术 …… 136
6.4 基于对抗学习的特征提取与故障诊断技术 …… 140
6.5 本章小结 …… 144

参考文献 ………………………………………………………… 144

第 7 章
基于增量学习的机械故障诊断技术 / 146

7.1 增量学习的概念 ………………………………………………… 146
7.2 基于生成对抗网络的增量学习 …………………………………… 147
7.2.1 生成式对抗网络 ………………………………………………… 147
7.2.2 基于 GAN 的增量学习 …………………………………………… 149
7.3 基于增量学习的机械故障诊断 …………………………………… 149
7.4 本章小结 ………………………………………………………… 153
参考文献 ………………………………………………………… 153

第 8 章
小样本下基于虚实融合的旋转机械设备故障诊断方法 / 154

8.1 小样本下旋转机械设备故障诊断 ………………………………… 154
8.2 基于仿真与迁移的虚实融合方法 ………………………………… 156
8.3 基于虚实融合的旋转机械设备故障诊断方法 …………………… 157
8.3.1 齿轮箱物理模型构建 …………………………………………… 157
8.3.2 对抗局部域自适应网络 ………………………………………… 160
8.3.3 小样本下数据增强和故障诊断流程 …………………………… 161
8.4 实验分析 ………………………………………………………… 162
8.4.1 参数设置 ………………………………………………………… 163
8.4.2 仿真信号分析 …………………………………………………… 164
8.4.3 齿轮箱故障诊断 ………………………………………………… 165
8.4.4 特征可视化 ……………………………………………………… 166
8.4.5 比较分析 ………………………………………………………… 166
8.4.6 敏感性分析 ……………………………………………………… 168
8.5 本章小结 ………………………………………………………… 169
参考文献 ………………………………………………………… 169

第 9 章
典型旋转机械设备故障智能诊断 / 170

9.1 滚动轴承故障及其诊断方法 …… 170

9.1.1 滚动轴承的失效形式 …… 170

9.1.2 滚动轴承的失效机理及其特性 …… 171

9.1.3 滚动轴承的故障诊断方法 …… 173

9.2 齿轮箱故障及其诊断方法 …… 175

9.2.1 齿轮箱的失效形式 …… 175

9.2.2 齿轮箱的失效机理及其特性 …… 176

9.2.3 齿轮箱的故障诊断方法 …… 178

9.3 转子故障及其诊断方法 …… 183

9.3.1 转子的失效形式 …… 183

9.3.2 转子的失效机理及特性 …… 183

9.3.3 转子的故障诊断方法 …… 185

9.4 电机故障及其诊断方法 …… 188

9.4.1 电机的类型与测定标准 …… 189

9.4.2 电磁耦合的振动原理 …… 189

9.4.3 电机的失效形式和故障特征 …… 189

9.4.4 电机故障的诊断方法 …… 190

9.5 轧辊磨床故障及其诊断方法 …… 191

9.5.1 轧辊磨床的失效形式 …… 191

9.5.2 轧辊磨床磨削颤振机理 …… 193

9.5.3 轧辊磨床的故障诊断方法 …… 193

9.6 本章小结 …… 196

参考文献 …… 196

第 10 章
端边云集成技术在机械设备智能维护中的应用 / 198

10.1 端边云集成系统构成及作用 …… 198

10.2 系统功能 …… 199

10.2.1 边缘终端功能…… 199
10.2.2 云上系统功能…… 200
10.3 智能边缘分析仪 …… 201
10.4 基于 Web 的分布式边缘分析仪管控系统 …… 205

第 11 章
机械设备故障智能诊断系统 / 209

11.2 信号处理故障诊断系统 …… 209
11.1.1 设备故障诊断与预诊维护模块 …… 209
11.1.2 数据库操作模块 …… 210
11.1.3 数据采集与管理模块 …… 210
11.1.4 设备运行状态监控模块 …… 211
11.1.5 页面设计 …… 212
11.2 基于 Python/PyQt5 的故障诊断系统 …… 212
11.2.1 故障诊断工具箱工作环境 …… 212
11.2.2 故障诊断工具箱设计需求 …… 213
11.2.3 故障诊断工具箱基本结构及体系…… 214
11.2.4 故障诊断工具箱基本功能 …… 214
11.2.5 故障诊断工具箱界面设计 …… 216
11.3 基于 Python/Flask 的故障诊断系统 …… 217
11.3.1 软件运行环境…… 217
11.3.2 编程语言版本…… 217
11.3.3 软件设计 …… 218
11.3.4 系统软件架构设计 …… 219
11.3.5 需求分析 …… 220
11.3.6 系统页面 …… 221
11.3.7 数据分析 …… 222
11.3.8 信号处理 …… 223
11.3.9 模型评估 …… 224
11.4 本章小结…… 226
参考文献 …… 227

第 1 章

绪论

近年来，随着高新技术的不断发展以及全球化进程的日益完善，社会市场化竞争愈发激烈。这也使现代工业以及制造业面临前所未有的挑战，给许多制造型企业，乃至以工业制造为支柱的国家带来了冲击。为稳固并提升自身核心竞争力，国家、企业需不断提升自身设备及装备的可靠性，更新设备以及工业系统，在保证制造品质的前提下快速响应外部变化与需求，保障自身设备连续、安全并且有效地运行。

机械故障诊断技术的出现响应时代发展的需求，是保障个人生命财产安全，稳固企业运行效益，更是关乎国家发展命脉的一门多领域、多学科新兴交叉科学技术。机械故障诊断技术现已经发挥且正在发挥、未来必将继续发挥其重要的科研指导及工程实践作用，助力中国智能制造转型，实现从“制造大国”向“制造强国”的跨越。

1.1 机械故障诊断的含义

机械故障诊断技术是监测、诊断及预示连续运作机械设备的状态和故障，并保障机械设备安全运行的一门学科技术，是近年来多领域、多门类学科交叉融合，并借助现代化技术成果迅速发展而形成的一门新兴学科，其理论研究与工程实际结合紧密。机械故障诊断对于保障重要设备连续安全运行有着至关重要的作用，机械设备一旦发生故障，伴随的极有可能是损害不可估量的重大安全事故的发生。历史上，由于机械设备故障而发生的重大事故屡有发生[1]。例如，我国三峡工程塔带机断裂事故、美国哥伦比亚号载人航天飞机失事事故以及美国空军 F-15 战斗机空中解体事件等。在重大事故发生前，若能通过一系列技术手段，及时获取机械设备自身的真实状态，准确识别运行过程中的故障的萌生和演化，对保障机械设备安全有效运行，减少甚至避免由于机械设备自身故障而导致的事故发生具有重大的意义。

机械故障诊断已经在信号获取、信号处理、智能传感、智能特征提取、故障机理与征兆分析、诊断方法及智能决策与诊断系统等方面形成了较为完善的科学理论与实践方法体系，并已持续应用在制造、冶金、石化、能源及航空航天等行业，取得了大量成效[2]。机械故障诊断技术的提出，使得在役设备的运行性能状态具有可预测性、可诊断性和可控性，并为机械设备的健康评估及诊断维护奠定了基础。典型的机械故障诊断系统一般具有故障监测、故障隔离、故障诊断、性能监测、故障预测及智能维护等能力[3]。现阶段大多故障诊断以及故障预测的工具都具有通用性特点：其均采用标准模式以及开放式体系进行开发，且可以实现多种方法的迅速集成，有效实现不同方法的扩增。典型的故障诊断与预测流程包含数据预处理、通信传输、传感信号预处理、特征提取、性能状态建模、性能评估与故障诊断、性能预测、剩余寿命预测、维护决策等环节[4]，如图 1.1.1 所示。

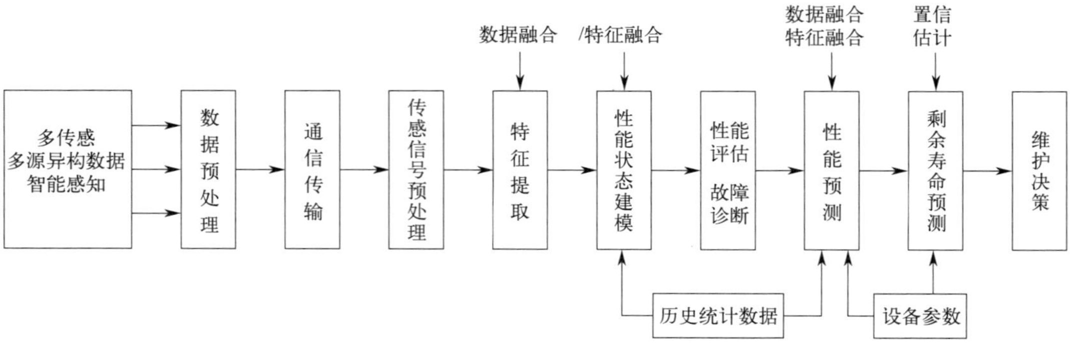

图 1.1.1 智能机械设备故障诊断与预测流程

1.2 机械设备故障诊断的发展

自 20 世纪 60 年代美国国家航空航天局（National Aeronautics and Space Administration，NASA）和海军研究所（Naval Research Laboratory，NRL）组织成立机械故障预防小组（Mechanical Fault Prevention Group，MFPG）以来，机械设备故障诊断技术开始受到较为全面系统的研究；20 世纪 70 年代初，电子测量技术以及信号分析技术被提出，自此，基于探测信号分析的故障诊断方法与系统得到了广泛关注，并被逐步应用到工程实际中；20 世纪 80 年代初，随着计算机技术以及智能传感技术的发展，基于多种传感信号的分析技术和状态监测技术被广泛应用于设备维护中。随着工业互联网、物联网技术的兴起，监测数据量与日俱增，机械设备故障诊断步入了“大数据”时代[5]。

机械设备故障诊断方法也随着理论技术的迭代进步，不断完善发展。按照机械设备故障诊断发展区分，可将其划分为基于模型驱动的故障诊断方法、基于统计分析驱动的故障诊断方法以及基于数据驱动的故障诊断方法。

（1）基于模型驱动的故障诊断方法

模型驱动的故障诊断方法是指利用动态模型、过程模型和物理模型模拟待诊断和测试设备内部真实的微观物理过程，从而识别现有故障和预测未来故障。模型驱动方法通常要求对象设备和系统的内部数学和物理模型相对已知。根据设备或系统运行条件下的负荷、功耗等因素计算其内部关键部件的损耗程度，并在有效寿命周期内评估部件的累积失效影响，以评估和计算设备关键部件的剩余寿命（residual useful lifetime，RUL），以便实现故障预测。在使用模型驱动的方法时，通常基于被测对象设备或系统的稳态或瞬态负荷、温度等在线运行信息，并结合现有的历史数据信息，建立诊断预测模型，实现对其未来运行状态的仿真预测。

通常，模型驱动方法的效果与所选的建模参数密切相关。随着对设备和系统故障机理和内部退化过程研究的逐步深入，可以通过更新模型参数和调整模型来提高诊断预测精度。然而，在实际工程应用中，设备和系统的失效机理是复杂的，随着机械设备结构的增加和相互耦合的系统组件的逐渐增加，其内部微观数学和物理过程变得更加复杂，涉及的物理数学模型和参数变得更加烦琐。因此，模型驱动的故障诊断方法和技术受到很大的限制，特别是在复杂设备和系统的故障诊断和预测应用中，很难找到与实际情况精确匹配的数学和物理模型[5]。

陈予恕[6] 系统地介绍了故障诊断的动力学原理，将机械设备划分为可建模设备及不可建模设备，提出了非线性动力学的设备故障诊断建模机理；雷亚国等[7] 基于机械传动原理对行星齿轮箱进行了振动信号仿真及故障诊断，并归纳了行星齿轮箱局部故障时的振动信号特点；Rathod 等[8] 在结构性动力学系统中提出了损伤累积模型，并应用于机械设备验证了其有效性；Chelidze[9] 提出了一种非线性随机模型，对机械设备进行建模，并使用广义卡尔曼滤波方法实时评估系统故障状况并预测设备及系统的故障发生。

目前，基于模型驱动的方法多用于航空航天飞行器及旋转器械等机械系统中，而对于功能及结构复杂的大型机械设备及复杂电子设备系统来说，其故障模型和失效机理错综复杂，因此基于模型的研究相对滞后。

（2）基于统计分析驱动的故障诊断方法

模型驱动的故障诊断方法旨在构建能够准确描述设备和系统内机械故障机理的数学、物理过程模型。然而，在某些情况下，设备和系统之间的操作条件、环境和设备特性的差异使得模型驱动的方法建设成本过高，且构建完整的过程模型是不必要的以及不可行的。基于统计分析驱动的故障诊断方法是在考虑设备及系统差异的前提下，基于概率的故障诊断技术。利用设备和系统的历史数据和知识，从统计特征的角度对设备进行诊断和建模。统计分析驱动的故障诊断方法比模型驱动的方法需要更少的设备细节，更依赖于包含多个历史信息的设备和系统的概率密度函数。通过对历史数据的统计分析，可以得到相同或相似设备的概率密度函数，利用概率密度函数和当前设备所代表的状态，可以对设备进行健康评估、故障诊断和故障预测。基于统计分析，典型的设备故障率趋势呈“浴盆曲线”。在设备运行初期，由于系统磨合等原因，故障率短时较高，随着运行状况逐渐稳定，故障率基本保持在相对较低的位置，随着设备自身连续工作以及随机的外部冲击的到来，设备内部开始劣化，此时故障率持续走高，直到设备各部件出现失效。

（3）基于数据驱动的故障诊断方法

近年来，随着智能传感器技术的进步，用于故障诊断的信息来源不断扩大。海量数据包含丰富的设备状态信息。随着大数据、人工智能等技术的不断改进和进步，以及核心计算能力的提高，数据驱动的故障诊断方法发展迅速。

数据驱动的故障诊断方法的核心思想是建立关键特征数据与故障之间的映射关系，使设备的关键信息能够代表特定故障的发生，以预测早期故障，检测和识别现有故障，为设备的智能维修决策提供信息依据[10]。数据驱动的故障诊断方法中使用的数据可以分为在线数据和离线数据。现阶段，大多数研究都基于离线数据建立故障诊断方法，并将其应用于设备的在线监测和诊断。一般来说，离线故障诊断需要严格的离线数据，原因有：①离线数据应具有足够的信息，并在信号空间中尽可能均匀分布；②离线数据的类别是完整的，即离线数据应尽可能包含所有已知的故障类型数据，使数据在统计意义上更符合建模特征。基于离线数据的在线诊断技术已逐渐引起故障诊断领域研究人员的关注[11]。

如何从海量数据中提取足以表示设备故障的有效信息是数据驱动的故障诊断方法的主要难点。基于信号的故障诊断方法以海量设备监测信号为对象，利用一系列信号处理理论和方法从数据中挖掘各种机械设备的运行特性。其中，基于时域、频域和时频域的信号处理方法得到了广泛的应用。基于信号的故障诊断方法一般包括傅里叶变换、小波变换、希尔伯特变换、希尔伯特-黄变换、拉普拉斯变换、经验模式分解、局部均值分解和一系列信号变换和分解方法。例如，将信号的振幅变化和相位漂移用于确认设备过程状态。文献［12］中对定子电流谱的分析实现了对三路异步点击的故障监测，然后描述了功率谱分析比电流谱分析可以获得更多的设备状态信息，从而更好地实现电机故障诊断；高立新等[13]利用小波变换实现了低速重载设备的故障诊断；郑近德等[14]利用改进的希尔伯特-黄变换实现了滚动轴承的故障诊断，并取得了良好的效果。

在处理了大量的信号信息后，如何提取最有效、最强的数据特征对机械设备故障进行分类是基于数据驱动的另一个关键问题。研究人员将各种特征提取方法应用于故障诊断领域，取得了良好的效果。李华等[15]利用基于相关奇异值分解的特征提取方法实现了滚动轴承的故障诊断；苗宝权等[16]利用基于自适应增强差积的形态学滤波器实现滚动轴承的特征提取，取得了比传统形态学滤波器更加良好的特征提取效果。

从海量数据中提取特征后，可以运用多种机器学习和深度学习方法对机械设备进行故障诊断与状态分类。大量研究表明，基于数据驱动的故障诊断方法具有较强的鲁棒性、较好的分类效果以及较高的精度。雷亚国等[17-19]基于深度学习理论，系统总结了大型机械设备的健康监测方法；随着机器学习和深度学习方法在故障诊断领域的研究不断深入，样本不均衡和样本不足场景下的故障诊断问题逐渐受到关注，基于数据增强技术和迁移学习技术的故障诊断方法实现了开放场景下机械设备的自适应故障诊断。侯文擎等[20]使用改进的堆栈降噪自编码器实现滚动轴承故障分类，取得了比传统支持向量机、反向传播神经网络和深度置信网络更好的结果；戴俊等[21]利用生成的对策网络和自编码器实现了机械系统的异常检测；邵海东等[22]采用基于提升深度偏移学习的自动编码器实现轴承的智能故障诊断，实验验证这一方法能够满足不同机械设备之间的迁移学习故障诊断。

1.3 机械设备故障诊断技术

机械设备故障诊断主要包括多传感信号融合分析[23]、特征提取与学习[24]、量化评估监控、设备智能诊断、剩余寿命预测[25]、维护决策等方面。具体技术介绍如下。

1.3.1 信号收集与处理技术

在实际故障诊断流程中，为满足对机械设备运作的高性能和高可靠性的要求，通常采用多传感矩阵进行设备的实时运行状态信号的采集，集成多源异构信号数据。在许多实际工业生产及作业环境中，通过多传感器智能感知的实时信号往往是不完美的，即实时信号具有多样式、自相关性、互相关性以及噪声污染等特征，这些实际场景下其自带的感知数据特征往往会严重影响故障诊断的效果以及精度，因此实时信号不能被直接送入用于故障诊断的模型或者方法之中，且在许多恶劣的工况以及作业环境下，故障的信号表现出强噪声中的弱故障特征，也极大地加剧了故障诊断的难度。基于信号处理的故障诊断方法经过了长达几十年的发展，形成了一套成熟、系统的理论以及实践方法。从最初简单的统计特征的计算方法，到傅里叶变换、小波变换等频域信号分析技术，再到如今先进的经验模态分解、形态学滤波、经验小波变换及分解等降噪滤波技术，可满足不同场景下不同数据形式的各类信号处理需求，为机械设备故障诊断提供重要的信号预处理以及信号特征基础。

常规机械设备的状态信息通常包含油污染信号、静电信号、振动信号、声发射信号、X射线信号以及热成像信号。其中，油污染和静电信号为有价信号；振动和声发射信号属于波形信号；X射线信号和热成像信号属于图像信号。一般情况下，狭义信号处理方法（如时域分析、频域分析等）仅适用于第二类波形信号。在机械故障诊断的信号处理方法当中，通过多传感器实现的智能边缘感知系统从机械设备的各个关键点位收集足以表征机械设备当前状态的各项振动波形信息，常见的振动信号多为典型的非平稳、非线性变化的时间序列，当机械设备处于非正常工作状态时，尝尝伴随着异常振动以及异常噪声，通过对机械设备自身振动特性以及声发生特性的捕捉，能够有效地建立信号-异常映射体系，做到基于信号收集的故障预示。常见的基于振动信号的特征处理方法如图 1.3.1 所示，其大致可分为时域分析方法、频域分析方法以及时频域分析方法三大类。

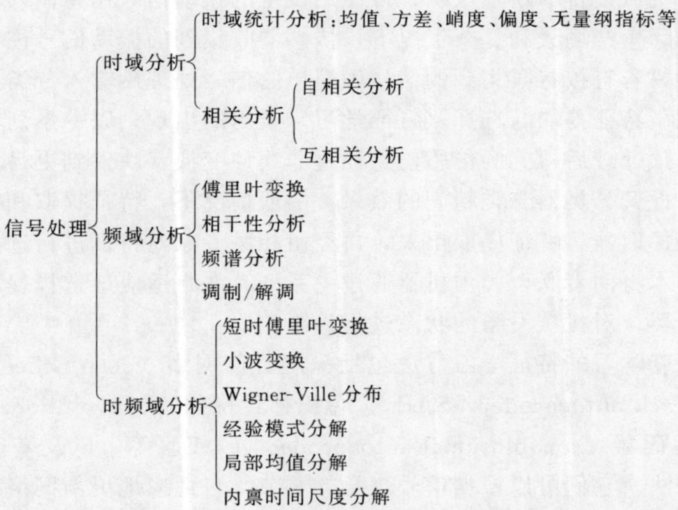

图 1.3.1　常见的基于振动信号的特征处理方法

1.3.2　特征提取选择及学习技术

从信号中提取的表征设备健康的特征往往伴随着强噪声污染，表现为强干扰下的弱故障模式，且设备自身健康特征通常具有时域和空域上的双重特性；在时域上，设备的信号特征表现为随着时间的推移而逐步变化的动态信号特性；在空域上表现为由多种传感器产生的多源异构信号数据构成的高维特征数据的融合。同时，由于实际工况及开放场景下，生产系统自身的不稳定扰动以及传感器自身的退化等因素，健康状态下的机械设备在自身状态空间中也存在着随时间变化的特征，且呈现多模态、多分布域、非线性的时变特性。特征提取以及选择技术作为信号收集与处理技术的下游，受信号处理方法效果的直接影响，即良好的数据收集及其呈现效果会在一定程度上影响特征的提取效能。现阶段基于多源异构、多传感器收集技术所采集到的设备健康特征具有高维性以及冗余性，因此需要良好的特征提取以及选择方法对特征进行有效甄别，提取并筛选出最易分类诊断的特征，且此项技术对设备的诊断以及全寿命周期管理都具有极其重要的意义。

特征选择方法主要包括以下几个方面。

① 基于多域的特征产生算法，包括时域的各种统计特征、频域的各类谱分析特征、时频域的能量特征、关联维数特征等，形成基于多路传感信号的原始特征集。

② 基于流形学习数据降维与缩放技术的特征选择方法，实现特征集在数据特征层的信息融合与关键信息提取方法，有效地抽取表征设备健康状态的高维特征集中蕴含的重要低维流形结构信息。

③ 融合流形学习、最近邻、信息相似度和贡献分析方法，以特征的单调性与趋势性为目标，基于设备全寿命运行时间轴上贡献度分析的关键特征选择算法，实现关键健康特征子集的优化选择，建立表征设备健康状态的特征管理方法，提高后续系统建模的有效性。

特征学习是指从原始数据中提取最有利于分类器进行分类的特征，拥有高度的鲁棒性以及自适应性，而在机械设备诊断领域中，常使用设备的振动信号作为输入以表征设备实时的状态信息。而在实际生产场景和复杂工况下，传感器收集到的振动信号往往伴随着噪声污染以及其他干扰因素，若直接将收集到的信号做简单的信号处理后输入分类器，将会对结果造成一定的负面影响。特征提取与选择（特征学习）技术的出现，以一系列非线性变换以及映射技术为基础，将预处理后得到的传感信息经过非线性变换，映射到更易区分的更高维或更低维空间中，实现提升分类器分类精度的效果。一般情况下，特征提取和特征选择往往是上下游关系，即特征提取器将特征提取出来，再经由相关专家对特征进行选择，指定更有效的特征。特征学习技术将两者联合，由机器通过一系列算法自适应地选择提取得到的特征，输入分类器以及诊断器，对机械设备的状态进行诊断。

常见的基于深度学习的特征学习方法包括深度置信网络（deep belief network，DBN）、堆叠自编码器（stack autoencoder，SAE）、卷积神经网络（convolutional neural network，CNN）和卷积自编码器（convolutional autoencoder，CAE）等，以及基于稀疏调节、预诊特征的特征调节方法。它们可以根据信号自身的调节，自适应地更新网络参数，从而将与故障模式相对应的关键特征提取出来。

在故障诊断领域，一些典型的深度神经网络得到了成功应用。Jing 等[26] 对齿轮箱振动信号数据进行了时频域变换，将得到的频域图像作为卷积神经网络的输入来训练网络，同时还讨论了不同网络结构对故障诊断率的影响。Zhang 等[27,28] 直接使用轴承原始信号来训练一维卷积神经网络以进行故障诊断，其采用宽卷积核来抑制高频噪声。Guo 等[29] 提出了用层级卷积神经网络进行轴承故障诊断，使用两个卷积网络分别用于学习信号特征和评估测试信号的故障模式。张西宁等[30] 使用卷积编码器训练得到的卷积核参数来初始化一维卷积神经网络，用于故障分类识别。Shao 等[31] 使用受限玻尔兹曼机（restricted Boltzmann machine，RBM）学习数据特征，并采用粒子群优化（particle swarm optimization，PSO）算法优化深度置信网络结构，用于轴承故障诊断。Sun 等[32] 使用稀疏自动编码器提取感应电机特征，利用训练好的参数初始化分类网络进行故障诊断。Yu 和 Zhou[33] 提出一维残差自编码的网络模型，用于齿轮箱故障信号特征学习，进而实现齿轮箱故障诊断。Yu[34] 提出集成多个堆叠去噪自编码器（stacked denoising autoencoder，SDAE）模型进行特征选择，在参数和结构上采用对 SDAE 同时更新的方法，解决了齿轮箱故障诊断问题。

1.3.3 故障分类及健康评估技术

故障分类及健康评估技术作为信号收集及处理技术、特征提取及选择技术的下游，目的是对信号处理及特征提取操作后的信号数据进行甄别，并对信号数据所表征的故障模式进行识别，以对设备故障知识库进行标注补充，评估设备当前健康度并预估设备的可用性等。

常用的用于机械设备故障诊断的分类方法多种多样，现阶段以多种机器学习模型为主，如支持向量机、多源逻辑回归（分类）、高斯聚类及其混合模型、决策树等。深度学习作为机器学习的分支，对故障的分类以及识别也十分有效，常见的深度学习模型有反向传播神经网络、全连接神经网络、卷积神经网络、深度置信网络、自组织映射网络以及自编码器等。此外，现有研究中，多种“端到端”的深度学习故障分类框架能够实现对故障原始信号及最终故障模式映射的自适应构建[31]，已逐步成为目前深度学习故障诊断的主流。

设备故障诊断技术的完善使得构建机械设备的健康指标体系成为了可能，其中也涌现出了许多描述设备健康状态的系列理论，如健康度理论（health index，HI），可靠度理论（reliability index，RI）以及失效（故障）率理论（fault probability，FP）[35-37]。其中，设备 HI 描述了基于先验知识以及当前诊断结果的设备自身状态，典型的机械设备健康状态退化曲线如图 1.3.2 所示，在设备整个寿命周期内，其自身的退化大概分为三个阶段，其中第一个阶段为设备正常阶段，此阶段下设备正常运行，设备零部件均处于健康良好的状态；随后设备将进入退化阶段，在此阶段中，设备中关键部件出现退化趋势，多表现为常见机械故障（点蚀、断裂、磨损等），但此阶段中故障以及缺陷才刚开始形成，并不影响设备的正常使用，随着设备工作以及服役时间的增长，故障以及缺陷逐步演化，设备健康状态退化的速度加剧；当设备中存在的部件故障与缺陷达到一定程度，且已不能满足当前部件各项功能时，判定设备进入故障阶段，此阶段中设备以及部件或存在进一步退化的空间，但此时已不再能满足设备基本运转以及功能的实现。这也意味着，设备故障的演化过程中也蕴含着故障信息的历史数据信息，大量的过程信息也足以表征设备的故障类型以及演化方向。

设备可靠度理论与设备失效率理论往往可看作是互相补充的部分，在一般情况下，设备的可靠度和设备的失效率是一组对立的概念。可靠度是指设备能够完成当前作业以及任务的可能性（概率值），也可被理解为设备不发生任何故障和问题的概率，是一个依赖于时间浮动并产生非线性变化的指标，往往和设备维护及调度结合使用，在故障诊断领域中也是评价设备自身性能的重要指标；设备的失效率则是指设备在当前时刻可能会发生故障的概率，也是一个非线性的时变指标，且故障率受到历史数据以及经验影响，更取决于当前时刻设备的实时状态信息。在现阶段研究中，设备的可靠度以及故障率，往往都依赖于经验模式进行设定，并结合历史数据给出的设备指标随时间变化的趋势，综合了实时数据以及历史经验知识的设备健康指标的研究，也逐步受到研究者们的关注[38]。

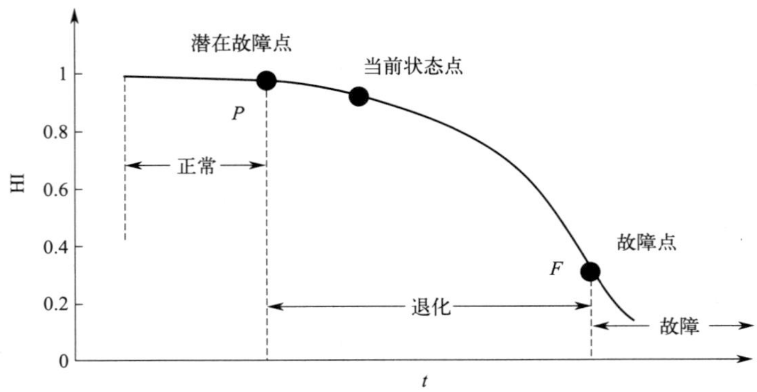

图 1.3.2　典型机械设备健康状态退化曲线

1.4　本章小结

本章对机械设备故障诊断的概念、含义，机械设备故障诊断的发展做出了简要的阐述，并对机械设备故障诊断的流程及关键技术做出了介绍。涵盖了机械设备故障诊断中的信号收集与处理、特征提取选择及学习以及故障分类及健康评估。本章旨在让读者掌握机械故障诊断领域的相关概念及理论，并对机械故障诊断的原理、流程及目的具有一定的了解，为后续章节打下基础。

参考文献

[1] 钟群鹏，张峥，有移亮．我国安全生产（含安全制造）的科学发展若干问题［J］．机械工程学报，2007，43（01）：7-18.

[2] 王国彪，何正嘉，陈雪峰，等．机械故障诊断基础研究“何去何从”［J］．机械工程学报，2013，49（01）：63-72.

[3] Hess A，Calvello G，Dabney T. PHM a key enabler for the JSF autonomic logistics support concept［C］//2004 ieee aerospace conference proceedings（ieee cat. no. 04th8720）. IEEE，2004，6：3543-3550.

[4] 曾声奎，Michael G. Pecht，吴际．故障预测与健康管理（PHM）技术的现状与发展［J］．航空学报，2005（05）：626-632.

[5] 彭宇，刘大同，彭喜元．故障预测与健康管理技术综述［J］．电子测量与仪器学报，2010，24（01）：1-9.

[6] 陈予恕．机械故障诊断的非线性动力学原理［J］．机械工程学报，2007（01）：25-34.

[7] 雷亚国，汤伟，孔德同，等．基于传动机理分析的行星齿轮箱振动信号仿真及其故障诊断［J］．机械工程学报，2014，50（17）：61-68.

[8] Rathod V，Yadav O P，Rathore A，et al. Probabilistic modeling of fatigue damage accumulation for reliability prediction［J］. Journal of Quality and Reliability Engineering，2011（1）：718901.

[9] Chelidze D. Multimode damage tracking and failure prognosis in electromechanical systems［C］//Component and Systems Diagnostics，Prognostics，and Health Management Ⅱ. SPIE，2002，4733：1-12.

[10] Nomikos P，MacGregor J F. Multivariate SPC charts for monitoring batch processes［J］. Technometrics，1995，37（1）：41-59.

[11] 李晗，萧德云．基于数据驱动的故障诊断方法综述［J］．控制与决策，2011，26（01）：1-9，16.

[12] Drif M，Benouzza N，Kraloua B，et al. Squirrel cage rotor faults detection in induction motor utilizing stator power spectrum approach［C］//2002 International Conference on Power Electronics，Machines and Drives（Conf. Publ. No. 487）. IET，2002：133-138.

[13] 高立新，张建宇，崔玲丽，等．基于小波分析的低速重载设备故障诊断 [J]. 机械工程学报，2005 (12)：222-227.

[14] 郑近德，程军圣．改进的希尔伯特-黄变换及其在滚动轴承故障诊断中的应用 [J]. 机械工程学报，2015，51 (01)：138-145.

[15] 李华，刘韬，伍星，等．相关奇异值比的 SVD 在轴承故障诊断中的应用 [J]. 机械工程学报，2021，57 (21)：138-149.

[16] 苗宝权，陈长征，罗园庆，等．基于自适应增强差分积形态滤波器的滚动轴承故障特征提取方法 [J]. 机械工程学报，2021，57 (09)：78-88.

[17] 雷亚国，贾峰，周昕，等．基于深度学习理论的机械装备大数据健康监测方法 [J]. 机械工程学报，2015，51 (21)：49-56.

[18] 雷亚国，贾峰，孔德同，等．大数据下机械智能故障诊断的机遇与挑战 [J]. 机械工程学报，2018，54 (05)：94-104.

[19] 雷亚国，杨彬，杜兆钧，等．大数据下机械装备故障的深度迁移诊断方法 [J]. 机械工程学报，2019，55 (07)：1-8.

[20] 侯文擎，叶鸣，李巍华．基于改进堆叠降噪自编码的滚动轴承故障分类 [J]. 机械工程学报，2018，54 (07)：87-96.

[21] 戴俊，王俊，朱忠奎，等．基于生成对抗网络和自动编码器的机械系统异常检测 [J]. 仪器仪表学报，2019，40 (09)：16-26.

[22] 邵海东，张笑阳，程军圣，等．基于提升深度迁移自动编码器的轴承智能故障诊断 [J]. 机械工程学报，2020，56 (09)：84-90.

[23] Sahu A R，Palei S K，Mishra A. Data - driven fault diagnosis approaches for industrial equipment：A review [J]. Expert Systems，2024，41 (2)：e13360.

[24] Nomikos P，MacGregor J F. Multivariate SPC charts for monitoring batch processes [J]. Technometrics，1995，37 (1)：41-59.

[25] Cao Y，Jia M，Ding P，et al. Transfer learning for remaining useful life prediction of multi-conditions bearings based on bidirectional-GRU network [J]. Measurement，2021，178：109287.

[26] Jing L，Zhao M，Li P，et al. A convolutional neural network based feature learning and fault diagnosis method for the condition monitoring of gearbox [J]. Measurement，2017，111：1-10.

[27] Zhang W，Peng G，Li C，et al. A new deep learning model for fault diagnosis with good anti-noise and domain adaptation ability on raw vibration signals [J]. Sensors，2017，17 (2)：425.

[28] Zhang W，Li C，Peng G，et al. A deep convolutional neural network with new training methods for bearing fault diagnosis under noisy environment and different working load [J]. Mechanical systems and signal processing，2018，100：439-453.

[29] Guo X，Chen L，Shen C. Hierarchical adaptive deep convolution neural network and its application to bearing fault diagnosis [J]. Measurement，2016，93：490-502.

[30] 张西宁，向宙，唐春华．一种深度卷积自编码网络及其在滚动轴承故障诊断中的应用 [J]. 西安交通大学学报，2018，52 (07)：1-8，59.

[31] Shao H，Jiang H，Zhang X，et al. Rolling bearing fault diagnosis using an optimization deep belief network [J]. Measurement Science and Technology，2015，26 (11)：115002.

[32] Sun W，Shao S，Zhao R，et al. A sparse auto-encoder-based deep neural network approach for induction motor faults classification [J]. Measurement，2016，89：171-178.

[33] Yu J，Zhou X. One-dimensional residual convolutional autoencoder based feature learning for gearbox fault diagnosis [J]. IEEE Transactions on Industrial Informatics，2020，16 (10)：6347-6358.

[34] Yu J. A selective deep stacked denoising autoencoders ensemble with negative correlation learning for gearbox fault diagnosis [J]. Computers in Industry，2019，108：62-72.

[35] 谷梦瑶，陈友玲，王新龙．多退化变量下基于实时健康度的相似性寿命预测方法 [J]. 计算机集成制造系统，2017，23 (02)：362-372.

[36] 沈南燕，武星，李静，等．自动化生产线中关键设备的预维护策略研究 [J]. 机械工程学报，2020，56 (21)：231-240.

[37] 丁锋，何正嘉，訾艳阳，等．基于设备状态振动特征的比例故障率模型可靠性评估 [J]. 机械工程学报，2009，45 (12)：89-94.

[38] 余建波．设备与系统健康智能预诊维护技术 [M]. 北京：科学出版社，2021.

第 2 章

机械故障诊断的信号处理方法

机械故障诊断对于保障机械设备的安全、稳定运行具有重要意义。基于振动信号分析的故障诊断与信号处理方法具有可在线、实时、非损伤、诊断便捷且准确等优点，已经得到广泛应用。振动信号处理经历了从最初的时域分析到频域分析，最终至时频域分析的发展过程，涌现了如小波变换（wavelet transform，WT）、Wigner-Ville 分布（WVD）、经验模态分解（empirical mode decomposition，EMD）、局部均值分解（local mean decomposition，LMD）及内禀时间尺度分解（intrinsic time-scale decomposition，ITD）等时频分析方法，在机械、冶金、石化、能源和航空等行业取得了大量工程应用成果。形态学滤波与稀疏表达近年来在信号处理界非常引人关注，经过不断发展被逐渐引入故障诊断领域，在振动信号降噪与特征提取方面获得了显著的效果。本章将对时频域分析、小波分析、Hilbert-Huang 变换、LMD、ITD、形态学滤波与稀疏表达这 7 种信号分析技术分别进行阐述。

2.1 振动信号时频域分析

2.1.1 时域分析技术

时域信号是指机械系统运行过程中的各种随时间而变化的动态信息，以时间为自变量描述物理量的变化是信号最基本、最直观的表达形式。在时域内对信号进行滤波、放大、统计特征计算、相关性分析等处理，统称为信号的时域分析[1,2]。通过时域分析方法，可以有效提高信噪比，求取信号波形在不同时刻的相似性和关联性，获得反映机械设备运行状态的特征参数，为机械系统动态分析和故障诊断提供有效的信息。某些故障信号的时域波形有明显的特征，如不平衡、不对中及冲击等在时域波形上表现得最为明显，因此可以利用时间波形先作分析。本节将介绍常见的时域统计分析和相关分析等方法。

2.1.1.1 时域统计分析

信号的时域统计分析是指对信号的各种时域参数指标的估计或计算，通过选择和考察合适的信号动态分析指标，可以对不同类型的故障做出准确的判断。常用的时域参数和指标包括概率密度、最值、均值、方差、均方值、均方根值、偏斜度、峭度以及多个无量纲指标。

(1) 信号幅值的概率密度

信号幅值的概率表示动态信号某一瞬时幅值发生的机会或概率。信号幅值的概率密度是指该信号幅值在单位区间内出现的概率，它是幅值的函数[3]。信号幅值的概率密度可以直接用来判断设备的运行状态，新旧两个机械零部件所产生的信号噪声的概率密度函数有着明显的差异。随机信号的取值落在区间内的概率可表示为

$$P_{\text{prb}}=[x<x(t)\leqslant x+\Delta x]=\lim_{T\to\infty}\frac{\Delta T}{T} \tag{2.1.1}$$

式中，T 是观察或测量时间。

概率密度函数定义为

$$P(x)=\lim_{\Delta x\to 0}\frac{1}{\Delta x}\left(\lim_{T\to\infty}\frac{\Delta T}{T}\right) \tag{2.1.2}$$

概率分布函数的定义为

$$p(x)=P_{\text{prb}}[x(t)\leqslant\delta]=\lim_{T\to\infty}\frac{\Delta T_{\delta}}{T} \tag{2.1.3}$$

随机噪声的概率密度是高斯曲线，正弦信号的概率密度是中凹的曲线。旧零部件在工作时，由于缺陷或故障的出现，随机噪声中会出现周期信号，从而使噪声功率大为增加，这些效应反映在噪声幅值分布曲线的形状中，使得分散度加大，并且使曲线的顶部变平甚至出现局部的凹形。

(2) 信号的最大值和最小值

信号的最大值 $X_{\max}$ 和最小值 $X_{\min}$ 给出了信号动态变化的范围，其定义为

$$X_{\max}=\max\{x(t)\},X_{\min}=\min\{x(t)\} \tag{2.1.4}$$

其离散化公式为

$$\widetilde{X}_{\max}=\max[x(n)],\widetilde{X}_{\min}=\min[x(n)],n=0,1,2,\cdots,n-1 \tag{2.1.5}$$

据此，可以得到信号的峰值 X_{ppv}，有：

$$X_{\text{ppv}}=X_{\max}-X_{\min}=\max\{x(t)\}-\min\{x(t)\} \tag{2.1.6}$$

及

$$X_{\text{ppv}}=X_{\max}-X_{\min}=\max\{x(n)\}-\min\{x(n)\},n=0,1,2,\cdots,n-1 \tag{2.1.7}$$

在旋转机械的振动监测和故障诊断中，对波形复杂的振动信号，往往采用其峰值作为振动大小的特征量，又称其为振动的“通频幅值”。在工程实际中，为了抑制偶然因素对信号峰值的干扰，常常将采集到的一段信号分为若干等份，对每一份数据分别求其峰值，然后再对得到的若干个峰值进行平均。

(3) 信号的均值和方差

如前所述，信号的最大值、最小值以及峰值只给出了信号变化的极限范围，却没有提供信号变化中心的信息。要描述信号的波动中心，就必须给出其均值 u_x，均值是信号幅值的算术平均值，可通过下式计算得到：

$$u_x=\lim_{T\to\infty}\frac{1}{T}\int_0^T x(t)\mathrm{d}t=\int_{-\infty}^{+\infty}xp(x)\mathrm{d}x \tag{2.1.8}$$

对于离散时间序列，其平均值为

$$\tilde{u}_x=\frac{1}{N}\sum_{n=1}^{N-1}x_n \tag{2.1.9}$$

均值是反映信号中心趋势的一个标志，反映了信号中的静态部分，一般对故障诊断不起作用，但对计算其他参数有很大影响。均值相等的信号，其随时间的变化规律并不完全相同，为了进一步描述信号围绕均值波动的情况，引入方差 σ_x^2，其反映的是信号中的动态分量，数学表达式为

$$\sigma_x^2=\lim_{T\to\infty}\frac{1}{T}\int_0^T[x(t)-u_x]^2\mathrm{d}t=\int_{-\infty}^{+\infty}(x-u_x)^2p(x)\mathrm{d}x \tag{2.1.10}$$

其离散化公式为

$$\tilde{\sigma}_x^2=\frac{1}{N}\sum_{n=0}^{N-1}[x(n)-\tilde{u}_x]^2 \tag{2.1.11}$$

方差的正平方根称为标准差，有：

$$\tilde{S}=\sqrt{\tilde{\sigma}_x^2}=\sqrt{\frac{1}{N}\sum_{n=0}^{N-1}[x(n)-\tilde{u}_x]^2} \tag{2.1.12}$$

当机械设备正常运转时，采集到的信号一般比较平稳，波动较小，信号的方差也比较小。因此，可借助方差的大小来初步判断设备的运行状况。

（4）信号的均方值和均方根值

信号的均方值反映了信号相对于零值的波动情况，其数学表达式为

$$\Psi_x^2=\lim_{T\to\infty}\frac{1}{T}\int_0^T x^2(t)\mathrm{d}t=\int_{-\infty}^{+\infty}x^2p(x)\mathrm{d}x \tag{2.1.13}$$

对于离散时间序列，计算公式为

$$\tilde{\alpha}=\frac{1}{N}\sum_{n=0}^{N-1}x^3(n) \tag{2.1.14}$$

均方值的正平方根值称为均方根值，有：

$$X_{\mathrm{rms}}=\sqrt{\Psi_x^2}=\sqrt{\lim_{T\to\infty}\frac{1}{T}\int_0^T x^2(t)\mathrm{d}t}=\sqrt{\int_{-\infty}^{+\infty}x^2p(x)\mathrm{d}x} \tag{2.1.15}$$

其离散化公式为

$$\tilde{X}_{\mathrm{rms}}=\sqrt{\tilde{\Psi}_x^2}=\sqrt{\frac{1}{N}\sum_{n=1}^{N-1}x^2(n)} \tag{2.1.16}$$

均方值和均方根值都是表示动态信号强度的指标。幅值的平方具有能量的含义，因此均方值表示了单位时间内的平均功率，在信号分析中仍然形象地称之为信号功率。而信号的均方根值由于有幅值的量纲，在工程中又被称为有效值。利用系统中某些特征点振动响应的均方根值作为判断依据是一种常用的故障诊断方法。由于均方根值对早期故障不敏感，但具有较好的稳定性，因此该方法多适用于稳态振动的情况。

（5）信号的偏斜度和峭度

信号的偏斜度指标 α 和峭度指标 β 常用来检验信号偏离正态分布的程度。偏斜度的定义为

$$\alpha=\lim_{T\to\infty}\frac{1}{T}\int_0^T x^3(t)\mathrm{d}x=\int_{-\infty}^{+\infty}x^3 p(x)\mathrm{d}x \tag{2.1.17}$$

其离散化公式为

$$\widetilde{\alpha}=\frac{1}{N}\sum_{n=0}^{N-1}x^3(n) \tag{2.1.18}$$

峭度的定义为

$$\beta=\lim_{T\to\infty}\frac{1}{T}\int_0^T x^4(t)\mathrm{d}x=\int_{-\infty}^{+\infty}x^4 p(x)\mathrm{d}x \tag{2.1.19}$$

其离散化的计算公式为

$$\widetilde{\beta}=\frac{1}{N}\sum_{n=0}^{N-1}x^4(n) \tag{2.1.20}$$

偏斜度反映了信号概率分布的中心不对称程度，不对称程度越厉害，信号的偏斜度越大。峭度反映了信号概率密度函数峰顶的凸平度。峭度对大幅值非常敏感，当其概率增加时，信号的峭度将迅速增大，非常有利于表示信号中的脉冲信息。例如，在滚动轴承的故障诊断中，当轴承圈出现裂纹，滚动体或者滚动轴承边缘剥落时，振动信号中往往存在相当大的脉冲，此时用峭度指标作为故障诊断的特征量是非常有效的。

（6）信号的无量纲指标

有量纲参数指标不但与设备的状态有关，且与设备的运动参数如转速、载荷等有关。而无量纲参数指标具有对信号幅值和频率变化均不敏感的特点。这就意味着理论上它们与设备的运动条件无关，只依赖于概率密度函数的形状。所以无量纲参数指标是一种较好的设备状态监测诊断参数。无量纲参数指标包括了波形指标、峰值指标、脉冲指标和裕度指标[4]。

① 波形指标

$$K=\frac{X_{\mathrm{rms}}}{|\bar{X}|}=\frac{有效值}{绝对平均幅值} \tag{2.1.21}$$

② 峰值指标

$$C=\frac{X_{\max}}{X_{\mathrm{rms}}}=\frac{峰值}{有效值} \tag{2.1.22}$$

③ 脉冲指标

$$I=\frac{X_{\max}}{|\bar{X}|}=\frac{峰值}{绝对平均幅值} \tag{2.1.23}$$

④ 裕度指标

$$L=\frac{X_{\max}}{X_{\mathrm{r}}}=\frac{峰值}{方根幅值} \tag{2.1.24}$$

式中，$|\bar{X}|$为绝对平均幅值。

$$|\bar{X}|=\int_{-\infty}^{+\infty}|x|p(x)\mathrm{d}x \tag{2.1.25}$$

X_{r}为方根幅值。

$$X_{\mathrm{r}}=\left[\int_{-\infty}^{+\infty}|x|^{1/2}p(x)\mathrm{d}x\right]^2 \tag{2.1.26}$$

在实际应用中，对这些无量纲指标的基本选择标准如下。

① 对设备的运行状态、故障和缺陷等足够敏感，当设备运行状态发生变化时，这些无量纲指标应有明显的变化。

② 对信号的幅值和频率变化不敏感，即与设备运行的工况无关，只依赖于信号幅值的概率密度形状。

2.1.1.2 相关分析

所谓相关，就是指变量之间的线性关系或相互依赖关系。相关分析方法是对机械信号进行时域分析的常用方法之一，也是故障诊断的重要手段，无论是分析两个随机变量之间的关系，还是分析两个信号或一个信号在一定时移前后之间的关系，都需要应用相关分析。例如，在振动测试分析、雷达测距、声发射探伤等场合都会用到相关分析。相关分析包括自相关分析和互相关分析。

（1）自相关分析

设 $x(t)$ 是各态历经随机过程的一个样本记录，$x(t+\tau)$ 是 $x(t)$ 时移 τ 后的样本记录，显然，$x(t)$ 和 $x(t+\tau)$ 具有相同的均值和标准差。在任何 $t=t_i$ 时刻，从两个样本上可以分别得到两个量值 $x(t_i)$ 和 $x(t_i+\tau)$，如果把 $\rho_{x(t)x(t+x)}$ 简写成 $\rho_{x(\tau)}$，则有：

$$\rho_{x(\tau)}=\frac{\lim\limits_{T\to\infty}\frac{1}{T}\int_0^T[x(t)-\mu_x][x(t+\tau)-\mu_x]\mathrm{d}t}{\sigma_x^2}$$

$$=\frac{\lim\limits_{T\to\infty}\frac{1}{T}\int_0^T[x(t)x(t+\tau)\mathrm{d}t]-\mu_x^2}{\sigma_x^2} \tag{2.1.27}$$

对于各态历经随机信号及功率信号，可定义自相关函数 $R_x(\tau)$ 为

$$R_x(\tau)=\lim_{T\to\infty}\frac{1}{T}\int_0^T x(t)x(t+\tau)\mathrm{d}t \tag{2.1.28}$$

则

$$\rho_x(\tau)=\frac{R_x(\tau)-\mu_x^2}{\sigma_x^2}R_x(\tau)=\rho_x(\tau)\sigma_x^2+\mu_x^2 \tag{2.1.29}$$

自相关函数的离散化计算公式为

$$\widetilde{R}(n\Delta t)=\frac{1}{N-n}\sum_{i=0}^{N-n}x(t_i)x(t_i+n\Delta t) \tag{2.1.30}$$

式中，N 为数据采样点数；n 为时延数。

（2）互相关分析

互相关函数 $R_{xy}(\tau)$ 常用来分析两个信号在不同时刻的相互依赖关系或者相似性。对各态历经过程的随机信号 $x(t)$ 和 $y(t)$ 的互相关函数 $R_{xy}(\tau)$ 的定义为

$$R_{xy}(\tau)=\lim_{T\to\infty}\frac{1}{T}\int_0^T x(t)y(t+\tau)\mathrm{d}t \tag{2.1.31}$$

离散化数据计算公式为

$$\widetilde{R}_{xy}(n\Delta t)=\frac{1}{N-n}\sum_{i=0}^{N-n}x(t_i)x(t_i+n\Delta t) \tag{2.1.32}$$

如果 $x(t)$ 和 $y(t)$ 两信号是同频率的周期信号或者包含同频率的周期成分，那么即使 $\tau\to\infty$，互相关函数也不收敛并会出现该频率的周期成分。如果两信号含有频率不等的周期成分，则两者不相关。互相关函数在工程应用中有重要的价值，它是在噪声背景下提取有用信息的一个非常有效的手段。

2.1.2 频域分析技术

频谱是信号在频域上的重要特性，它反映了信号的频率成分以及分布情况。信号的频谱

估计是信号分析的重要手段。目前信号频谱分析方法常分为经典频谱分析和现代频谱分析两大类。经典频谱分析是一种非参数、线性估计方法，其理论基础是信号的傅里叶变换。现代频谱分析属于非线性、参数估计方法，以随机过程参数模型的参数估计为基础[5]。

频谱分析和傅里叶变换算法如下。

（1）傅里叶级数与离散频谱

根据傅里叶级数理论，任何周期性信号均可以展开为若干简谐信号的叠加[6]。设 $x(t)$ 为周期信号，则有：

$$\begin{aligned} x(t) &= a_0 + \sum_{n=1}^{\infty}(a_n \cos n\omega_0 t + b_n \sin n\omega_0 t) \\ &= A_0 + \sum_{n=1}^{\infty} A_n \sin(n\omega_0 t + \phi_n) \end{aligned} \tag{2.1.33}$$

式中，A_0 为静态分量，$A_0 = a_0$；ω_0 为基频；$n\omega_0$ 为第 n 次谐波（$n=1,2,3,\cdots$）；$A_n = \sqrt{a_n^2 + b_n^2}$ 为第 n 次谐波的幅值；$\phi_n = \arctan\dfrac{a_n}{b_n}$ 为第 n 次谐波的相位。

$$\begin{aligned} a_0 &= \frac{1}{T}\int_0^T x(t)\mathrm{d}t \\ a_n &= \frac{2}{T}\int_0^T x(t)\cos n\omega_0 t\,\mathrm{d}t \quad (n=1,2,3,\cdots) \\ b_n &= \frac{2}{T}\int_0^T x(t)\sin n\omega_0 t\,\mathrm{d}t \quad (n=1,2,3,\cdots) \end{aligned} \tag{2.1.34}$$

式中，T 为基本周期；$\omega_0 = \dfrac{2\pi}{T}$ 为基频。

周期信号可分成一个或几个乃至无穷多个谐波的叠加，如果以频率为横坐标，幅值 A_n 和相位 ϕ_n 为纵坐标，可以得到信号的幅频率和相频率。由于 n 取整数，相邻频率的间隔均为基波频率 ω_0。因而，周期信号的频谱具有离散性、谐波性和收敛性三个特点[6]。

（2）傅里叶变换与连续频谱

当周期信号 $x(t)$ 的周期 T 趋于无穷大，则该信号可看成非周期信号，信号频谱的谱线间隔 $\Delta\omega = \omega_0 = \dfrac{2\pi}{T}$ 趋于无穷小。所以非周期信号的频谱是连续的。

由前面可知，周期信号 $x(t)$ 在 $\left(-\dfrac{2}{T}, \dfrac{2}{T}\right)$ 区间可用傅里叶级数表示为

$$x(t) = \sum_{n=-\infty}^{\infty}\left[\frac{1}{T}\int_{-\frac{T}{2}}^{\frac{T}{2}} x(t)\mathrm{e}^{-\mathrm{j}n\omega_0 t}\,\mathrm{d}t\right]\mathrm{e}^{\mathrm{j}n\omega_0 t} \tag{2.1.35}$$

当 T 趋向于 ∞ 时，频率间隔 $\Delta\omega$ 成为 $\mathrm{d}\omega$，离散谱中相邻的谱线紧靠在一起，$n\omega_0$ 就变成连续变量 ω，求和符号就变成积分符号了，于是得到傅里叶积分为

$$x(t) = \frac{1}{2\pi}\int_{-\infty}^{\infty}\left[\int_{-\infty}^{\infty} x(t)\mathrm{e}^{-\mathrm{j}\omega t}\,\mathrm{d}t\right]\mathrm{e}^{\mathrm{j}\omega t}\,\mathrm{d}t \tag{2.1.36}$$

由于时间 t 是积分变量，故式(2.1.36) 括号里的积分仅是 ω 的函数，记作 $X(\omega)$。

$$X(f)=\int_{-\infty}^{t} x(\tau)\mathrm{d}\tau \leftrightarrow \frac{1}{\mathrm{j}\omega}X(\omega)$$

$$\leftrightarrow, x(t\pm t_0)x(at)\leftrightarrow \frac{1}{a}X\left(\frac{\omega}{a}\right), 则 \frac{\mathrm{d}x(t)}{\mathrm{d}t}\leftrightarrow(\mathrm{j}\omega)X(\omega)\mid_{\omega=0}=0 \tag{2.1.37}$$

$$x(t)=\frac{1}{2\pi}\int_{-\infty}^{\infty} X(\omega)\mathrm{e}^{\mathrm{j}\omega t}\mathrm{d}\omega \tag{2.1.38}$$

式(2.1.37) 为 $x(t)$ 的傅里叶变换，式(2.1.38) 为其傅里叶逆变换，两者互称为傅里叶变换对。

把 $\omega=2\pi f$ 代入式(2.1.36)，则式(2.1.37)、式(2.1.38) 变成：

$$X(f)=\int_{-\infty}^{\infty} x(t)\mathrm{e}^{-\mathrm{j}2\pi ft}\mathrm{d}t \tag{2.1.39}$$

$$x(t)=\int_{-\infty}^{\infty} X(f)\mathrm{e}^{\mathrm{j}2\pi ft}\mathrm{d}f \tag{2.1.40}$$

式中，f 为频率，单位为 Hz。

傅里叶变换有着明确的物理意义。在整个时间轴上的非周期信号 $x(t)$，是由频率为 ω 的谐波 $X(\omega)\mathrm{e}^{\mathrm{j}\omega t}\mathrm{d}\omega$ 沿频率从 $-\infty$ 连续到 $+\infty$，通过积分叠加得到的。由于对不同的频率 ω，$\mathrm{d}\omega$ 是一样的，所以只需 $X(\omega)$ 就能反映不同频率谐波的振幅和相位的变化。因此称 $X(\omega)$ 为 $x(t)$ 的连续频谱。一般 $X(\omega)$ 是复函数，可写成：

$$X(\omega)=|X(\omega)|\mathrm{e}^{\mathrm{j}\phi(\omega)} \tag{2.1.41}$$

式中，$|X(\omega)|$ 为信号的连续幅值谱；$\phi(\omega)$ 为信号的连续相位谱。必须指出的是，尽管非周期信号的幅值谱 $|X(\omega)|$ 和周期信号的幅值谱 $|C_n|$ 很相似，但两者是有差别的。其差别突出表现在 $|C_n|$ 的量纲与信号幅值的量纲一样，而 $|X(\omega)|$ 的量纲与信号幅值的量纲不一样，它是单位频带 $\mathrm{d}\omega$ 上的幅值。

傅里叶变换主要性质如下。

① 线性叠加性质　若 $x_1(t)\leftrightarrow X_1(\omega)$，$x_2(t)\leftrightarrow X_2(\omega)$，则：

$$a_1x_1(t)+a_2x_2(t)\leftrightarrow a_1X_1(\omega)+a_2X_2(\omega) \tag{2.1.42}$$

② 时移性质　若 $x(t)\leftrightarrow X(\omega)$，则：

$$x(t\pm t_0)\leftrightarrow X(\omega)\mathrm{e}^{\pm \mathrm{j}\omega t_0} \tag{2.1.43}$$

③ 频移性质　若 $x(t)\leftrightarrow X(\omega)$，则：

$$x(t)\mathrm{e}^{u\mathrm{j}\omega_0 t}\leftrightarrow X(\omega\pm\omega_0) \tag{2.1.44}$$

④ 时间伸缩性质　若 $x(t)\leftrightarrow X(\omega)$，$a$ 为正实数，则：

$$x(at)\leftrightarrow \frac{1}{a}X\left(\frac{\omega}{a}\right) \tag{2.1.45}$$

⑤ 时间微分性质　若 $x(t)\leftrightarrow X(\omega)$，则：

$$\frac{\mathrm{d}x(t)}{\mathrm{d}t}\leftrightarrow(\mathrm{j}\omega)X(\omega) \tag{2.1.46}$$

⑥ 时间积分性质　若 $x(t)\leftrightarrow X(\omega)$，且 $X(\omega)|_{\omega=0}=0$，则：

$$\int_{-\infty}^{t} x(\tau)\mathrm{d}\tau \leftrightarrow \frac{1}{\mathrm{j}\omega}X(\omega) \tag{2.1.47}$$

⑦ 卷积定理　若 $x_1(t)\leftrightarrow X_1(\omega)$，$x_2(t)\leftrightarrow X_2(\omega)$，则：

$$x_1(t)*x_2(t)=X_1(\omega)\times X_2(\omega) 及 x_1(t)\times x_2(t)\leftrightarrow \frac{1}{2\pi}X_1(\omega)*X_2(\omega) \tag{2.1.48}$$

(3) 离散傅里叶变换（DFT）

对于离散的数字信号进行傅里叶变换，需借助离散傅里叶变换（Discrete Fourier Transform，DFT）[2]，离散傅里叶变换公式为

$$X\left(\frac{n}{N\Delta t}\right)=\sum_{k=0}^{N-1}x(k\Delta t)\mathrm{e}^{-\mathrm{j}2\pi nk/N},n=0,1,2,\cdots,N-1 \tag{2.1.49}$$

式中，$x(k\Delta t)$ 是波形信号的采样值；N 是序列点数；Δt 是采样间隔；n 是频域离散值的序号；k 是时域离散值的序号。

离散傅里叶逆变换公式为

$$x(k\Delta t)=\frac{1}{N}\sum_{k=0}^{N-1}X\left(\frac{n}{N\Delta t}\right)\mathrm{e}^{\mathrm{j}2\pi nk/N},k=0,1,2,\cdots,N-1 \tag{2.1.50}$$

上两式构成了离散傅里叶变换对。它将 N 个时域的采样序列和 N 个频域采样序列联系起来。基于这种对应关系，考虑到采样间隔 Δt 的具体数值不影响离散傅里叶变换的实质，通常省略采样间隔 Δt，而把上两式写成如下的形式：

$$X(n)=\sum_{k=0}^{N-1}x(k)W_N^{nk},n=0,1,2,\cdots,N-1 \tag{2.1.51}$$

$$x(k)=\frac{1}{N}\sum_{k=0}^{N-1}X(n)W_N^{-nk},k=0,1,2,\cdots,N-1 \tag{2.1.52}$$

式中，$W_N=\mathrm{e}^{-\mathrm{j}2\pi/N}$。在需要具体计算离散频率值时，还需引入采样间隔 Δt 的具体值进行计算。

(4) 快速傅里叶变换（FFT）

FFT 目前已发展有多种形式，它们之间的计算效率略有不同。下面以 Cooley-Tukey 计算序列数长 $N=2^i$（i 为正整数）的算法来说明 FFT 的基本原理[7]。

为了推导方便，将离散傅里叶变换式写成：

$$X_n=\sum_{k=0}^{N-1}x_k\mathrm{e}^{-\mathrm{j}2\pi nk/N} \tag{2.1.53}$$

式中，$X_n=X(n)$，$n=0$，1，2，…，$N-1$，$x_k=x(k)$。

FFT 的基本思想是把长度为 2 的正整数次幂的数据序列$\{x_k\}$分隔成若干较短的序列作 DFT 计算，用以代替原始序列的 DFT 计算。然后把它们合并起来，得到整个序列 $\{x_k\}$ 的 DFT。下面以长度为 8 的数据序列为例进行说明。

先对原数据序列按奇、偶逐步进行抽取。

原始序列　$x_0\ x_1\ x_2\ x_3\ x_4\ x_5\ x_6\ x_7$　1 个长度为 8 的序列

第一次抽取　$x_0\ x_2\ x_4\ x_6\ x_1\ x_3\ x_5\ x_7$　2 个长度为 4 的序列

第二次抽取　$x_0\ x_4\ x_2\ x_6\ x_1\ x_5\ x_3\ x_7$　4 个长度为 2 的序列

第三次抽取　$x_0\ x_4\ x_2\ x_6\ x_1\ x_5\ x_3\ x_7$　8 个长度为 1 的序列

根据上面的抽取方法及 FFT 的计算公式有：

$$X(n)=\sum_{k=0}^{N/2-1}\left[x(2k)W_N^{2nk}+x(2k+1)W_N^{(2k+1)n}\right],n=0,1,\cdots,N-1 \tag{2.1.54}$$

因为

$$W_N^2=\mathrm{e}^{-2\mathrm{j}(2\pi/N)}=\mathrm{e}^{-\mathrm{j}2\pi/(N/2)}=W_{N/2}^1 \tag{2.1.55}$$

所以

$$\begin{aligned}X(n)&=\sum_{k=0}^{N/2-1}\left[x(2k)W_{N/2}^{nk}+x(2k+1)W_{N/2}^{nk}W_N^n\right]\\&=G(n)+W_N^nH(n),n=0,1,\cdots,N-1\end{aligned} \tag{2.1.56}$$

式中，$G(n)=\sum_{k=0}^{N/2-1}x(2k)W_{N/2}^{nk}$；$H(n)=\sum_{k=0}^{N/2-1}x(2k+1)W_{N/2}^{nk}$，$n=0, 1, \cdots, N-1$。$G(n)$ 和 $H(n)$ 的周期是 $N/2$，所以 $G(n)=G(n+N/2)$，$H(n)=H(n+N/2)$。又因为 $W_N^{N/2}=\mathrm{e}^{-\mathrm{j}(2\pi/N)N/2}=-1$，故 $W_N^{n+N/2}=W_N^n\times W_N^{N/2}=-W_N^n$。

$$X(n)=G(n)+W_N^nH(n),n=0,1,\cdots,\frac{N}{2}-1 \tag{2.1.57}$$

$$X(n+N/2)=G(n)-W_N^nH(n),n=0,1,\cdots,\frac{N}{2}-1 \tag{2.1.58}$$

将两个半段 $X(n)$ 和 $X(n+N/2)$ 相接后得到整个序列的 $X(n)$。在合成时，偶序列 DFT 的变换 $G(n)$ 不变，奇序列 DFT 的变换 $H(n)$ 要乘以权重函数 W_N^n。同时，两者合成时前半段用加，后半段用减。

实例分析： 采用仿真信号 $x(t)=x_1(t)+x_2(t)+x_3(t)$ 进行 FFT 分析，其中$x_1(t)=\cos(55\pi t)+2\cos(70\pi t)$ 是频率为 55Hz 和 70Hz 的谐波信号，$x_2(t)$ 是频率为 20Hz 的周期性冲击信号，再加上高斯白噪声干扰 $x_3(t)$ 使得原始信号信噪比为-5，采用含噪严重的信号以验证 FFT，展现信号频率成分的有效性。信号采样频率为 2048Hz，数据长度为 2048。

$x(t)$ 的时域波形和通过 FFT 变换所得的幅值频谱图如图 2.1.1 所示，从频谱图中可以看到冲击信号 $x_2(t)$ 的频率 20Hz、40Hz、60Hz、80Hz、100Hz、120Hz 等倍频，谐波信号的 55Hz 和 70Hz 的频率较为突出，高斯白噪声对于 FFT 分析的干扰并不大。

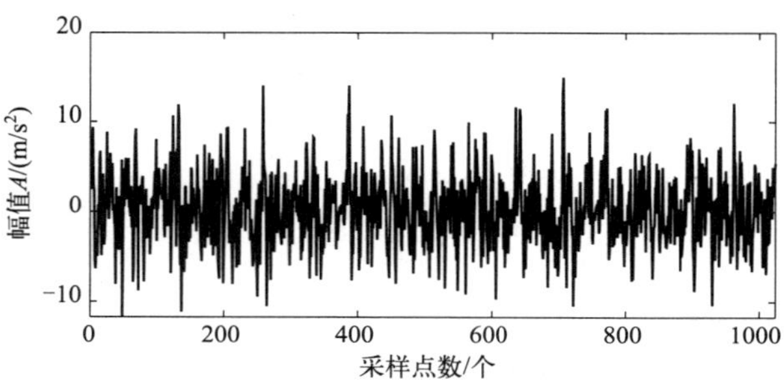

(a) 时域波形

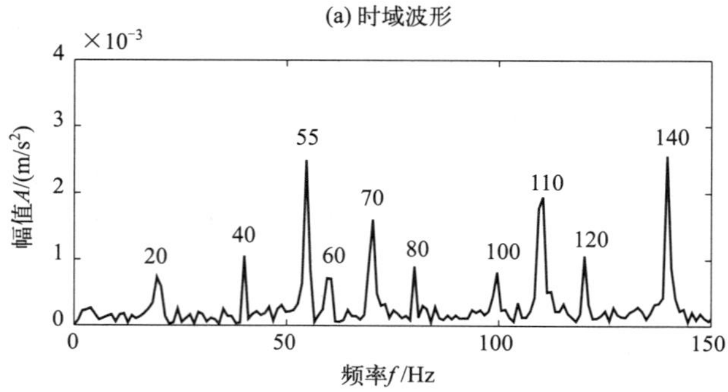

(b) 幅值谱

图 2.1.1 仿真信号时域波形及其幅值谱

(5) 功率谱密度函数

功率谱密度函数反映了信号的功率在频域随频率 ω 的分布。如同时域中的相关函数分为自相关函数和互相关函数一样，功率谱密度函数也分为自功率谱密度函数和互功率谱密度函数[8]。其中，自功率谱密度函数和互功率谱密度函数往往简称为自功率谱和互功率谱。

自功率谱密度函数是信号 $x(t)$ 的自相关函数 $R_x(\tau)$ 的傅里叶变换。其定义为

$$S_x(\omega)=\int_{-\infty}^{\infty} R_x(\tau)\mathrm{e}^{-\mathrm{j}\omega\tau}\mathrm{d}\tau \tag{2.1.59}$$

由自相关函数性质可知，对于均值为零的随机信号，当$|\tau|\to\infty$时自相关函数$R_x(\tau)$ 趋于零，所以 $R_x(\tau)$ 满足绝对可积条件。自功率谱密度函数 $S_x(\omega)$ 是实偶函数。

同样，据傅里叶理论 $S_x(\omega)$ 的逆变换为 $R_x(\tau)$，有：

$$R_x(\tau)=\frac{1}{2\pi}\int_{-\infty}^{\infty} S_x(\omega)\mathrm{e}^{\mathrm{j}\omega\tau}\mathrm{d}\omega \tag{2.1.60}$$

当 $\tau=0$ 时可看出，函数 $S_x(\omega)$ 的物理意义为信号能量的度量。函数 $S_x(\omega)$ 沿频率轴的积分等于信号的均方值，因此 $S_x(\omega)$ 又称为均方谱密度函数。

$$R_x(0)=\varphi_x^2=\frac{1}{2\pi}\int_{-\infty}^{\infty} S_x(\omega)\mathrm{d}\omega \tag{2.1.61}$$

由于 ω 可取正值也可取负值，所以 $S_x(\omega)$ 又称为双边功率谱。实际中常用的单边功率谱的定义为

$$\begin{cases}G_x(\omega)=2S_x(\omega),\omega\geqslant 0\\ G_x(\omega)=0,\omega<0\end{cases} \tag{2.1.62}$$

与自功率谱密度函数 $S_x(\omega)$ 相似，两组随机信号 $x(t)$ 和 $y(t)$ 的互谱密度函数定义为互相关函数 $R_{xy}(\tau)$ 的傅里叶变换：

$$S_{xy}(\omega)=\int_{-\infty}^{\infty} R_{xy}(\tau)\mathrm{e}^{-\mathrm{j}\omega\tau}\mathrm{d}\tau \tag{2.1.63}$$

相应的逆变换为

$$R_{xy}(\tau)=\frac{1}{2\pi}\int_{-\infty}^{\infty} S_{xy}(\omega)\mathrm{e}^{\mathrm{j}\omega\tau}\mathrm{d}\omega \tag{2.1.64}$$

同样，单边互谱密度函数可定义为

$$\begin{cases}G_{xy}(\omega)=2S_{xy}(\omega),\omega\geqslant 0\\ G_{xy}(\omega)=0,\omega<0\end{cases} \tag{2.1.65}$$

由于互谱密度函数是复函数，所以单边互谱密度函数 $G_{xy}(\omega)$ 又可写成：

$$G_{xy}(\omega)=|G_{xy}(\omega)|\mathrm{e}^{\mathrm{j}\theta_{xy}(\omega)}=C_{xy}(\omega)+\mathrm{j}Q_{xy}(\omega) \tag{2.1.66}$$

式中，$C_{xy}(\omega)$ 称为共谱密度，$Q_{xy}(\omega)$ 称为重谱密度。

(6) 相干分析

相干函数分析建立在平稳机械信号的自功率谱密度函数 $S_x(\omega)$、$S_y(\omega)$ 和互功率谱密度函数 $S_{xy}(\omega)$ 之上[9]。相干函数定义如下。

$$\gamma_{xy}^2(\omega)=\frac{|S_{xy}(\omega)|^2}{S_x(\omega)S_y(\omega)} \quad 0\leqslant\gamma_{xy}^2(\omega)\leqslant 1 \tag{2.1.67}$$

相干函数又称凝聚函数。相干函数不同于时域中的相关函数，是频率的函数。它在频域内描述信号 $x(t)$ 和 $y(t)$ 的相关性。$\gamma_{xy}^2(\omega)$ 具有明确的物理意义，它反映了信号 $y(t)$ 中频率的分量在多大程度上来源于信号 $x(t)$。当 $\gamma_{xy}^2(\omega)=1$，说明信号$y(t)$ 中频率为 ω 的分量完全来源于信号 $x(t)$，称为完全相干。此时计算出的 $S_{xy}(\omega)$ 及 $y(t)$ 和 $x(t)$ 之间的传

递函数 $H(\omega)$ 完全可信。当 $\gamma_{xy}^2(\omega)=0$，说明 $y(t)$ 和 $x(t)$ 关于频率为 ω 的分量完全不相干，是统计独立的。此时计算的 $S_{xy}(\omega)$ 和 $H(\omega)$ 毫无意义。因此在系统辨识中，需要同时计算相干函数。

一般情况下相干函数 $\gamma_{xy}^2(\omega)$ 的取值在 0～1 之间，其原因有以下四点：①测量中存在外部噪声；②谱估计中存在分辨率偏差；③系统是非线性的；④除了输入信号 $x(t)$ 之外还有其他输入。对线性系统可理解为在各频率处信号 $y(t)$ 有一部分来源于信号 $x(t)$，而其余则来源于其他信号源或外界噪声的干扰。另外需要注意的是，如果输入的平稳随机信号其均值不等于零，在求 $\gamma_{xy}^2(\omega)$ 时还需要进行零均值处理。

相干函数 $\gamma_{xy}^2(\omega)$ 可以确定输出信号 $y(t)$ 中频率 ω 的分量有多大程度来自输入信号 $x(t)$，其应用可归纳为以下两个方面。

① 判断系统输出与某特定输入的相关程度。利用相干函数可发现系统是否存在其他输入干扰，并评估系统的线性程度。

② 谱估计和系统动态特性的测量精度估计。在计算传递函数的幅频特性及相频特性时，辅以相干函数分析，可以分析出机械系统和基础振动的传递特性，为结构动态分析提供依据。

2.1.3 包络分析技术

包络分析技术是工程信号分析中较常用的一种方法，在振动机械信号分析中有很重要的作用。在工程实际中，从设备中检测得到的有些信号波形虽然比较复杂，但其包络线有一定的规律或一定的趋势，在此情况下，利用包络线分析方法可以对该波形高频成分的低频特征或低频率事件作详细的分析[10]。例如有缺陷的齿轮在啮合中由低频、低振幅的重复事件所激发的高频、高振幅共振，对此进行包络分析可以对缺陷做出判断。

2.1.3.1 基于 Hilbert 的包络解调方法[11]

(1) Hilbert 变换

一个实信号的 Hilbert 变换定义为

$$\hat{x}(t)=x(t)*\frac{1}{c_t}=\frac{1}{c}\int_{-\infty}^{\infty}\frac{x(r)}{t-r}\mathrm{d}r \tag{2.1.68}$$

它的实质是使信号产生 90°的相移。

(2) Hilbert 包络解调原理

包络解调的原理就是让测试信号产生一个 90°的相移，从而与原信号构成一个解析信号，求出它的解析信号，就构成包络。设 $x(t)$ 为振动加速度信号，带通滤波后得到信号 $y_r(t)$，$y_r(t)$ 经 Hilbert 变换得到信号 $y_i(t)$，二者构成一解析函数式 $z(t)$，可表示为

$$z(t)=y_r(t)+\mathrm{j}y_i(t) \tag{2.1.69}$$

由此得到振动信号的幅值调制信号为

$$|z(t)|=\sqrt{y_r^2(t)+y_i^2(t)} \tag{2.1.70}$$

上述过程完成了对信号的包络解调过程，在实际工程中，包络解调前必须选取一个由冲击激起的受环境干扰小的高频振动，并以其为中心频率进行窄带滤波，然后再对滤波后的信

号进行包络分析，因此又可称为高频共振解调方法。

实例分析： 采集某一轴承的外圈故障信号作为样本进行实验分析，采样频率 20kHz，样本数据长度为 2048，图 2.1.2(a) 为外圈信号时域波形图，波形较复杂且伴有大量噪声，仅通过时域波形无法了解故障信息；图 2.1.2(b) 中，由于故障冲击的作用，系统的固有频率已被激起，并且边频成分丰富，调制现象明显，但由于噪声的影响，频率基本集中在中、高频处，低频处的转频和故障频率难以识别，故障特征频率谱线并不明显。

采用典型的 Hilbert 包络解调方法对故障信号进行分析，结果如图 2.1.3 所示，冲击成分得以提取，但仍存在严重的噪声干扰，205.1Hz、410.2Hz、1016Hz 分别近似对应于外圈故障频率，两倍频及五倍频，故障频率及其倍频的谱线较为清晰，由此可以判断出轴承的外圈故障。

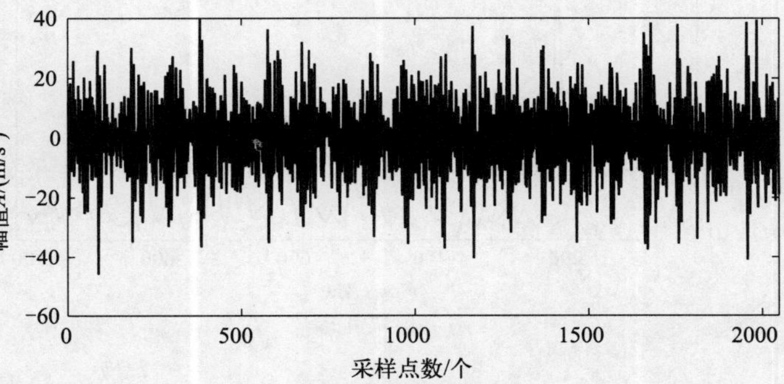

(a) 时域波形

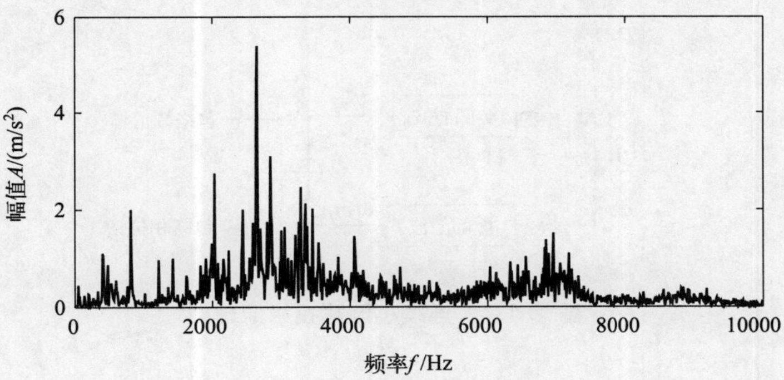

(b) 幅值谱

图 2.1.2 外圈故障信号及其幅值谱

2.1.3.2 连续小波解包络原理

对于利用连续小波进行解调分析，有两种实现形式：①可利用单个小波的带通特性，通过改变尺度参数 a 的取值来选择带通范围；②利用小波滤波器组，可方便地实现选频、带通来完成信号的解调分析[12]。图 2.1.4 为连续小波解包络的原理图。还有与此原理相同的包络检波，它通过设计一对垂直滤波器 h 和 g 将高频信号带通滤波和信号的包络检波过程合为一体。

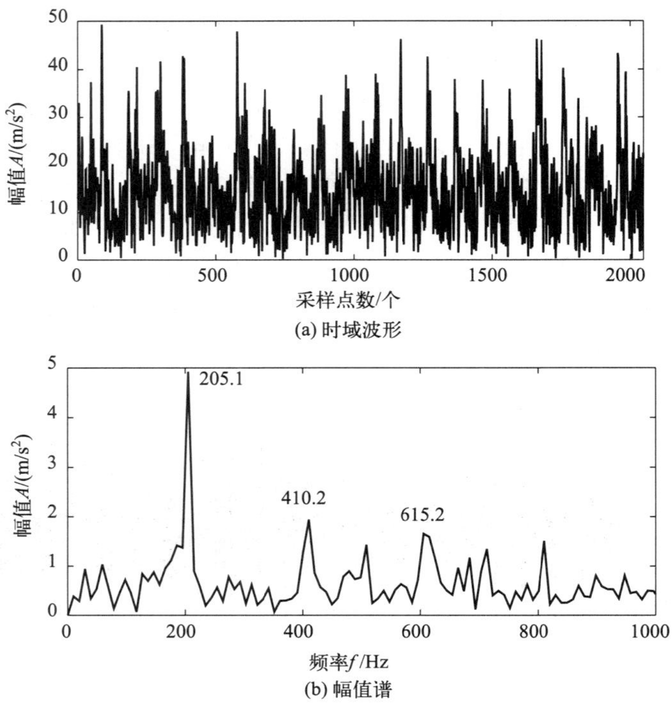

图 2.1.3 Hilbert 解调结果及其幅值谱

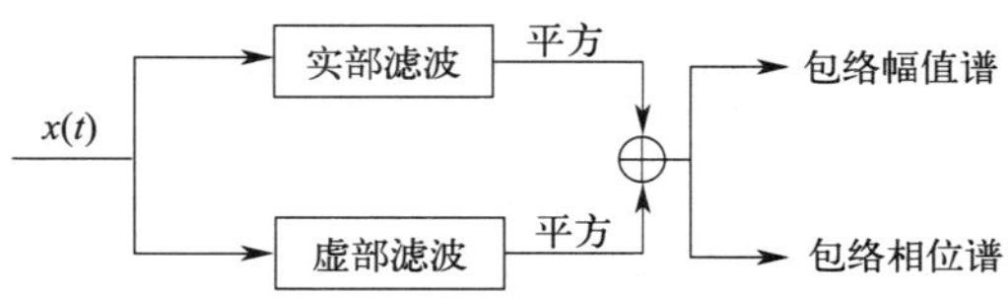

图 2.1.4 连续小波解包络原理图

2.1.3.3 基于小波变换模极大值算法的包络分析方法

（1）小波变换模极大值去噪与重建

小波变换模极大值去噪算法的特殊之处在于它根据信号与噪声的奇异点性质对信号进行滤波，它在改变信噪比的同时，又保持相当高的时间分辨率。因此它能去除高频的噪声信号。

（2）解包络算法

具体算法可用图 2.1.5 表示，它与希尔伯特解包络的区别在于，它没有带通滤波，而是对原始信号直接进行希尔伯特变换，组成包络信号后，再利用小波变换模极大值重构去噪与重构算法对包络信号进行处理，从而完成完整解包络过程。由于对信号主要是提取其包络，因此它的相位信息损失较大，不能得到好的相位谱。

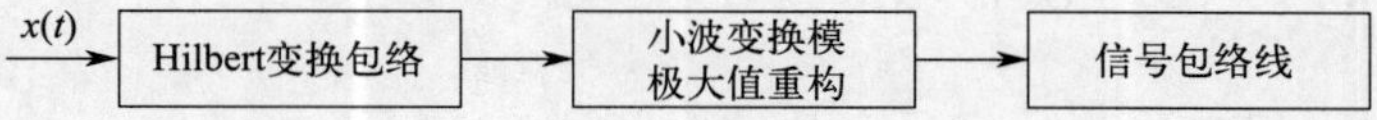

图 2.1.5　小波变换模极大值解包络原理图

2.1.4　时频域分析技术

傅里叶变换对于提取信号的频域特征是很有效的，然而对于时变信号来说，傅里叶变换不能反映信号频率随时间变化的规律，它描述的只是信号的统计频率特性。能够描述信号的时变频率特性的方法叫作时频分析方法。

线性时频表示法主要有短时傅里叶变换、小波变换、S 变换等。短时傅里叶变换建立在假设局部信号为稳定信号的基础之上，采用可以在时间轴上滑动的窗口，将整体信号进行局部化[13,14]，虽然克服了傅里叶变换的不足，但具有一定的局限性，无法兼顾高频信息和低频信息。小波变换克服了短时傅里叶变换的窗函数不能改变的缺陷，可以有效聚焦信号的瞬时结构[15]。S 变换继承和发展了短时傅里叶变换和小波变换的局部化优点，其基本小波是由简谐波与高斯函数的乘积构成的且不必满足容许性条件，但 S 变换的窗函数是以固定的趋势随频率变化的，不能根据具体的应用需求进行调整[16]。

为了克服傅里叶变换不能同时进行时、频分析的不足，对于非平稳、非正弦的动态信号的分析，必须寻找既能够反映时域特征又能够反映频域特征的新方法，才能提供信号特征全貌，正确有效地进行时、频分析。我们介绍短时傅里叶变换、Wigner-Ville 分布和经验模式分解等非平稳信号的分析方法以供读者参考。

2.1.4.1　短时傅里叶变换

前面介绍的傅里叶变换是人们长期使用的有效工具，它是用平稳的正弦波 $e^{j2\pi ft}$（$e^{j2\pi ft}=\cos j2\pi ft+j\sin 2\pi ft$）作为基函数，通过内积运算去变换信号 $x(t)$，得到其频谱 $X(f)$，即

$$X(f)=\int_{-\infty}^{\infty} x(t)e^{-j2\pi ft}\,dt=\int_{-\infty}^{\infty} x(t)(e^{j2\pi ft})^{*}\,dt=\langle x(t),e^{j2\pi ft}\rangle \tag{2.1.71}$$

式中，* 表示共轭；$j=\sqrt{-1}$。这一变换建立了一个从时域到频域的谱分析通道，频谱 $X(f)$ 显示了用正弦基函数分解出包含在 $x(t)$ 中的任一正弦频率 f 的总强度。傅里叶谱分析提供了平均的频谱系数，这些系数只与频率 f 有关，而与时间 t 无关。傅里叶分析还要求所分析的随机过程是平稳的，即过程的统计特性不随时间的推移而改变。

如果将非平稳过程视为由一些短时平稳信号组成，任意一短时信号就可以应用上式的傅里叶变换进行分析。1946 年，Gabor[17] 提出了窗口傅里叶变换概念，用一个在时间上可滑移的时窗来进行傅里叶变换，从而实现了在时间域和频率域上都具有较好局部性的分析方法，这种方法称为短时傅里叶变换（Short Time Fourier Transform，STFT）。

设 $h(t)$ 是中心位于 $\tau=0$、高度为 1、宽度有限的窗函数，通过 $h(t)$ 所观察到的信号 $x(t)$ 的部分是 $x(t)h(t)$。

当 $h(t)$ 的中心位于 τ，由窗函数信号 $x(t)h(t-\tau)$ 的傅里叶变换产生短时傅里叶变换。

$$
\begin{aligned}
STFT_x(\tau,f) &= \int_{-\infty}^{+\infty} x(t)h*(t-\tau)\mathrm{e}^{-\mathrm{j}2\pi ft}\mathrm{d}t = \int_{-\infty}^{+\infty} x(t)[h(t-\tau)\mathrm{e}^{\mathrm{j}2\pi ft}]*\mathrm{d}t \\
&= \langle x(t), h(t-\tau)\mathrm{e}^{\mathrm{j}2\pi ft}\rangle
\end{aligned}
\tag{2.1.72}
$$

这一内积运算将信号 $x(t)$ 映射到时频二维平面 (τ, f) 上，这里 $h(t-\tau)\mathrm{e}^{\mathrm{j}2\pi ft}$ 是 STFT 的基函数。参数 f 可视为傅里叶变换中的频率，傅里叶变换中的许多性质都可应用短时傅里叶变换。这里，窗函数 $h(t)$ 的选取是关键。由于高斯函数的傅里叶变换仍然是高斯函数，因此，最优时间局部化的窗函数是高斯函数。

$$
h_{\mathrm{G}}(t) = \frac{1}{2\sqrt{\pi\alpha}}\mathrm{e}^{-\frac{t^2}{4\alpha}}
\tag{2.1.73}
$$

这里恒有 $\alpha>0$。

考虑到短时傅里叶具备区分两个纯正弦波的能力，当给定了窗函数 $h(t)$ 和它的傅里叶变换 $H(f)$，则带宽 Δf 为

$$
(\Delta f)^2 = \frac{\int f^2 |H(f)|^2 \mathrm{d}f}{\int |H(f)|^2 \mathrm{d}f}
\tag{2.1.74}
$$

如果两个正弦波之间的频率间隔大于 Δf，那么这两个正弦波就能被区分开。可见 STFT 的频率分辨率是 Δf。同样，时域中的分辨率 Δt 为

$$
(\Delta t)^2 = \frac{\int t^2 |h(t)|^2 \mathrm{d}t}{\int |h(t)|^2 \mathrm{d}t}
\tag{2.1.75}
$$

如果两个脉冲的时间间隔大于 Δt，那么这两个脉冲就能够被区分开。STFT 的时间分辨率是 Δt。然而，时间分辨率 Δt 和频率分辨率 Δf 不可能同时任意小，根据 Heisenberg 不确定性原理，时间和频率分辨率的乘积受到限制有：

$$
\Delta t \Delta f \geqslant \frac{1}{4\pi}
\tag{2.1.76}
$$

式中，当且仅当采用了高斯窗函数，等式成立。该式表明，欲提高时间分辨率，只能降低频率分辨率，反之亦然。因此，时间与频率的最高分辨率是受到 Heisenberg 不确定性原理制约的。时间和频率分辨率一旦确定，则在整个时频平面上的时频分辨率保持不变。短时傅里叶变换能够分析非平稳信号，但由于其基础是傅里叶变换，其更适合分析准平稳信号。

2.1.4.2 Wigner-Ville 分布

Wigner-Ville 分布可看作信号能量在联合的时间和频率域中的分布，是分析非平稳和时变信号的重要工具。它是由 Wigner[18] 在 1932 年提出来的，最初应用于量子力学的研究，1948 年 Ville 开始将它引入信号分析领域。在 1970 年，Mark 指出了 Wigner-Ville 分布中最主要的缺陷——交叉干扰项的存在。尽管受到交叉干扰项的制约，Wigner-Ville 分布仍然得到了广泛的应用，因为其不仅具有许多有用的特性，而且与其他时频域分析方法相比能更好地描述信号的时变特征。Wigner-Ville 分布的定义如下。

设 $x(t)$ 为一连续时间信号，则

$$WVD_x(t,\omega)=\int_{-\infty}^{+\infty}x\left(t+\frac{\tau}{2}\right)x*\left(t-\frac{\tau}{2}\right)\exp(-j\omega\tau)d\tau \tag{2.1.77}$$

称为信号的自 Wigner-Ville 分布。相应的，若 $y(t)$ 为另一个连续时间信号，则互 Wigner-Ville 分布定义为

$$WVD_{x,y}(t,\omega)=\int_{-\infty}^{+\infty}x*\left(t+\frac{\tau}{2}\right)y*\left(t-\frac{\tau}{2}\right)\exp(-j\omega\tau)d\tau \tag{2.1.78}$$

式中，$x*(t)$ 和 $y*(t)$ 分别是 $x(t)$ 和 $y(t)$ 的复共轭。

此外，WVD 也可以从频域中计算。设 $X(\omega)$ 和 $Y(\omega)$ 分别是信号 $x(t)$ 和 $y(t)$ 的傅里叶变换，$X*(\omega)$ 和 $Y*(\omega)$ 分别是 $X(\omega)$ 和 $Y(\omega)$ 的复共轭，则自 Wigner-Ville 分布和互 Wigner-Ville 分布可如下表示：

$$WVD_x(t,\omega)=\frac{1}{2\pi}\int_{-\infty}^{+\infty}X\left(\omega+\frac{\Omega}{2}\right)X*\left(\omega-\frac{\Omega}{2}\right)\exp(-j\Omega t)d\Omega \tag{2.1.79}$$

和

$$WVD_{x,y}(t,\omega)=\frac{1}{2\pi}\int_{-\infty}^{+\infty}X\left(\omega+\frac{\Omega}{2}\right)Y*\left(\omega-\frac{\Omega}{2}\right)\exp(-j\Omega t)d\Omega \tag{2.1.80}$$

$WVD_x(t,\omega)$ 包含的能量等于原信号 $x(t)$ 具有的能量，可以被看作是信号的能量在时域和频域中的分布。

Wigner-Ville 分布比短时傅里叶谱有更好的分辨率，然而，它的一个主要缺陷是存在交叉干扰项（cross-term interference），影响了 Wigner-Ville 分布的物理解释。

2.1.4.3 经验模式分解

对满足基本模式分量两个限定条件的信号可以通过 Hilbert 变换求出其瞬时频率，但大多数信号或数据并不是基本模式分量，必须把复杂的非平稳信号按照一定的规则提取出所包含的基本模式分量，Huang[19] 进一步指出，可以用 EMD 方法将信号的基本模式提取出来，然后再对其进行分析。该分解算法也被称为筛选过程，这种方法的本质是通过数据的特征时间尺度来获得基本模式分量，然后分解数据。

实例分析：轴承外圈故障信号含噪较多，成分复杂，现对外圈故障信号进行 EMD 分解得到若干内禀模态函数（IMF）分量，如图 2.1.6 所示，噪声和能量都集中在高频 IMF 分量中，结合各分量的时域波形和峭度值（见表 2.1.1），可以验证 EMD 细分信号的能力，信号分量从高频到低频依次排列，一般前几个高频 IMF 分量的峭度值最大，这意味着高频分量包含的故障信息较多。

表 2.1.1 各 IMF 分量的峭度值

分量	IMF_1	IMF_2	IMF_3	IMF_4	R
峭度	4.36	3.43	2.98	2.85	2.57

2.1.4.4 局部均值分解算法

局部均值分解（LMD）[20] 作为近年来出现的一种新的自适应时频分析方法，能够依据信号的自身特点将复杂的多分量调幅调频信号分解为有限个的单分量调幅调频信号之和，进而求取瞬时频率和瞬时幅值并进行组合，得到原始信号完整的时频分布。与经验模态分解方

法相比，其在端点效应、虚假分量、过包络和欠包络等问题方面有所改善。

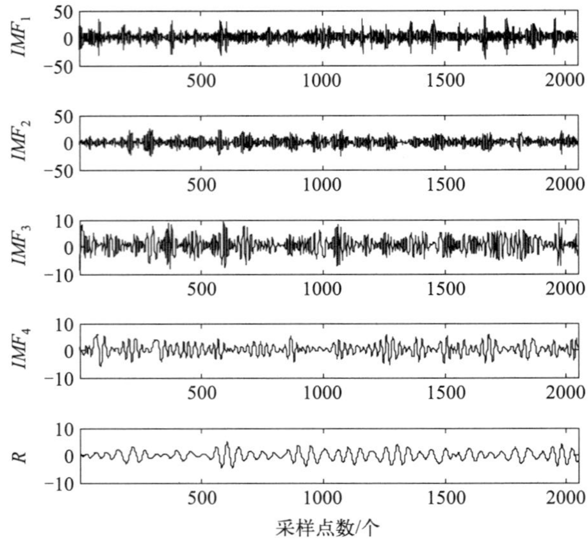

图 2.1.6　外圈故障信号 EMD 分解结果

实例分析： 为了展示 LMD 算法分解信号的过程，现采用一个调频调幅的非线性仿真信号 x_1 进行 LMD（仿真信号原始波形见图 2.1.7），得到分解结果（图 2.1.8），从图中的三个 PF 分量和一个残余分量可以看出，PF_1 分量对应调频调幅信号 $y_1(t)$，PF_2 分量对应调频信号 $y_2(t)$，PF_3 分量对应于 $y_3(t)$，各分量的波形光滑，没有突变，LMD 的分解效果较优。

$$
\begin{aligned}
& y_1(t)=[1+0.5\cos(10\pi t)]\sin[200\pi t+2\sin(10\pi t)] \\
& y_2(t)=\cos[50\pi t+\sin(10\pi t)] \\
& y_3(t)=0.8\sin(10\pi t) \\
& x_1=y_1(t)+y_2(t)+y_3(t)
\end{aligned}
\tag{2.1.81}
$$

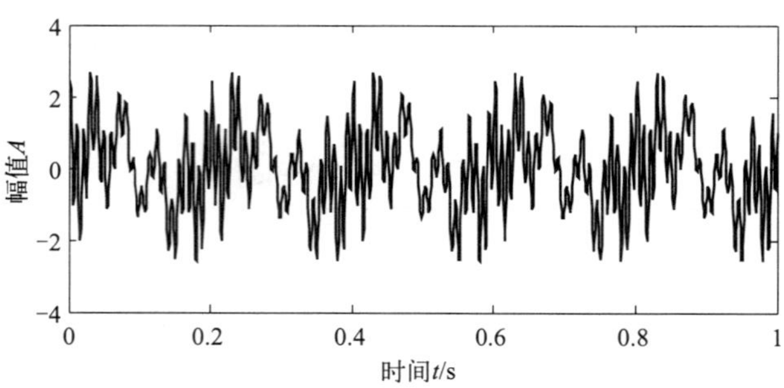

图 2.1.7　仿真信号原始波形

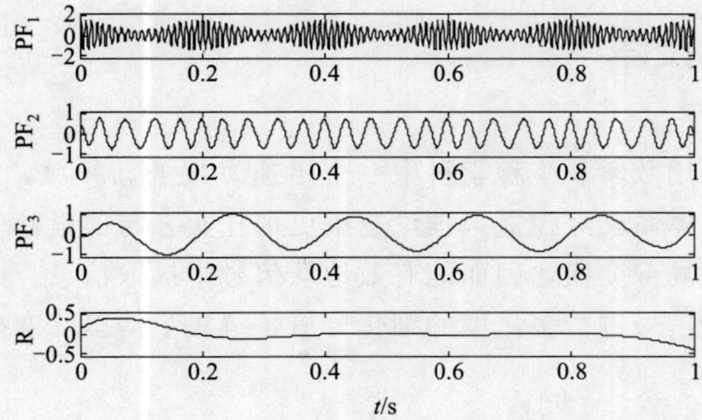

图 2.1.8 仿真信号 LMD 算法分解结果

2.1.4.5 固有时间尺度分解算法

Frei[21] 于 2007 年提出另一种自适应时频分析方法，内禀时间尺度分解（Intrinsic time-scale decomposition，ITD)，自适应地将非平稳信号分解成为瞬时频率具有物理意义的若干固有旋转分量（proper rotation，PR)。ITD 算法不用考虑信号的平稳性，可实现多分辨率分析，有效改善了 EMD 算法的端点效应，过包络、欠包络等问题；相比于 LMD，计算速度更快，因此在故障诊断领域取得了广泛应用。

实例分析：采用调频调幅的非线性仿真信号 x_1 进行 ITD 分析，分解结果如图 2.1.9 所示，在实现 ITD 算法程序过程中可以自定义分量的个数，由信号定义式可知前三个 PRC 分量信号正对应于三个分信号 $y_1(t)$，$y_2(t)$，$y_3(t)$，剩下的分量皆为残余信号，通过比较可知 ITD 的分解效果与 LMD 不相上下。

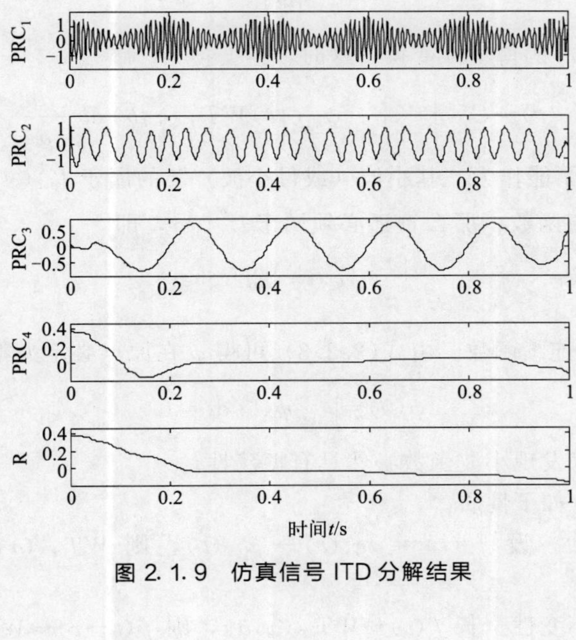

图 2.1.9 仿真信号 ITD 分解结果

2.2 小波分析技术

小波分析是当前应用数学和工程学科中一个迅速发展的新领域，经过近 30 年的探索研究，重要的数学形式化体系已经建立，理论基础更加扎实。与傅里叶变换相比，小波变换是空间（时间）和频率的局部变换，因而能有效地从信号中提取信息。该方法通过伸缩和平移等运算功能可对函数或信号进行多尺度的细化分析，解决了傅里叶变换不能解决的许多困难问题[22]。

2.2.1 小波滤波

2.2.1.1 连续小波变换

$\forall f(t)\in L^2(\mathscr{R})$，$f(t)$的连续小波变换（有时也称为积分小波变换）定义[23] 为

$$WT_f(a,b)=|a|^{-1/2}\int_{-\infty}^{\infty}f(t)\overline{\psi\left(\frac{t-b}{a}\right)}\mathrm{d}t, a\neq 0 \tag{2.2.1}$$

或用内积形式：

$$WT_f(a,b)=\langle f,\psi_{a,b}(t)\rangle \tag{2.2.2}$$

式中，$\psi_{a,b}(t)=|a|^{-1/2}\psi\left(\frac{t-b}{a}\right)$。

要使逆变换存在，$\psi(t)$要满足允许性条件：

$$C_\psi=\int_{-\infty}^{\infty}\frac{|\hat{\psi}(\omega)|^2}{|\omega|}\mathrm{d}\omega<\infty \tag{2.2.3}$$

式中，$\hat{\psi}(\omega)$是$\psi(t)$的傅里叶变换。这时，逆变换为

$$f(t)=C_\psi^{-1}\int_{-\infty}^{\infty}\int_{-\infty}^{\infty}\psi_{a,b}(t)WT_f(a,b)\mathrm{d}b\frac{da}{|a|^2} \tag{2.2.4}$$

C_ψ 这个常数限制了能作为“基小波（或母小波）”的属于 $L^2(\mathscr{R})$的函数 ψ 的类，尤其是若还要求 ψ 是一个窗函数，那么 ψ 还必须属于$L^2(\mathscr{R})$，即

$$\int_{-\infty}^{\infty}|\psi(t)|\mathrm{d}t<\infty \tag{2.2.5}$$

故 $\hat{\psi}(\omega)$是 $\mathscr{R}$ 中的一个连续函数。由式(2.2.3) 可得 $\hat{\psi}$ 在原点必定为零，即

$$\hat{\psi}(0)=\int_{-\infty}^{\infty}\psi(t)\mathrm{d}t=0 \tag{2.2.6}$$

从式(2.2.6) 可以发现小波函数必然具有振荡性。

连续小波变换具有如下性质。

① 性质 1：线性。设 $f(t)=\alpha g(t)+\beta h(t)$，则 $WT_f(a,b)=\alpha WT_g(a,b)+\beta WT_h(a,b)$。

② 性质 2：平移不变性。若 $f(t)\leftrightarrow WT_f(a,b)$，则 $f(t-\tau)\leftrightarrow WT_f(a,b-\tau)$。平移不变性是一个很好的性质，在实际应用中，尽管离散小波变换要用得广泛一些，但在需要有平

移不变性的情况下，离散小波变换是不能直接使用的。

③ 性质 3：伸缩共变性。若 $f(t)\leftrightarrow WT_f(a,b)$，则 $f(ct)\leftrightarrow\frac{1}{\sqrt{c}}WT_f(ca,cb)$，其中 $c>0$。

④ 性质 4：冗余性。连续小波变换中存在信息表述的冗余度。其表现是：由连续小波变换恢复原信号的重构公式不是唯一的，小波变换的核函数 $\psi_{a,b}(t)$ 存在许多可能的选择。尽管冗余的存在可以提高信号重建时计算的稳定性，但增加了分析和解释小波变换结果的困难。

2.2.1.2 连续小波变换的离散化

由于连续小波变换存在冗余，因而有必要搞清楚，为了重构信号需针对变换域的变量 a，b 进行何种离散化，以消除变换中的冗余。在实际中，常取 $b=\frac{k}{2^j}$，$a=\frac{1}{2^j}(j,k\in\mathscr{Z})$，这时[5] 有：

$$\psi_{a,b}(t)=\psi_{\frac{1}{2^j},\frac{k}{2^j}}(t)=2^{j/2}\psi(2^jt-k) \tag{2.2.7}$$

式(2.2.7) 常简写为 $\psi_{j,k}(t)$，变换形式为 $WT_f\left(\frac{1}{2^j},\frac{k}{2^j}\right)=\langle f,\psi_{j,k}\rangle$。为了能重构信号 $f(t)$，要求 $\{\psi_{j,k}\}_{j,k\in\mathscr{Z}}$ 是 $L^2(\mathscr{R})$ 的 Riesz 基。

定理 2.1 一个函数 $\psi\in L^2(\mathscr{R})$ 称为一个 $\mathscr{R}$ 函数，如果 $\{\psi_{j,k}\}_{j,k\in\mathscr{Z}}$ 在下述意义上是一个 Risez 基：$\psi_{j,k}$，j，$k\in\mathscr{Z}$ 的线性张成在 $L^2(\mathscr{R})$ 中是稠密的，并且存在正常数 A 与 B，$0<A\leqslant B<\infty$，使

$$A\|\{c_{j,k}\}\|_{l^2}^2\leqslant\left\|\sum_{j=-\infty}^{\infty}\sum_{k=-\infty}^{\infty}c_{j,k}\psi_{j,k}\right\|_2^2\leqslant B\|\{c_{j,k}\}\|_{l^2}^2 \tag{2.2.8}$$

对所有二重双无限平方可和序列 $\{c_{j,k}\}$ 成立，即对于 $\|\{c_{j,k}\}\|_{l^2}^2=\sum_{j=-\infty}^{\infty}\sum_{k=-\infty}^{\infty}|c_{j,k}|^2<\infty$ 的 $\{c_{j,k}\}$ 成立。

假定 ψ 是一个 $\mathscr{R}$ 函数，那么存在 $L^2(\mathscr{R})$ 的一个唯一的 Riesz 基 $\{\psi^{j,k}\}_{j,k\in\mathscr{Z}}$，它在意义

$$\langle\psi_{j,k},\psi^{l,m}\rangle=\delta_{j,l}\delta_{k,m},j,k,l,m\in\mathscr{Z} \tag{2.2.9}$$

上与 $\{\psi_{j,k}\}$ 对偶。这时，每个 $f(t)\in L^2(\mathscr{R})$ 有如式(2.2.10) 的唯一级数表示：

$$f(t)=\sum_{j=-\infty}^{\infty}\sum_{k=-\infty}^{\infty}\langle f,\psi_{j,k}\rangle\psi^{j,k}(t) \tag{2.2.10}$$

特别地，若 $\{\psi_{j,k}\}_{j,k\in\mathscr{Z}}$ 构成 $L^2(\mathscr{R})$ 的规范正交基时，有 $\psi_{j,k}=\psi^{j,k}$。重构公式为

$$f(t)=\sum_{j=-\infty}^{\infty}\sum_{k=-\infty}^{\infty}\langle f,\psi_{j,k}\rangle\psi_{j,k}(t) \tag{2.2.11}$$

2.2.2 小波选择

小波的种类很多，不同小波具有不同的性质，因此首先介绍各种小波的表达式和基本性质，再描述不同的性质有哪些不同的效果。

2.2.2.1 小波的类别及性质

(1) Haar 小波

$$\psi(t)=\begin{cases}1 & 0\leqslant t<\dfrac{1}{2}\\ -1 & \dfrac{1}{2}\leqslant t<1\\ 0 & 其他\end{cases} \tag{2.2.12}$$

性质：Haar 小波是有限支撑、具有对称性的正交小波，其计算简单，但不是连续小波，只有一阶导数因此在实际应用中受到限制[24]。

(2) Morlet 小波

$$\psi(t)=\mathrm{e}^{-t^2/2}\mathrm{e}^{\mathrm{j}\Omega t} \tag{2.2.13}$$

性质：Morlet 小波是对称的非正交小波，一般在实信号上使用[23]。

(3) Mexican Hat 小波

$$\psi(t)=c(1-t^2)\mathrm{e}^{-t^2/2} \tag{2.2.14}$$

性质：是对称、非紧支撑的非正交小波。

(4) Gaussian 小波

$$\psi(t)=c\,\frac{\mathrm{d}^k}{\mathrm{d}t^k}\mathrm{e}^{-t^2/2},k=1,2,\cdots,8 \tag{2.2.15}$$

性质：非正交、非紧支撑。

(5) 正交小波

由母小波和父小波加权组合而成的正交小波，包括 Daubechies 小波、对称小波、Coiflets 小波、Meyer 小波。

2.2.2.2 小波的选择

小波变换因为它的时频特性和多分辨率分析能力被广泛用于图像压缩、去噪、开关电路等领域，小波基的选择影响后续的复杂性，十分关键。

① 正交性。正交性使得子带数据相关性减小，减少冗余。

② 紧支性和衰减性。紧支宽度越窄，衰减越快，精度越高。

③ 对称性。在信号处理时，对称的小波能有效减少或避免信号边缘处的相位畸变。

④ 正则性。正则性阶数越大，越光滑，其频域能量越集中。

⑤ 消失矩 k。消失矩决定小波逼近光滑函数的收敛率。

$$\int_{-\infty}^{+\infty} t^k\psi(t)\,\mathrm{d}t=0\quad k=0,1,\cdots,n-1 \tag{2.2.16}$$

2.2.3 二进小波

(1) 定义

二进小波，是一类二进制伸缩的小波，经常用于奇异性检测。对于 $\psi(x)\in L^2(\mathscr{R})$，如果它满足稳定性条件，即存在常数 $0<A$，$B<+\infty$，使得对几乎处处的 $\omega\in\mathscr{R}$，有：

$$A\leqslant\sum_{j\in\mathscr{Z}}|\hat{\psi}(2^j\omega)|^2\leqslant B \tag{2.2.17}$$

那么称 $\psi(x)$ 为一个二进小波。

(2) 二进小波变换

二进小波变换是由二进小波决定的变换[25]。设 $\psi(x)$ 是二进小波，令

$$\psi_{2^j}(x)=\frac{1}{2^j}\psi\left(\frac{x}{2^j}\right) \tag{2.2.18}$$

这时 $f(x)$ 在尺度 2^j 上的小波变换为

$$W_{2^j}f(x)=f*\psi_{2^j}(x) \tag{2.2.19}$$

则称函数序列

$$Wf=\{W_{2^j}f(x)\}_{j\in\mathscr{Z}} \tag{2.2.20}$$

为二进小波变换。

二进小波变换是连续小波变换半离散化的结果，人们只是把尺度因子离散化，平移因子依然连续取值。

2.2.4 提升小波

2.2.4.1 提升方案的基本原理

波函数 $\psi_{j,k}(t)$ 通常定义为一个属于 $L^2(\mathscr{R})$ 空间的母小波的二进伸缩（dilates）和平移(translate)[26]：

$$\psi_{j,k}(t)=2^{j/2}\psi(2^jt-k) \tag{2.2.21}$$

这样的小波称为第一代小波。然而，在更一般的情况下，小波并不一定是彼此的伸缩与平移，但仍然具有第一代小波的特点，这样的小波被称为第二代小波，利用提升方案可以构造它们。第一代小波具有如下性质。

① 是 $L^2(\mathscr{R})$ 空间的 Riesz 基，还是 Lebesgue、Lipschitz、Sobolev 和 Besov 空间的无条件基。

② 小波及其对偶在空间和频域是局域化的，有些小波还是紧支的。

③ 小波分析可纳入多分辨分析的框架，这形成了快速小波变换算法。

在研究中常有如下需要。

① 第一代小波提供了定义在 $\mathscr{R}^n$ 上函数的基，但在像数据分割、一般定义域上的微分和积分方程的求解中，需要定义在任意的、可能不光滑的域上的小波。

② 第一代小波典型地只提供具有不变测度的空间的基，而微分方程的对角化、在曲线或表面上的分析等需要可适应加权测度的基。

③ 第一代小波隐含对数据进行规则采样，而实际问题经常要处理不规则采样的数据。

具有性质①～③而又满足①～③需要的第一代小波的推广称为第二代小波。其中的关键问题是平移与伸缩并不是性质①～③所必需的，放弃平移和伸缩，隐含着傅里叶变换不能再用作构造工具。下面介绍利用提升方案构造第二代小波的方法。

考虑信号 $X=\{x_k\mid x_k\in\mathscr{R}\}_{k\in\mathscr{Z}}$，把 X 分成两个不相交的集合：偶下标采样 $X_e=$

$\{x_{2k}\}_{k\in\mathscr{Z}}$ 和奇下标采样 $X_o=\{x_{2k+1}\}_{k\in\mathscr{Z}}$。通常情况下这两个集合是紧密相关的，因而从一个集合能很好地建立另一个集合的预测 P：

$$d=x_e-P(x_o) \tag{2.2.22}$$

得到 d 和奇采样值，可立即恢复信号：

$$x_e=d+P(x_o) \tag{2.2.23}$$

若 P 性能好，则 d 将是一个稀疏集，换言之，我们期望 d 的一阶熵小于 x_o。令

$$\lambda_{0,2k}=x_{2k},\lambda_{0,2k+1}=x_{2k+1},k\in\mathscr{Z}$$
$$\lambda_{-1,k}=\lambda_{0,2k},k\in\mathscr{Z} \tag{2.2.24}$$

利用相邻两偶采样对奇采样进行预测，记下差值：

$$\gamma_{-1,k}=\lambda_{0,2k+1}-\frac{1}{2}(\lambda_{-1,k}+\lambda_{-1,k+1}) \tag{2.2.25}$$

若信号是相关的，则大多数小波系数 $\gamma_{-1,k}$ 将很小。在理论上，我们可以继续对 $\{\lambda_{-1,k}\}_{k\in\mathscr{Z}}$ 施加以上操作，然而，上述简单的操作性能并不好，为此引入另一个条件，即希望 $\lambda_{j,k}$ 系数的平均值在每一次分解时保持一致，或者说使 $\sum_k\lambda_{-1,k}=\frac{1}{2}\sum_k\lambda_{0,k}$，此前所进行的下采样很显然不具有这种特点，我们可借助 $\gamma_{-1,k}$ 对 $\lambda_{-1,k}$ 进行提升来实现这点：

$$\lambda_{-1,k}=\lambda'_{-1,k}+\frac{1}{4}(\gamma_{-1,k-1}+\gamma_{-1,k}) \tag{2.2.26}$$

现在，每一级小波变换由两步构成：首先计算小波系数，其次提升下采样系数。逆变换可立即得到：只需把式(2.2.26) 中的加号换成减号，再移动式(2.2.25) 的等式中的项即可。整个计算过程如图 2.2.1 所示。

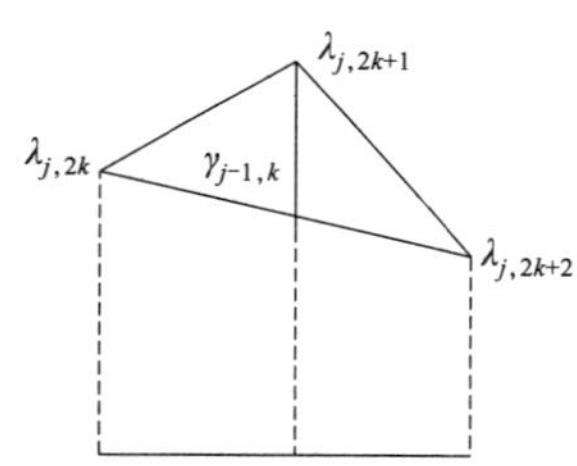

(a) 小波系数的几何含义

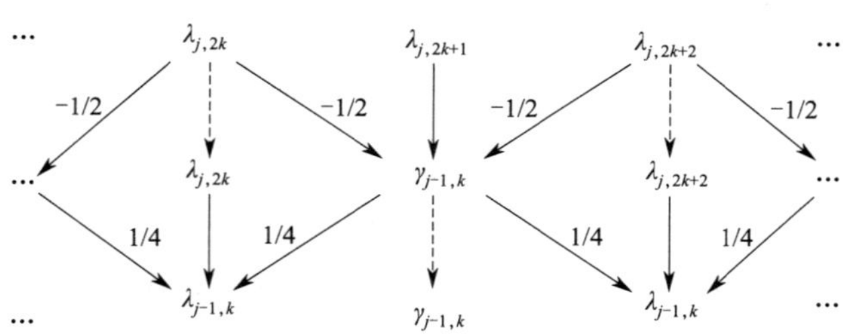

(b) 分解过程

图 2.2.1　提升方案示意图

从图 2.2.1 中可以看出，在进行小波变换时，可进行同址运算，即不需要辅助存储器，这对硬件实现十分有利。下面的定理给出提升方案的一般方法。

定理 2.2 给定双正交滤波器算子的初始集合 $\{H_j^{\mathrm{old}}, \widetilde{H}_j^{\mathrm{old}}, G_j^{\mathrm{old}}, \widetilde{G}_j^{\mathrm{old}}\}$，那么可通过如下方法获得一个新的双正交滤波器算子集 $\{H_j, \widetilde{H}_j, G_j, \widetilde{G}_j\}$：

$$\begin{aligned} H_j &= H_j^{\mathrm{old}} \\ \widetilde{H}_j &= \widetilde{H}_j^{\mathrm{old}} + S_j \widetilde{G}_j^{\mathrm{old}} \\ G_j &= G_j^{\mathrm{old}} - S_j^* H_j^{\mathrm{old}} \\ \widetilde{G}_j &= \widetilde{G}_j^{\mathrm{old}} \end{aligned} \tag{2.2.27}$$

式中，S_j 是一个从 $l^2[M(j)]$ 到 $l^2[K(j)]$ 的算子。

2.2.4.2 把小波变换分解成基本的提升步骤

已经证明所有 FIR 小波滤波器都能分解成基本的提升步骤[13]。用矩阵表示时，一个提升步骤对应一个单元（elementary）矩阵。分解的基本理论依据是矩阵代数，根据矩阵代数，任何具有多项式元素项且行列式为 1 的矩阵都可以分解成一系列的单元矩阵。

首先把求自然数的最大公约数的 Euclidean 算法推广到求两个多项式的最大公因子。两个多项式的公因子取决于因子 z^p，而且与自然数不同的是，在多项式的情形下，解并不是唯一的。

定理 2.3 （多项式的 Euclidean 算法）。设有两个多项式 $a(z)$，$b(z) \neq 0$，而且 $|a(z)| \geqslant |b(z)|$。令 $a_0(z) = a(z)$，$b_0(z) = b(z)$，从 $i=0$ 开始循环执行以下步骤：

$$\begin{aligned} a_{i+1}(z) &= b_i(z) \\ b_{i+1}(z) &= a_i(z) \% b_i(z) \end{aligned} \tag{2.2.28}$$

那么 $a_n(z) = \gcd[a(z), b(z)]$，如果 n 是使得 $b_n(z) = 0$ 的最小数。

定理中 $|a(z)|$ 定义为：若 $a(z) = \sum\limits_{k=kb}^{ke} a_k z^{-k}$，则 $|a(z)| = ke - kb$。

用矩阵形式表示为：

$$\begin{bmatrix} a_n(0) \\ 0 \end{bmatrix} = \prod_{i=n}^{1} \begin{bmatrix} 0 & 1 \\ 1 & -q_i(z) \end{bmatrix} \begin{bmatrix} a(z) \\ b(z) \end{bmatrix} \tag{2.2.29}$$

相应地：

$$\begin{bmatrix} a(z) \\ b(z) \end{bmatrix} = \prod_{i=1}^{n} \begin{bmatrix} q_i(z) & 1 \\ 1 & 0 \end{bmatrix} \begin{bmatrix} a_n(z) \\ 0 \end{bmatrix} \tag{2.2.30}$$

式中，$n \leqslant |b(z)| + 1$。这样，$a_n(z)$ 能整除 $a(z)$、$b(z)$，如果 $a_n(z)$ 是一个单项式的话，那么 $a(z), b(z)$ 是互素的。

为了把 FIR 小波滤波器（h，g）分解成基本的提升步骤，我们首先注意到 $h_e(z), h_o(z)$ 必须是互素的，而且，利用公约数的不唯一性，总是可以使公约数为常量 K，即

$$\begin{bmatrix} h_e(z) \\ h_o(z) \end{bmatrix} = \prod_{i=1}^{n} \begin{bmatrix} q_i(z) & 1 \\ 1 & 0 \end{bmatrix} \begin{bmatrix} K \\ 0 \end{bmatrix} \tag{2.2.31}$$

对于给定的滤波器 h，通过如下操作，总可以找到一个互补滤波器 g^0，即令

$$P^0(z)=\begin{bmatrix}h_e(z) & g_e^0(z)\\ h_o(z) & g_o^0(z)\end{bmatrix}=\prod_{i=1}^{n}\begin{bmatrix}q_i(z) & 1\\ 1 & 0\end{bmatrix}\begin{bmatrix}K & 0\\ 0 & 1/K\end{bmatrix} \tag{2.2.32}$$

在式(2.2.32) 中，有：

$$\begin{bmatrix}q_i(z) & 1\\ 1 & 0\end{bmatrix}=\begin{bmatrix}1 & q_i(z)\\ 0 & 1\end{bmatrix}\begin{bmatrix}0 & 1\\ 1 & 0\end{bmatrix}=\begin{bmatrix}0 & 1\\ 1 & 0\end{bmatrix}\begin{bmatrix}1 & 0\\ q_i(z) & 1\end{bmatrix} \tag{2.2.33}$$

当 i 为奇时使用式(2.2.33) 的第一个等式，当 i 为偶时使用第二个等式，有：

$$P^0(z)=\prod_{i=1}^{n/2}\begin{bmatrix}1 & q_{2i-1}(z)\\ 0 & 1\end{bmatrix}\begin{bmatrix}1 & 0\\ q_{2i}(z) & 1\end{bmatrix}\begin{bmatrix}K & 0\\ 0 & 1/K\end{bmatrix} \tag{2.2.34}$$

通过一个提升步骤可获得滤波器 g：

$$P(z)=P^0(z)\begin{bmatrix}1 & s(z)\\ 0 & 1\end{bmatrix} \tag{2.2.35}$$

由以上分析可得如下定理。

定理 2.4 给定互补滤波器对（h，g），那么总是存在多项式 $s_i(z)$和 $t_i(z)$，$1\leqslant i\leqslant n$，以及一个常量 K，使得

$$P(z)=\prod_{i=1}^{n}\begin{bmatrix}1 & s_i(z)\\ 0 & 1\end{bmatrix}\begin{bmatrix}1 & 0\\ t_i(z) & 1\end{bmatrix}\begin{bmatrix}K & 0\\ 0 & 1/K\end{bmatrix} \tag{2.2.36}$$

与对偶滤波器对$(\tilde{h},\tilde{g})$相关的多相（polyphase）矩阵为

$$\tilde{P}(z)=\prod_{i=1}^{n}\begin{bmatrix}1 & 0\\ -s_i(z^{-1}) & 1\end{bmatrix}\begin{bmatrix}1 & -t_i(z^{-1})\\ 0 & 1\end{bmatrix}\begin{bmatrix}1/K & 0\\ 0 & K\end{bmatrix} \tag{2.2.37}$$

在正交小波滤波器时有 $P(z)=\tilde{P}(z)$，这就对应着两种不同的分解，也就是说，把 FIR 小波滤波器分解成基本的提升步骤时，分解是不唯一的。利用提升方案进行的小波变换如图 2.2.2 所示。

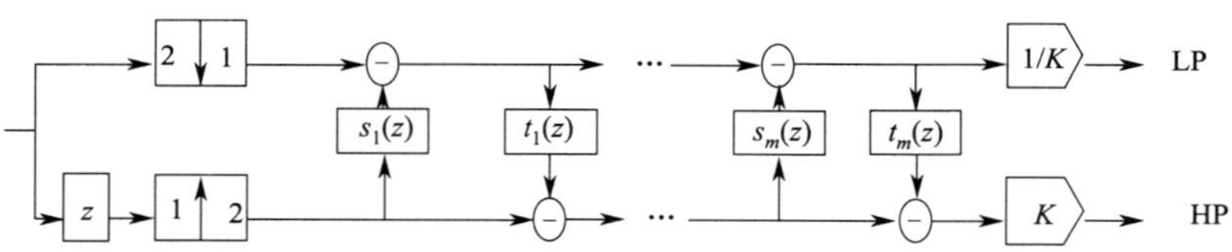

(a) 利用提升方案进行的小波分解示意图

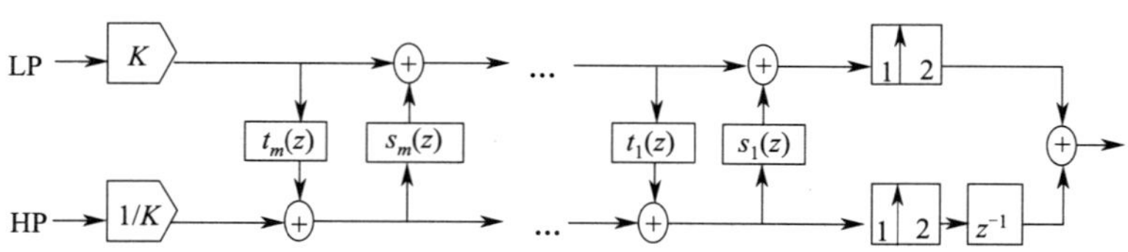

(b) 利用提升方案进行的小波重构示意图

图 2.2.2 利用提升方案进行的小波变换

作为例子，下面给出对具有两阶消失矩的 D4 正交小波的分解：

$$h(z)=h_0+h_1z^{-1}+h_2z^{-2}+h_3z^{-3} \tag{2.2.38}$$

$$g(z)=-h_3z^2+h_2z^1-h_1+h_0z^{-1} \tag{2.2.39}$$

其中，

$$h_0=\frac{1+\sqrt{3}}{4\sqrt{2}},h_1=\frac{3+\sqrt{3}}{4\sqrt{2}},h_2=\frac{3-\sqrt{3}}{4\sqrt{2}},h_3=\frac{1-\sqrt{3}}{4\sqrt{2}}$$

多相矩阵是

$$P(z)=\widetilde{P}(z)=\begin{bmatrix} h_0+h_2z^{-1} & -h_3z^1-h_1 \\ h_1+h_3z^{-1} & h_2z^1+h_0 \end{bmatrix} \tag{2.2.40}$$

因式分解是

$$P(z)=\widetilde{P}(z)=\begin{bmatrix} 1 & -\sqrt{3} \\ 0 & 1 \end{bmatrix}\begin{bmatrix} 1 & 0 \\ \frac{\sqrt{3}}{4}+\frac{\sqrt{3}-2}{4}z^{-1} & 1 \end{bmatrix}\begin{bmatrix} 1 & z \\ 0 & 1 \end{bmatrix}\begin{bmatrix} \frac{\sqrt{3}+1}{\sqrt{2}} & 0 \\ 0 & \frac{\sqrt{3}-1}{\sqrt{2}} \end{bmatrix} \tag{2.2.41}$$

使用式(2.2.41) 作为 $P(z)$ 的分解，则分析用的多相矩阵为：

$$\widetilde{P}(1/z)^t=\begin{bmatrix} \frac{\sqrt{3}+1}{\sqrt{2}} & 0 \\ 0 & \frac{\sqrt{3}-1}{\sqrt{2}} \end{bmatrix}\begin{bmatrix} 1 & 0 \\ z^{-1} & 1 \end{bmatrix}\begin{bmatrix} 1 & \frac{\sqrt{3}}{4}+\frac{\sqrt{3}-2}{4}z \\ 0 & 1 \end{bmatrix}\begin{bmatrix} 1 & 0 \\ -\sqrt{3} & 1 \end{bmatrix} \tag{2.2.42}$$

由此可得小波分解算法：

$$\begin{aligned} d_l^{(1)}&=x_{2l+1}-\sqrt{3}x_{2l} \\ s_l^{(1)}&=x_{2l}+\frac{\sqrt{3}}{4}d_l^{(1)}+\frac{\sqrt{3}-2}{4}d_{l+1}^{(1)} \\ d_l^{(2)}&=d_l^{(1)}+s_{l-1}^{(1)} \\ s_l&=\frac{\sqrt{3}+1}{\sqrt{2}}s_l^{(1)} \\ d_l&=\frac{\sqrt{3}-1}{\sqrt{2}}d_l^{(2)} \end{aligned} \tag{2.2.43}$$

由分解算法，通过反向进行操作，并改变相应的符号可得重构算法，有：

$$\begin{aligned} d_l^{(2)}&=\frac{\sqrt{3}+1}{\sqrt{2}}d_l \\ s_l^{(1)}&=\frac{\sqrt{3}-1}{\sqrt{2}}s_l \\ d_l^{(1)}&=d_l^{(2)}-s_{l-1}^{(1)} \\ x_{2l}&=s_l^{(1)}-\frac{\sqrt{3}}{4}d_l^{(1)}-\frac{\sqrt{3}-2}{4}d_{l+1}^{(1)} \\ x_{2l+1}&=d_l^{(1)}+\sqrt{3}x_{2l} \end{aligned} \tag{2.2.44}$$

利用提升方案进行小波变换具有可进行同址运算的优点，这样在具体实现时可省去大量存储器开销，在进行图像处理时，这个优点更为明显。它的另一个优点是可提高小波变换的速度。所以把现存的有限长小波滤波器分解成基本的提升步骤，可加快小波变换的进行，根据 Daubechies 的分析，随滤波器长度的增加，运算速度趋于常规小波变换的 2 倍，换言之，在同等的硬件条件下，对一维小波变换而言，运算时间降低一半，对二维小波变换则降为原来的四分之一。这个优点在实时性要求比较高的场合有很大的实用价值。

2.2.4.3 整数小波变换

提升方案为扩展小波变换的应用领域提供了更多的灵活性。常规的小波变换都是采用浮点运算的，但利用提升方案所带来的便利，可十分方便地构造整数到整数的小波变换。将整数小波变换用于图像压缩就可以用小波变换进行无失真的图像压缩[27]。

最早的整数到整数小波变换是 S 变换，是哈尔（Haar）变换的整数形式：

$$\begin{aligned} d_{1,l} &= s_{0,2l+1} - s_{0,2l} \\ s_{1,l} &= s_{1,l} + d_{1,l}/2 \end{aligned} \tag{2.2.45}$$

Said 和 Pearlman 提出了 S+P（ tranSform + Prediction），就是在 S 变换之后，利用低通滤波器的系数来产生一个新的高通滤波器系数，它的一般形式是：

$$\begin{aligned} &d_{1,l}^{(1)} = s_{0,2l+1} - s_{0,2l} \\ &s_{1,l} = s_{0,2l} + d_{1,l}^{(1)}/2 \\ &d_{1,l} = d_{1,l}^{(1)} + [\alpha_{-1}(s_{1,l-2} - s_{1,l-1}) + \alpha_0(s_{1,l-1} - s_{1,l}) + \alpha_1(s_{1,l} - s_{1,l+1}) - \beta_1 d_{1,l+1}^{(1)}] \end{aligned} \tag{2.2.46}$$

式中，$\alpha_{-1}=0$，$\alpha_0=2/8$，$\alpha_1=3/8$，$\beta_1=-2/8$。

S 和 S+P 变换的逆变换由变动式(2.2.45)、式(2.2.46) 的执行顺序，再改变相关项的符号获得。

通常小波滤波器的系数都是浮点数，只能把整数映射成浮点数，要进行无失真变换，必须构造把整数映射成整数的小波变换，提升方案（lifting scheme）为此提供了一种有效的方法，所有正交或双正交小波滤波器，用提升方案进行分解后，都可用与 S+P 类似的方式来构造变换的整数版本。

用提升方案构造小波变换有如下优点。

① 同址计算。不需要辅助存储器，原信号（图像）可被小波变换的结果覆盖。

② 更快的小波变换。传统上，快速小波变换首先把信号分解成高通和低通成分，并进行下抽样，然后对低通成分重复进行该过程，直到所需要的变换级数，提升方案可把变换速度提高 1 倍。

③ 不需借助傅氏分析便可获得逆变换。

S 变换的逆变换非常容易得到：

$$\begin{aligned} s_{0,2l} &= s_{1,l} - \frac{d_{1,l}}{2} \\ s_{0,2l+1} &= d_{1,l} + s_{0,2l} \end{aligned} \tag{2.2.47}$$

表 2.2.1 列出了几个常用的可逆整数到整数小波变换，表中（4，4）表示分析小波和综合小波的消失矩（vanishing moments）均为 4。（2+2，2）表示通过一个额外的提升步骤使（2，2）变换的消失矩增加到 4。D4 是常见的 4 系数紧支撑 Daubechies 正交小波变换的整数变换形式。（9，7）是常用于图像压缩的 7/9 小波变换的整数形式，它的分析和综合滤波器

的消失矩也都为 4。

表 2.2.1 可逆整数到整数小波变换

名称	小波变换
(4,4)	$d_{1,l}=s_{0,2l+1}-\left[\frac{9}{16}(s_{0,2l}+s_{0,2l+2})-\frac{1}{16}(s_{0,2l-2}+s_{0,2l+4})+\frac{1}{2}\right]$ $s_{1,l}=s_{0,2l}+\left[\frac{9}{32}(d_{1,l-1}+d_{1,l})-\frac{1}{32}(d_{1,l-2}+d_{1,l+1})+\frac{1}{2}\right]$
(2+2,2)	$d_{1,l}^{(1)}=s_{0,2l+1}-\left[\frac{1}{2}(s_{0,2l}+s_{0,2l+2})+\frac{1}{2}\right]$ $s_{1,l}=s_{0,2l}+\left[\frac{1}{4}(d_{1,l}^{(1)}+d_{1,l-1}^{(1)})+\frac{1}{2}\right]$ $d_{1,l}=d_{1,l}^{(1)}-\left[\alpha(-\frac{1}{2}s_{1,l-1}+s_{1,l}-\frac{1}{2}s_{1,l+1})+\beta(-\frac{1}{2}s_{1,l}+s_{1,l+1}-\frac{1}{2}s_{1,l+2})+\gamma d_{1,l+1}^{(1)}+\frac{1}{2}\right]$
D4	$d_{1,l}^{(1)}=s_{0,2l+1}-\left[\sqrt{3}s_{0,2l}+\frac{1}{2}\right]$ $s_{1,l}=s_{0,2l}+\left[\frac{\sqrt{3}}{4}d_{1,l}^{(1)}+\frac{\sqrt{3}-2}{4}d_{1,l-1}^{(1)}+\frac{1}{2}\right]$ $d_{1,l}=d_{1,l}^{(1)}+s_{1,l+1}$
(9,7)	$d_{1,l}^{(1)}=s_{0,2l+1}+\left[\alpha(s_{0,2l}+s_{0,2l+2})+\frac{1}{2}\right]$ $s_{1,l}^{(1)}=s_{0,2l}+\left[\beta(d_{1,l}^{(1)}+d_{1,l-1}^{(1)})+\frac{1}{2}\right]$ $d_{1,l}=d_{1,l}^{(1)}+\left[\gamma(s_{1,l}^{(1)}+s_{1,l+1}^{(1)})+\frac{1}{2}\right]$ $s_{1,l}=s_{1,l}^{(1)}+\left[\delta(d_{1,l}+d_{1,l+1})+\frac{1}{2}\right]$

2.3 Hilbert-Huang 变换技术

1998 年，Norden E. Huang（黄锷）等人提出了经验模态分解方法，并引入了 Hilbert 谱的概念和 Hilbert 谱分析的方法[28]，美国国家航空和宇航局（NASA）将这一方法命名为 Hilbert-Huang Transform，简称 HHT，即希尔伯特-黄变换。HHT 主要内容包含两部分：第一部分为经验模态分解（empirical mode decomposition，简称 EMD），它是由 Huang 提出的；第二部分为 Hilbert 谱分析（hilbert spectrum analysis，简称 HSA）。目前 EMD 方法已在生物医学[29-31]、故障诊断[32,33] 等多个领域得到应用，效果很好。简单说来，HHT 处理非平稳信号的基本过程是：首先利用 EMD 方法将给定的信号分解为若干固有模态函数（以 intrinsic mode function 或 IMF 表示，也称作本征模态函数），这些 IMF 是满足一定条件的分量；然后，对每一个 IMF 进行 Hilbert 变换，得到相应的 Hilbert 谱，即将每个 IMF 表示在联合的时频域中；最后，汇总所有 IMF 的 Hilbert 谱就会得到原始信号的 Hilbert 谱。

2.3.1 EMD 方法

EMD 方法的大体思路是用波动上、下包络的平均值去确定“瞬时平衡位置”，进而提取出内在模函数。内在模函数（IMF）的求取主要有如下 3 个步骤。

① 找出原序列 $x(t)$ 的各个局部极大值，然后用三阶样条函数进行插值，得到原序列 $x(t)$ 的上包络序列值 $x_{max}(t)$。同理，可以得到下包络序列值 $x_{min}(t)$。

② 对每个时刻的 $x_{max}(t)$ 和 $x_{min}(t)$ 取平均，得到瞬时平均值 $m(t)$：

$$m(t)=[x_{max}(t)+x_{min}(t)]/2 \tag{2.3.1}$$

③ 通过原序列 $x(t)$ 与瞬时平均值之差得到类距平均序列 $h(t)$：

$$h(t)=x(t)-m(t) \tag{2.3.2}$$

如果 $h(t)$ 中极值点的数目和跨零点的数目相差小于等于 1，并且各个瞬时平均值 $m(t)$ 都等于零，那它就是内在模函数。否则，把 $h(t)$ 当作原序列，重复以上步骤，直至其满足内在模函数的定义，求出内在模函数为止。

在求出了第一个内在模函数 $I_1(t)$，也即从原序列中分解出第一个分量之后，用原序列减去 $I_1(t)$，得到剩余值序列 $r_1(t)$：

$$r_1(t)=x(t)-I_1(t) \tag{2.3.3}$$

到此为止，第一个内在模函数提取完成，之后把 $r_1(t)$ 作为一个新的原序列按以上步骤依次提取第 2 至 n 个内在模函数 $I_n(t)$，直至 $r_n(t)$ 变成一个单调序列。

2.3.2 Hilbert-Huang 变换

通过 EMD，就可以对每个内在模函数进行 Hilbert 变换，求出瞬时频率，得到 Hilbert 谱。Hilbert 变换是一种线性变换，代表线性系统，如果输入信号是平稳的，那么输出信号也应该是平稳的。对内在模函数 $I(t)$ 进行 Hilbert 变换有：

$$\Gamma(t)=\frac{1}{\pi}\int_{-\infty}^{\infty}\frac{I(\tau)}{t-\tau}\mathrm{d}\tau \tag{2.3.4}$$

式中，积分在 $t=\tau$ 处为奇点，运算中取其柯西主值，并记为

$$\Gamma(t)=\frac{1}{\pi}P\int_{-\infty}^{\infty}\frac{I(\tau)}{t-\tau}\mathrm{d}\tau \tag{2.3.5}$$

定义 $I(t)$ 的解析信号 $z(t)$ 为

$$z(t)=I(t)+\mathrm{i}\Gamma(t)=a(t)\mathrm{e}^{\mathrm{i}\theta(t)} \tag{2.3.6}$$

式中：

$$a(t)=[I^2(t)+\Gamma^2(t)]^{\frac{1}{2}} \tag{2.3.7}$$

$$\theta(t)=\arctan\frac{\Gamma(t)}{I(t)} \tag{2.3.8}$$

式(2.3.7) 和式(2.3.8) 是极坐标系中的表达形式，它们明确地表达了瞬时振幅和瞬时相位，很好地反映了数据的瞬时性。在此基础上定义瞬时频率为

$$\omega(t)=\frac{\mathrm{d}\theta(t)}{\mathrm{d}t} \tag{2.3.9}$$

由上看出，经 Hilbert 变换得到的振幅和频率都是时间的函数，如果把振幅显示在频率-时间平面上，就可以得到 Hilbert 谱。

2.4 LMD 技术

2.4.1 LMD 算法

LMD 算法将原信号分成几个单分量的调频调幅信号，然后将包络信号与纯调频信号相乘获得 PF 分量；经过若干次循环，LMD 方法可以将一个复杂的非平稳信号分解成若干个 PF 分量和一个单调函数。对于任意的时间序列 $x(t)$，LMD 基本算法流程[35]如下。

① 求出所测信号 $x(t)$ 序列的所有局部极值点 n_i。

② 计算相邻极值点的平均值，将其定义为局部均值 m_i，则第 i 段局部均值为

$$m_i=\frac{n_i+n_{i+1}}{2} \tag{2.4.1}$$

同理，计算局部包络估计值 a_i：

$$a_i=\frac{|n_i-n_{i+1}|}{2} \tag{2.4.2}$$

将上述局部均值 m_i 和局部包络估计值 a_i 分别进行连接，并对其进行平滑处理，滑动平均的终止条件为任意两个相邻极值点不相等，如此循环，最终求得局部均值函数 $m_{s1}(t)$ 和包络函数 $a_{s1}(t)$。

③ 将局部均值函数 $m_{s1}(t)$ 从原始信号中分离出来，并对包络函数 $a_{s1}(t)$ 进行解调，令

$$h_{s1}(t)=x(t)-m_{s1}(t) \tag{2.4.3}$$

$$s_{s1}(t)=\frac{h_{s1}(t)}{a_{s1}(t)} \tag{2.4.4}$$

按照步骤①、②中求包络估计函数的方法再次对 $s_{s1}(t)$ 求其局部包络估计函数，若局部包络函数 $a_{s2}(t)=1$ 则表明 $s_{s1}(t)$ 已经是纯调频函数；若 $a_{s2}(t)\neq 1$ 则需要把 $s_{s1}(t)$ 当作最初序列，再次应用以上几个步骤，直到 $a_{sn}(t)=1$，即只有当 $s_{sn}(t)$ 变成纯调频函数的时候才能停止该运算，具体如下：

$$\begin{cases} h_{s1}(t)=x(t)-m_{s1}(t) \\ h_{s2}(t)=s_{s1}(t)-m_{s2}(t) \\ \vdots \\ h_{sn}(t)=s_{s(n-1)}(t)-m_{sn}(t) \end{cases} \tag{2.4.5}$$

其中，

$$\begin{cases} s_{s1}(t)=\dfrac{h_{s1}(t)}{a_{s1}(t)} \\ s_{s2}(t)=\dfrac{h_{s2}(t)}{a_{s2}(t)} \\ \quad\vdots \\ s_{sn}(t)=\dfrac{h_{sn}(t)}{a_{sn}(t)} \end{cases} \tag{2.4.6}$$

④ 把步骤①中得到的所有包络估计函数 $a_{si}(t)$ 相乘，所得结果便是分量的包络信号，也就是 $PF_s(t)$ 的瞬时幅值：

$$a_1(t)=\prod_{i=1}^{n} a_{si}(t) \tag{2.4.7}$$

其瞬时频率可由调频信号 $s_{sn}(t)$ 求出：

$$\omega(t)=\frac{\mathrm{d}\{\arccos[s_{sn}(t)]\}}{\mathrm{d}t} \tag{2.4.8}$$

⑤ 将步骤④中所得到的包络信号 $a_1(t)$ 乘以步骤③中所求得的纯调频函数 $s_{sn}(t)$，求得的便是第一个 PF 分量，即

$$PF_s(t)=a_1(t)s_{sn}(t) \tag{2.4.9}$$

而 PF 分量的瞬时频率则可由纯调频函数 $s_{sn}(t)$ 求取出来。

⑥ 将 $PF_s(t)$分量从原始信号 $x(t)$ 中分离出来，得到一个新的信号，记为 $u_s(t)$，再将 $u_s(t)$ 作为原始信号重复上述步骤①～⑤，终止条件为 $u_k(t)$ 为单调函数，具体过程如下所示：

$$\begin{cases} u_1(t)=x(t)-PF_1(t) \\ u_2(t)=u_1(t)-PF_2(t) \\ \quad\vdots \\ u_k(t)=u_{(k-1)}(t)-PF_k(t) \end{cases} \tag{2.4.10}$$

⑦ 经过上述过程，最终原信号 $x(t)$ 被分解为 k 个 PF 分量和一个单调函数 $u_k(t)$，即

$$x(t)=\sum_{i=1}^{i=k} PF_i+u_k(t) \tag{2.4.11}$$

通过上述算法流程可知，LMD 方法是一种以信号自身的局部极值点信息为基础的自适应信号分解方法。其分解过程可看作是一个多重的循环迭代过程，即先产生一个纯调频信号，然后在此基础上循环迭代出一个 PF 分量，直至所有的 PF 分量被分离出来，剩余一个单调信号，分解过程结束。考虑实际分解过程，步骤③中 $a_{sn}(t)=1$ 的终止条件往往不能达到，存在有一定误差，因此要设定一个变动量 Δ，当 $1-\Delta<a_{sn}(t)<1+\Delta$ 时，迭代即可以终止；另外，将残余项 $u_k(t)$ 与原信号 $x(t)$ 相关系数 r 的绝对值作为判断条件，当 r 的绝对值小于 0.1 时终止整个分量分解的循环，其流程图如图 2.4.1 所示。

实例分析：为了更好地说明 LMD 的分解效果，将仿真调频调幅信号 $x(t)$ 分别进行 LMD 与 EMD 分解，分解过程中均未对端点进行任何处理，其中 $x(t)=0.5\cos(30\pi t)+\sin(\pi t)\sin(10\pi t)$，采样点数为 2048，分解结果如图 2.4.2 所示。

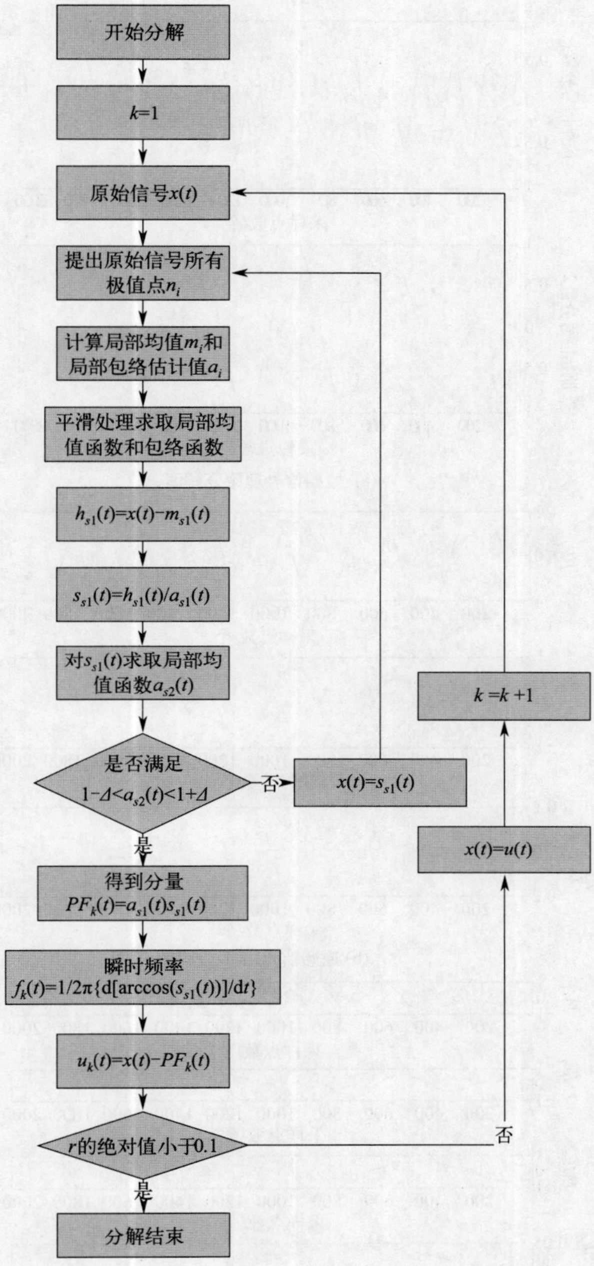

图 2.4.1 LMD 算法流程图

如图 2.4.2(b) 所示，经过 LMD 分解后原始信号被分解成 2 个 PF 分量和一个残余量 u，PF_1、PF_2 为相对应的调频调幅信号，残余分量 u 因其幅值较小可忽略不计，这与原始信号理论分解结果［图 2.4.2(a) ］基本一致；而经过 EMD 分解后产生 4 个 IMF 分量及一个残余量[图 2.4.2(c)]，说明在信号不经端点处理时经过 EMD 分解会产生严重的端点效应和模

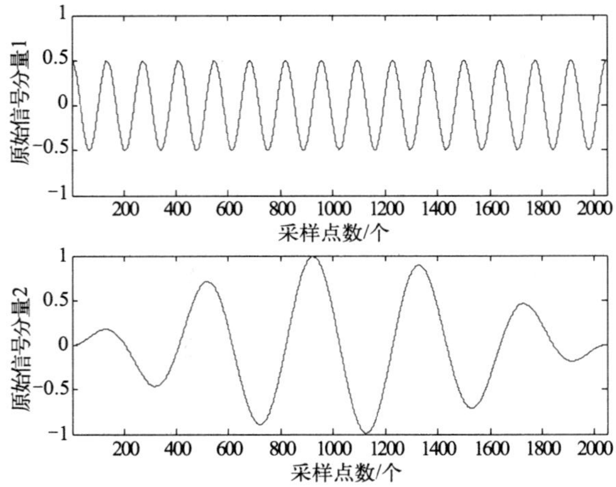

(a) 原始信号理论分解图

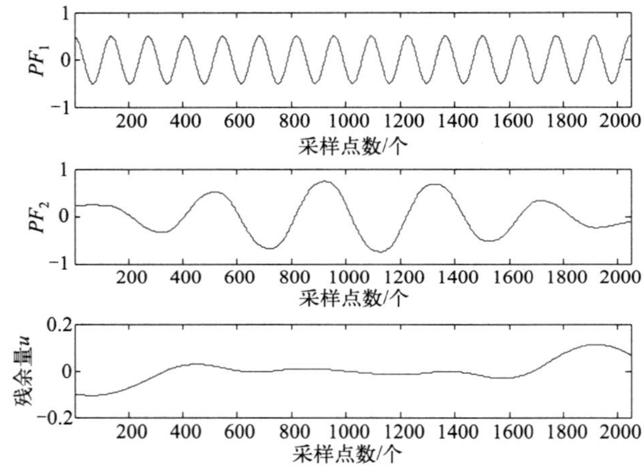

(b) 原始信号LMD分解图

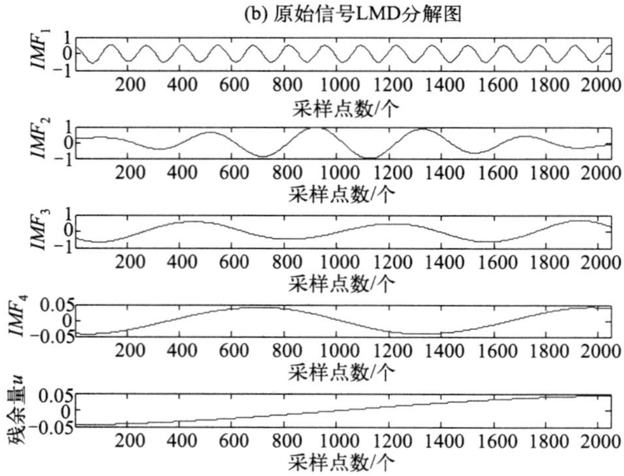

(c) 原始信号EMD分解图

图 2.4.2 分解结果比较

态混叠的问题，而 LMD 算法可有效避免这类问题的产生。同时，通过对信号的分解结果的观察，验证 LMD 算法在对信号处理过程中，PF 分量的产生是从高频向低频分解的，由于在实际采集的信号中通常夹杂了大量的噪声，这些噪声的频率往往集中于高频段，如果不进行有效的滤噪处理，这些噪声成分会参与 LMD 的分解过程，使得 LMD 分解层数增加，增大运算量和处理时间，严重时更会导致算法不收敛。因此，针对 LMD 算法的分解特性及自适应滤波特性，提出了一种基于噪声统计特性的 LMD 自适应滤波方法，并将其应用于旋转机械故障诊断中。

2.4.2 LMD 的优点及存在的一些不足

LMD 方法作为一种时频分析方法，在理论方面与传统时频分析方法和 EMD 方法相比[36]，主要的优点包括：不用考虑信号的平稳性；可实现多分辨率分析；能同时获得高的时间分辨率和频率分辨率；可有效地改善 EMD 算法的端点效应、过包络、欠包络问题及产生的瞬时频率是有物理意义的。尽管 LMD 相对于传统时频分析和 HHT 方法有着较好的特性，但是 LMD 算法本身仍然存在一些问题，影响着实际应用效果，比如：滑动平均容易导致相位失真；极值包络法存在过包络或欠包络问题；端点效应会引发分解结果向信号内部扩散误差；虚假 PF 分量会虚增信号成分数量；模态混叠会破坏 IMF 的单一频率尺度特性；对噪声敏感会放大信号干扰；瞬时频率求解易出现无物理意义的数值，无法反映信号真实的频率变化趋势等。这些缺点可以通过改善平滑处理过程[37-41]、抑制端点效应[42-47]、改进瞬时频率求解[48-51]、PF 分量筛选[52-55]等方法来改进。

2.5 ITD 分解技术

固有时间尺度分解（intrinsic time scale decomposition，ITD）是由 Frei 提出的另一种自适应时频分析方法[56]，该方法能将复杂信号分解为若干相互独立且瞬时频率具有物理意义的固有旋转分量（proper rotation，PR）之和。与 EMD 相比，ITD 采用线性插值取代了基于三次样条曲线的基线信号构建方法，得到的 PR 分量保留了原始信号的极值时刻，不会出现过包络和欠包络现象，同时端点效应被严格限制在两端[67]。

2.5.1 固有时间尺度分解算法过程

对于任意信号 X_t，定义$\mathcal{L}$为基线信号提取算子，X_t 可以做如下分解：

$$X_t=\mathcal{L}X_t+(1-\mathcal{L})X_t=L_t+H_t \tag{2.5.1}$$

式中，$L_t=\mathcal{L}X_t$ 是基线信号；$H_t=(1-\mathcal{L})X_t$ 是一个固有旋转分量。

假设$\{X_t, t\geqslant 0\}$是一个实值信号，$\{\tau_k, k=1,2,\cdots\}$代表 X_t 的局部极值点所对应的时刻，为方便起见，定义 $\tau_0=0$。如果 X_t 在某一个区间有恒定值，考虑附近的信号存在波动，仍然认为 X_t 在这个区间包含着极值，选择 τ_k 为此区间的右端点。为了简化符号，记 $X_k=X(\tau_k)$，$L_k=L(\tau_k)$。

假设 L_t 和 H_t 在区间$[0,\tau_k]$上有定义，X_t 在$[0,\tau_{k+2}]$上有定义。我们可以在区间$(\tau_k$，

τ_{k+1}]上的连续极值点之间定义一个分段线性的基线信号提取算子$\mathcal{L}$，即

$$\mathcal{L}X_t=L_t=L_k+\left(\frac{L_{k+1}-L_k}{X_{k+1}-X_k}\right)(X_t-X_k),t\in(\tau_k,\tau_{k+1}] \tag{2.5.2}$$

其中，

$$L_{k+1}=\alpha\left[X_k+\left(\frac{\tau_{k+1}-\tau_k}{\tau_{k+2}-\tau_k}\right)(X_{k+2}-X_k)\right]+(1-\alpha)X_{k+1} \tag{2.5.3}$$

式中，$0<\alpha<1$，一般取 $\alpha=0.5$。

定义了基线信号之后，我们可以定义一个固有旋转分量提取算子 $\mathcal{H}$，即

$$\mathcal{H}X_t=(1-\mathcal{L})X_t=H_t^1=X_t-L_t^1 \tag{2.5.4}$$

H_t^1 为分离出来的频率最高的固有旋转分量，接着把 L_t^1 作为输入信号，重复上述过程，可以分离出频率依次降低的固有旋转分量 $H_t^2,H_t^3,\cdots,H_t^p$，直到基线信号变得单调或小于某个预定值为止。这样 X_t 的整个分解过程可表示为

$$\begin{aligned}X_t&=\mathcal{H}X_t+\mathcal{L}X_t=\mathcal{H}X_t+(\mathcal{H}+\mathcal{L})\mathcal{L}X_t\\&=[\mathcal{H}(1+\mathcal{L})+\mathcal{L}^2]X_t\\&=\left(\mathcal{H}\sum_{k=0}^{p-1}\mathcal{L}^k+\mathcal{L}^p\right)X_t\\&=H_t^1+H_t^2+\cdots+H_t^p+L_t^p\end{aligned} \tag{2.5.5}$$

式中，H_t^i 代表第 i 次迭代分离出的固有旋转分量，L_t^i 代表第 i 次迭代抽取出的基线信号。

2.5.2 固有时间尺度分解算法性能分析

与传统的短时傅里叶变换等方法相比，ITD 不受海森堡不确定性原理的约束，时频分辨率高，可以应用于非平稳信号的特征信息提取。与 EMD 相比，ITD 采用线性变换的方式构建基线信号而取代了三次样条拟合法，避免了 EMD 中的多次迭代运算和包络误差；ITD 方法中，被分析信号的极值时刻等细节信息可以完整地保留到 PR 分量中，并且不会出现包络误差，同时端点效应仅出现在信号两端；ITD 分解过程中的单波分析法计算复杂度低、速度快，特别适合智能在线分析以提供准确的时频信息，实时反映信号在频率上的变化。图 2.5.1 所示为 ITD 分解结果。

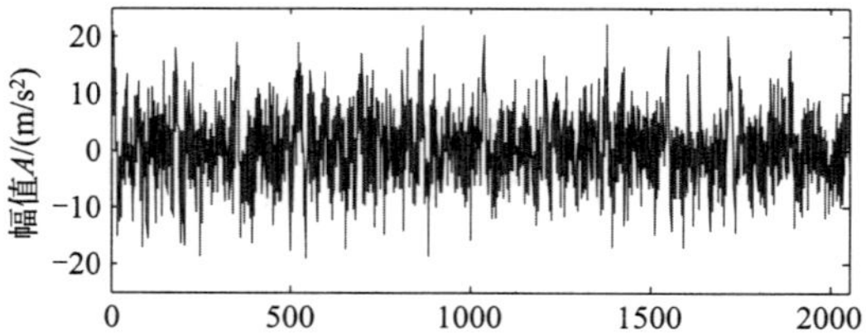

(a) 原始信号时域波形

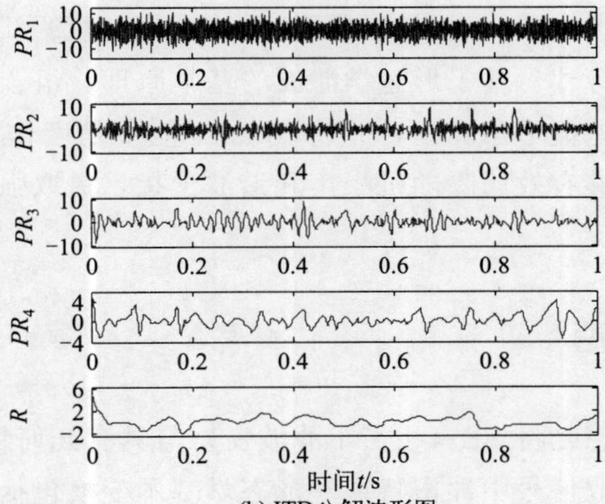

(b) ITD分解波形图

图 2.5.1 ITD分解结果显示

尽管 ITD 在计算速度和保留细节信息等方面有着明显的优势，但是原方法未解释 ITD 算法本身及 PR 分量的物理意义；其次，线性变换的信号分解方法虽然可以抑制端点效应，但一般后面几个 PR 分量的波形上会逐渐产生毛刺而导致分量失真的结果。

2.6 形态学滤波故障特征提取方法

2.6.1 形态学滤波研究现状

形态学是以随机集论和积分几何为基础的一种数学分析方法，经过不断发展被引入到机械故障诊断领域。为了滤除含噪信号的噪声并提取出其中的故障特征，结构元素（structural element，SE）发挥滤波窗的作用和含噪信号进行形状匹配，与 SE 相匹配的信号局部形态特征得以保留。相比传统的数字滤波器，数学形态学滤波器基于其计算简单、消噪性能良好的优势，近年来在机械故障诊断领域受到了广泛关注。沈路等[57] 提出采用由两种不同长度的结构元素构成的开闭（open-closing，OC）和闭开（close-opening，CO）形态算子实现旋转机械振动信号的降噪方法。Dong 等[58] 引入平均组合算子（average combined operator，ACO）提取信号中的冲击成分，用信噪比来确定结构元素的长度。Lv 等[59] 利用四种基本形态算子设计出了四组新的组合算子，并提出了一种平均组合差值形态学滤波（average combination difference morphological filter，ACDIF），通过仿真信号和实际轴承信号的实验证明了其方法的有效性，且其结果优于其他常用的形态学滤波器。但是该团队在挑选最优结构元素长度时采用了事后检验的方式，增大了整个过程的复杂性。

多尺度形态学最初是基于形态学结构元素的分解而提出的，定义为采用不同尺度的结构元素对信号的形态学变换[60]。文献［61］指出单尺度形态学滤波无法同时满足抑制噪声和保留信号中细节的需求，而多尺度形态滤波可以很好地弥补这一缺陷。在采用多尺度形态学滤波对信号进行处理时，通过加权的方式对各尺度形态滤波结果进行求和成了有效手段，因此如何对权重进行分配成了加权多尺度形态学滤波问题的关键。Li 等[62] 提出将滤波结果与原始信号的差值作为权重，该方法在抑制噪声的同时保留了信号中的细节。韩立静等[63]依据特征频率在整个频谱图中的突出程度进行权重的划分。董绍江等[64] 将信噪比作为目标函数来分配权值。吕靖香等[59] 基于形态学滤波的基本原理，组合数学形态学中的四大基本形态算子构造出新的组合差值形态算子，并将 Teager 能量峭度作为评判指标，为各尺度提供优化的权值，该方法能够有效滤除随机噪声和谐波干扰，提取强背景噪声下的冲击故障特征，取得较好效果。

2.6.2 形态学基本理论

形态学变换的基本思想是将 SE（相当于滤波窗）与具有几何特征的待测信号进行匹配，从而实现滤除噪声以及提取信号中冲击特征。形态学基本变换包括膨胀、腐蚀、开运算、闭运算四种，传统的形态学滤波器主要由这四种基本算子组合构成。常见的形态学滤波器有以下几种。

形态平均（average operator，AVG）算子：

$$AVG[f(n)]=[(f\bullet g)(n)+(f\circ g)(n)]/2 \tag{2.6.1}$$

形态差值（difference morphological，DIF）算子：

$$DIF[f(n)]=(f\bullet g-f\circ g)(n) \tag{2.6.2}$$

形态梯度（morphological gradient，MG）算子：

$$MG[f(n)]=(f\oplus g-f\Theta g)(n) \tag{2.6.3}$$

形态开闭（open-closing，OC）和闭开（close-opening，CO）算子：

$$F_{OC}[f(n)]=(f\circ g\bullet g)(n) \tag{2.6.4}$$

$$F_{CO}[f(n)]=(f\bullet g\circ g)(n) \tag{2.6.5}$$

为了克服开-闭和闭-开算子滤波结果出现统计偏倚缺陷，采用开闭-闭开组合形态学滤波算子可以解决此问题：

$$y(n)=\frac{F_{OC}[f(n)]+F_{CO}[f(n)]}{2} \tag{2.6.6}$$

由于四种基本算子对信号中脉冲分量提取的特性不同，将 4 个基本算子组合能进一步增强算子对脉冲提取的效果，三种组合算子如下。

闭-膨胀-腐蚀算子（closing-dilation-erosion，CDE）：

$$F_{CDE}[f(n)]=(f\bullet g\oplus g\Theta g)(n) \tag{2.6.7}$$

腐蚀-开-膨胀算子（erosion-opening-dilation，EOD）：

$$F_{EOD}[f(n)]=(f\Theta g\circ g\oplus g)(n) \tag{2.6.8}$$

开-腐蚀-膨胀算子（opening-erosion-dilation，OED）：

$$F_{OED}[f(n)]=(f\circ g\Theta g\oplus g)(n) \tag{2.6.9}$$

其中，F_{CDE} 将负脉冲消除，保留并平滑了正脉冲，而 F_{EOD}、F_{OED} 的效果相反。为能同时提取出正负冲击特征，将三种算子组合作差构成一组新的组合差值形态算子（enhanced difference morphological filter，EDMF），新算子形成过程如图 2.6.1 所示。

$$F_{CDE-OED}[f(n)]=\frac{F_{CDE}[f(n)]-F_{OED}[f(n)]}{2} \tag{2.6.10}$$

$$F_{\text{CDE}-\text{EOD}}[f(n)]=\frac{F_{\text{CDE}}[f(n)]-F_{\text{EOD}}[f(n)]}{2} \tag{2.6.11}$$

$$EDMF=\frac{F_{\text{CDE}-\text{EOD}}+F_{\text{CDE}-\text{OED}}}{2} \tag{2.6.12}$$

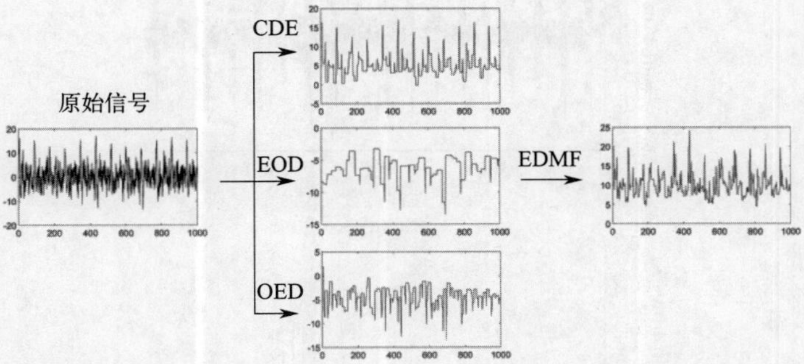

图 2.6.1 EDMF 算子流程图

2.6.3 基于形态学滤波的故障诊断应用

以美国凯斯西储大学电气工程实验室的轴承外圈故障数据进行分析，采用吕静香等提出的平均组合差值形态学滤波法进行故障特征提取，凯斯西储大学的试验台由功率为 1.5kW 的电机、扭矩传感器/译码器、测力计和电器控制装置等组成。测试轴承为 6205-2RS SKF 深沟球轴承，其参数见表 2.6.1 和表 2.6.2。

表 2.6.1 轴承结构参数

轴承内径	轴承外径	厚度	节径	钢球直径	钢球数	接触角
25mm	52mm	15mm	39mm	8mm	9	0°

表 2.6.2 轴承外圈故障数据

采样频率	采样点数	发动机转速	转轴基频	故障频率
12kHz	2048	1772r/min	29.5Hz	105.9Hz

轴承外圈故障信号主要表现为高频振动与故障特征信号的调制，其幅值谱中应明显包含转频、故障频率及故障频率倍频。但由于噪声污染严重，图 2.6.2 所示幅值谱中频率集中在中、高频处，低频处的转频和故障频率难以识别。

2.6.3.1 平均组合差值形态学滤波

形态学滤波的腐蚀算子具有抑制正脉冲、平滑负脉冲的能力，能够减小信号峰值，加宽谷域；膨胀算子具有平滑正脉冲、抑制负脉冲的能力，能够增大信号谷值，扩展峰顶；开算子具有抑制正脉冲、保留负脉冲的能力，能够滤除信号上尖峰；闭算子具有保留正脉冲、抑制负脉冲的能力，能够滤除信号下尖峰。考虑到四种基本算子对脉冲的作用及其作用方式，将基本算子按脉冲抑制作用分为两类，借鉴 MG 和 DIF 的基本原理，将对冲击成分具有相同抑制作用但作用方式不同的算子合并以加强抑制效果，最后两类算子组合作差反向提取出正负冲击，由此得到的正负冲击更加准确突出。

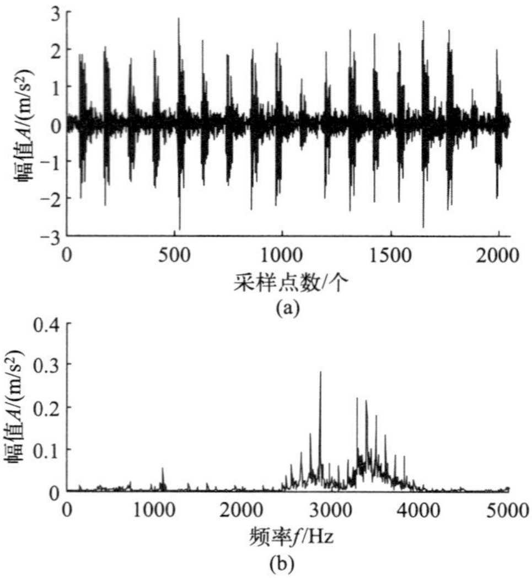

图 2.6.2　轴承外圈故障信号及其幅值谱

首先定义膨胀算子和闭算子的结合：膨胀-闭（dilation-closing，DC）或闭-膨胀（closing-dilation，CD）滤波算子加强负脉冲的抑制效果，定义如下。

$$FDC[f(n)]=(f\oplus g\cdot g)(n) \tag{2.6.13}$$

$$FCD[f(n)]=(f\cdot g\oplus g)(n) \tag{2.6.14}$$

再定义腐蚀算子和开算子的结合：腐蚀-开（erosion-opening，EO）或开-腐蚀（opening-erosion，OE）滤波算子加强正脉冲的抑制效果，定义如下：

$$FEO[f(n)]=(f\Theta g\circ g)(n) \tag{2.6.15}$$

$$FOE[f(n)]=(f\circ g\Theta g)(n) \tag{2.6.16}$$

为了同时提取正负冲击，取 FDC 或 FCD 与 FEO 或 FOE 的差值为新的组合差值形态学算子（CDIF）。CDIF 的滤波输出形式主要有以下四种：

$$F_{\mathrm{CD-OE}}[f(n)]=(f\cdot g\oplus g)(n)-(f\circ g\Theta g)(n) \tag{2.6.17}$$

$$F_{\mathrm{CD-EO}}[f(n)]=(f\cdot g\oplus g)(n)-(f\Theta g\circ g)(n) \tag{2.6.18}$$

$$F_{\mathrm{DC-OE}}[f(n)]=(f\oplus g\cdot g)(n)-(f\circ g\Theta g)(n) \tag{2.6.19}$$

$$F_{\mathrm{DC-EO}}[f(n)]=(f\oplus g\cdot g)(n)-(f\Theta g\circ g)(n) \tag{2.6.20}$$

当 $f(n)$ 满足一定条件时，$(f\cdot g\oplus g)(n)=(f\oplus g)(n)$，$(f\circ g\Theta g)(n)=(f\Theta g)(n)$，即 $F_{\mathrm{CD-OE}}[f(n)]=MG[f(n)]$。对于同一信号 $f(n)$，每种运算滤波效果各异。平均组合差值形态滤波（average combination difference filter，ACDIF）采用两者 $F_{\mathrm{CD-EO}}$ 和 $F_{\mathrm{DC-EO}}$ 的平均滤波输出作为最终结果，即

$$ACDIF=\frac{F_{\mathrm{CD-EO}}+F_{\mathrm{DC-EO}}}{2} \tag{2.6.21}$$

整合 $F_{\mathrm{CD-EO}}$ 和 $F_{\mathrm{DC-EO}}$ 的优缺点，既可以有效抑制随机噪声又能够突出信号冲击特

征，兼顾细节信息。

ACDIF 滤波运算的流程图 2.6.3 所示，具体步骤如下。

① 输入。信号 x_0。

② 基本滤波。呈现了膨胀、腐蚀、开算子、闭算子对信号脉冲的不同作用效果。

③ 合并加强滤波。DC/CD 输出信号的正冲击明显突出，负冲击基本消失，OE/EO 则相反，信号负冲击明显突出，正冲击基本消失。

④ 差值提取。四种 CDIF 同时提取正负冲击。

⑤ 输出。得到最终 ACDIF 的结果。

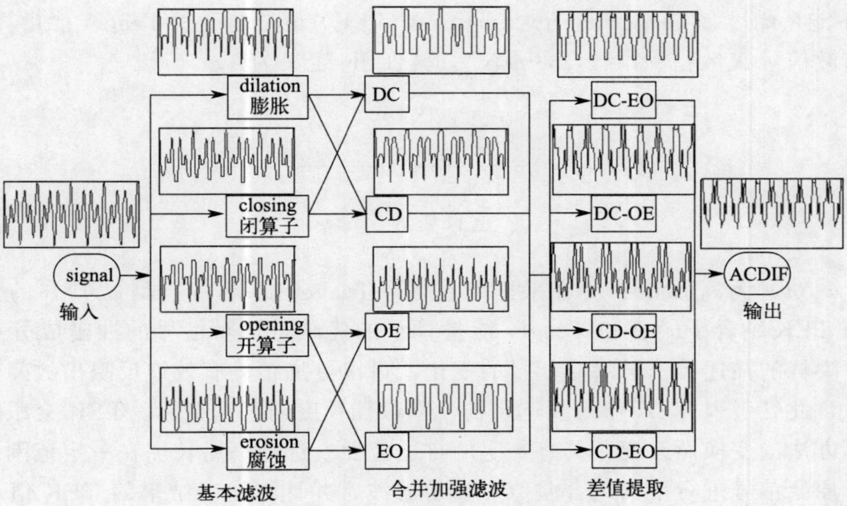

图 2.6.3 ACDIF 滤波运算流程图

2.6.3.2 自适应结构元素长度选择

结构元素和形态运算方式是影响形态学滤波的两个最主要因素，结构元素的特性与其形状、高度和长度有关。结构元素的形状对于滤波效果影响较小[31]，最常用的是结构简单、计算效率高的直线型结构元素，其高度为零。所以，如何选择结构元素的最佳长度成为关键。如果选择的元素过长可能导致冲击信号被当作噪声滤除；长度过短时则会残留大量噪声，信号解调困难。

峭度是反映信号分布特性的无量纲统计参量，可以描述信号中冲击成分所占比重的大小，表达式为

$$K=\frac{E(x-\mu)^4}{\sigma^4} \tag{2.6.22}$$

式中，σ 和 μ 分别表示信号的标准差和均值，$E(t)$ 表示变量 t 的数学期望。当机械部件发生故障时，信号幅值分布偏离正态分布，峭度值随之增大。但当故障进一步加深时，峭度指标有回落迹象，稳定性不好。

Teager 能量算子（Teager energy operator，TEO）[65] 是一种非线性算子，能够跟踪信

号的瞬时能量。对于连续时间信号 $x(t)$，其能量算子定义为

$$\varphi[x(t)]=[\dot{x}(t)]^2-x(t)\ddot{x}(t) \tag{2.6.23}$$

式中，$\dot{x}(t)$ 和 $\ddot{x}(t)$ 分别为信号 $x(t)$ 的一阶和二阶导数。

对于离散时间信号 $x(n)$，可用差分代替微分，其能量算子定义为

$$\varphi[x(n)]=[x(n)]^2-x(n+1)x(n-1) \tag{2.6.24}$$

对于离散时间信号，Teager 能量算子只需要三个样本数据以计算任意时刻 n 处的信号源能量，对于信号的瞬时变化具有良好的时间分辨率，能够检测信号中的瞬态成分[66]。Teager 能量算子不仅考虑了信号的幅值效应还考虑了信号瞬时频率的影响，可以提取频率较高的冲击信号。

Teager 能量峭度（Teager energy kurtosis，TEK）正是峭度和 Teager 能量算子的融合，对于一维离散信号 $X=\{x_t;t=1,2,\cdots,N\}$，其 TEK 定义为

$$TEK=\frac{(N-1)\sum_{t=1}^{N}[\varphi_x(t)-\overline{\varphi}_x]^4}{\left\{\sum_{t=1}^{N}[\varphi_x(t)-\overline{\varphi}_x]^2\right\}^2} \tag{2.6.25}$$

式中，$\varphi_x(t)$ 为离散信号 X 在采样点 t 处的 Teager 能量，$\overline{\varphi}_x$ 是 $\varphi_x(t)$ 的平均值。通过定义可知 TEK 结合了峭度和 Teager 能量算子的优缺点，对信号的冲击成分很敏感，同时考虑了对尖峰的描述及信号瞬时能量的变化，可以更加精确有效地反映出故障信号的冲击特征。所以，此处引入 TEK 作为筛选结构元素最佳长度的评判指标，TEK 会跟随原始信号及形态运算方法的变换而改变，具有一定的自适应性。选择一组长度在一定范围内的结构元素，分别对原始信号进行平均组合差值形态学滤波，并计算输出结果的 TEK 值，选用形态学滤波后输出信号 TEK 值较大而波形良好时的长度为最佳结构元素长度。

2.6.3.3 基于平均组合差值形态学滤波的应用实例

将平均组合差值形态学滤波方法应用于实际旋转机械故障诊断，选用美国凯斯西储大学电气工程实验室的轴承外圈故障数据进行分析，试验设备及其参数与前文一致，此处不再赘述。

对外圈故障信号进行 ACDIF 滤波，选择不同长度的直线型结构元素对信号进行分析，计算相应的 TEK 值，TEK 随 SE 长度变化曲线如图 2.6.4 所示。从图中可以发现，当结构元素长度达到 10 以后 TEK 值变化缓慢，同时随着 SE 的继续增大，有用信号会被当作噪声去除，导致滤波输出的波形膨胀，偏离原始信号，所以这里结构元素选择为 10。

利用最佳结构元素长度对外圈信号分别进行 ACDIF、MG 和 DIF 滤波，所得时域波形和幅值谱如图 2.6.5～图 2.6.7 所示。经过滤波后的振动信号的噪声基本滤除，中、高频成分得到了抑制，频率峰值集中在低频处。图 2.6.5(b) 幅值谱中的 29.3Hz 对应于转频 f_r，105.5Hz、210.9Hz、316.4Hz、427.7Hz、533.2Hz 近似分别对应于外圈故障频率 f_0，两倍频 $2f_0$，三倍频 $3f_0$，四倍频 $4f_0$，及五倍频 $5f_0$，转频、故障频率及其倍频的谱线清晰且突出，可以判断出轴承的外圈故障，由此也可以进一步说明本章所提方法对旋转机械故障诊断的适用性和有效性。根据表 2.6.3 的比较分析，可知 ACDIF 的转频幅值和故障频率幅值最高，整体滤波效果与 MG 大体相似，优于 DIF。与仿真结果类似，ACDIF 的波形更光滑一点，基本没有噪声的污染，表明了 ACDIF 算法在滤噪效果上的优越性。

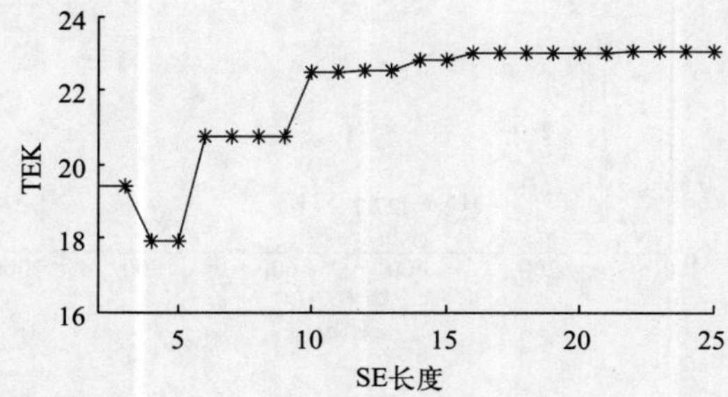

图 2.6.4　不同长度结构元素形态学滤波的 TEK 值

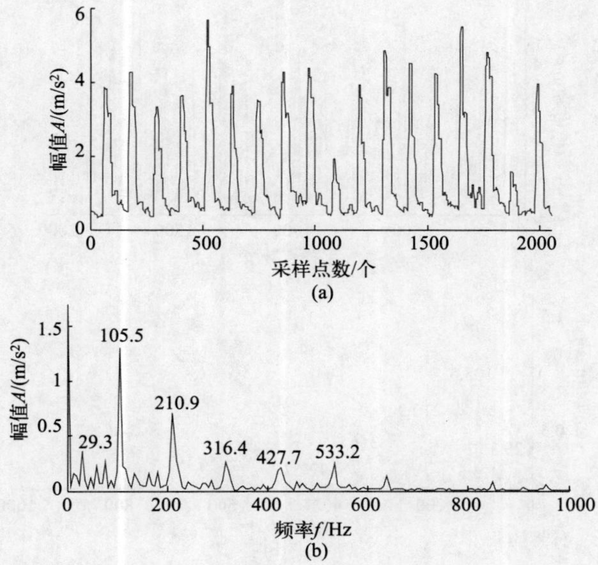

图 2.6.5　外圈信号 ACDIF 滤波输出波形及其幅值谱

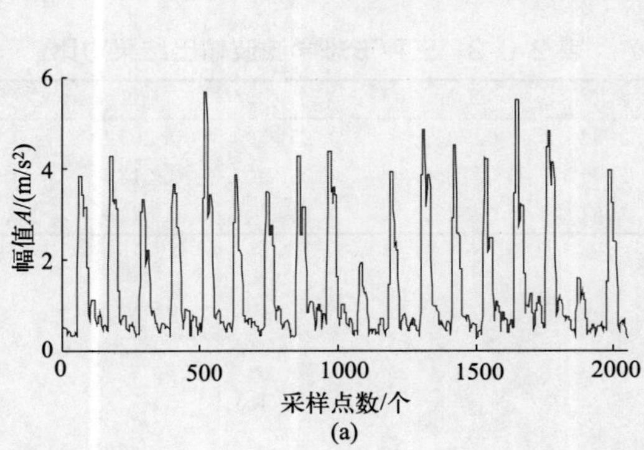

图 2.6.6

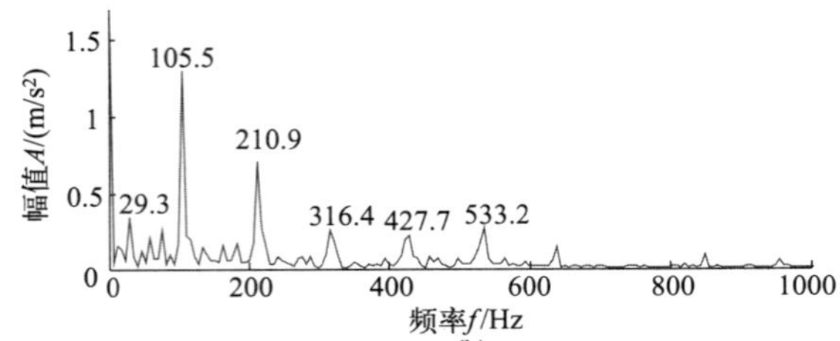

(b)

图 2.6.6 外圈信号 MG 滤波输出波形及其幅值谱

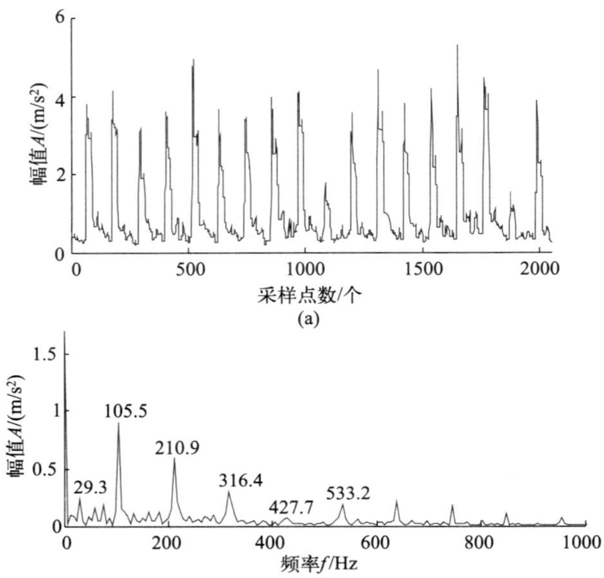

(b)

图 2.6.7 外圈信号 DIF 滤波输出波形及其幅值谱

表 2.6.3 三种形态学滤波输出结果对比

频率	f_r	f_0	$2f_0$	$3f_0$	$4f_0$	$5f_0$	Σ
ACDIF	0.3515	1.2983	0.7065	0.2596	0.2072	0.2471	3.0702
MG	0.3383	1.2941	0.7053	0.2621	0.2185	0.2738	3.0921
DIF	0.2351	0.8961	0.5881	0.2942	0.0718	0.1799	2.2652

2.7 本章小结

本章以基于振动信号的机械设备故障诊断为目的，主要围绕基于现代信号处理方法的设备振动信号的分析展开，对振动信号处理技术与故障识别方法的国内外研究现状、研究进展进行了较为全面的阐述，内容涉及基于时域、频域以及时频域的机械故障诊断方法，重点介绍了小波分析、Hilbert-Huang 变换、LMD、ITD、形态学滤波与稀疏表达等现代信号处理技术。对信号处理算法中的关键步骤进行了推导，分析了不同算法的性能，验证了各类算法的旋转机械振动信号的噪声抑制与特征提取效能，为解决实际复杂机械系统故障诊断的难题提供了崭新的思路。随着科学技术的迅速发展，新颖、大型和高速机械设备层出不穷，如风电装备、工业燃气轮机、铁路动车与高铁、飞行器动力传动和大功率盾构机等。针对这些新型旋转和往复机械的机电液系统，其在特殊服役环境下系统的机理探索、信号处理与故障诊断还有待于深入地分析及研究。

参考文献

[1] 何正嘉．机械故障诊断理论及应用［M］．北京：高等教育出版社，2010.

[2] 张贤达．现代信号处理［M］．3 版．北京：清华大学出版社，2015.

[3] 张西宁，沈玉娣，屈梁生．齿轮状态监测和识别方法的研究［J］．机械传动，1998（03）：29-31，54，28.

[4] 屈梁生，何正嘉．机械故障诊断学［M］．上海：科学技术出版社，1986.

[5] 李晓虎，贾民平，许飞云．频谱分析法在齿轮箱故障诊断中的应用［J］．振动、测试与诊断，2003（03）：14-16，74.

[6] Fourier J B J. Théorie analytique de la chaleur［M］. Gauthier-Villars et fils，1888.

[7] Cooley J W，Tukey J W. An algorithm for the machine calculation of complex Fourier series［J］. Mathematics of computation，1965，19（90）：297-301.

[8] Vityazev V V. Time series analysis of unequally spaced data：Intercomparison between the Schuster periodogram and the LS-spectra［J］. Astronomical and Astrophysical Transactions，1996，11（2）：139-158.

[9] Stone H S. R66-50 an algorithm for the machine calculation of complex fourier series［J］. IEEE Transactions on Electronic Computers，1966（4）：680-681.

[10] 蔡艳平，李艾华，石林锁，等．基于 EMD 与谱峭度的滚动轴承故障检测改进包络谱分析［J］．振动与冲击，2011，30（02）：167-172，191.

[11] 王光荣．基于 Hilbert 变换的信号包络提取方法研究［J］．中国科技信息，2012（01）：87-88.

[12] 李智，陈祥初，张振仁．基于小波分析的解调分析方法［J］．测试技术学报，1999（03）：165-169.

[13] 胡振邦，许睦旬，姜歌东，等．基于小波降噪和短时傅里叶变换的主轴突加不平衡非平稳信号分析［J］．振动与冲击，2014，33（05）：20-23，36.

[14] 陈学华，贺振华．改进的 S 变换及在地震信号处理中的应用［J］．数据采集与处理，2005（04）：449-453.

[15] Goupillaud P，Grossmann A，Morlet J. Cycle-octave and related transforms in seismic signal analysis［J］. Geoexploration，1984，23（1）：85-102.

[16] Stockwell R G，Mansinha L，Lowe R P. Localization of the complex spectrum：the S transform［J］. IEEE transactions on signal processing，2002，44（4）：998-1001.

[17] Gabor D. Theory of communication［J］. Journal of the Institute of Electrical Engineers：Part Ⅲ：Radio and Communication，1946，96：429-457.

[18] Wigner E. On the quantum correction for thermodynamic equilibrium［J］. Physical review，1932，40（5）：749.

[19] Huang N E，Shen Z，Long S R，et al. The empirical mode decomposition and the Hilbert spectrum for nonlinear and non-stationary time series analysis［J］. Proceedings of the Royal Society of London. Series A：mathematical，physical and engineering sciences，1998，454（1971）：903-995.

[20] Smith J S. The local mean decomposition and its application to EEG perception data［J］. Journal of the Royal Society Interface，2005，2（5）：443-454.

[21] Frei M G，Osorio I. Intrinsic time-scale decomposition：time-frequency-energy analysis and real-time filtering of non-stationary signals［J］. Proceedings of the Royal Society A：Mathematical，Physical and Engineering Sciences，2007，463（2078）：321-342.

[22] 杨桦，任震，唐卓尧．基于小波变换检测谐波的新方法［J］．电力系统自动化，1997（10）：39-42.

[23] Grossmann A，Morlet J. Decomposition of Hardy functions into square integrable wavelets of constant shape［J］. SIAM journal on mathematical analysis，1984，15（4）：723-736.

[24] Haar A. Zur theorie der orthogonalen funktionensysteme［M］. Georg-August-Universitat，Gottingen.，1909.

［25］ Mallat S G. A theory for multiresolution signal decomposition：the wavelet representation ［J］. IEEE transactions on pattern analysis and machine intelligence，2002，11（7）：674-693.

［26］ Sweldens W. The lifting scheme：A construction of second generation wavelets ［J］. SIAM journal on mathematical analysis，1998，29（2）：511-546.

［27］ Huang T，Qin L. Image denoising research based on lifting wavelet transform and threshold optimization ［C］// 2009 3rd IEEE International Symposium on Microwave，Antenna，Propagation and EMC Technologies for Wireless Communications. IEEE，2009：1218-1220.

［28］ Huang N E，Shen Z，Long S R，et al. The empirical mode decomposition and the Hilbert spectrum for nonlinear and non-stationary time series analysis ［J］. Proceedings of the Royal Society of London. Series A：mathematical，physical and engineering sciences，1998，454（1971）：903-995.

［29］ Huang W，Shen Z，Huang N E，et al. Nonlinear indicial response of complex nonstationary oscillations as pulmonary hypertension responding to step hypoxia ［J］. Proceedings of the National Academy of Sciences，1999，96（5）：1834-1839.

［30］ Huang W，Shen Z，Huang N E，et al. Engineering analysis of biological variables：an example of blood pressure over 1 day ［J］. Proceedings of the National Academy of Sciences，1998，95（9）：4816-4821.

［31］ Huang W，Shen Z，Huang N E，et al. Engineering analysis of intrinsic mode and indicial response in biology：the transient response of pulmonary blood pressure to step hypoxia and step recovery ［C］//Proc of the National Academy of Science，USA. 1998，95：12766-12771.

［32］ 程军圣，于德介，杨宇，等．基于EMD的齿轮故障识别研究［J］．电子与信息学报，2004（05）：825-829.

［33］ 杨世锡，胡劲松，吴昭同，等．旋转机械振动信号基于EMD的希尔伯特变换和小波变换时频分析比较［J］．中国电机工程学报，2003（06）：102-107.

［34］ 熊学军，郭炳火，胡筱敏，等．EMD方法和Hilbert谱分析法的应用与探讨［J］．黄渤海海洋，2002（02）：12-21.

［35］ Smith J S. The local mean decomposition and its application to EEG perception data ［J］. Journal of the Royal Society Interface，2005，2（5）：443-454.

［36］ Wang Y，He Z，Zi Y. A comparative study on the local mean decomposition and empirical mode decomposition and their applications to rotating machinery health diagnosis ［J］ ASME Journal of Vibration and Acoustics，2010，132（2）：021010.

［37］ Wen C，Dong L，Jin X. Feature extraction of bearing vibration signals using second generation wavelet and spline-based local mean decomposition ［J］. Journal of Shanghai Jiaotong University（Science），2015，20（1）：56-60.

［38］ 雷庆坤，李生虎，陈曦鸣，等．基于改进的LMD和GRNN组合风速预测［J］．合肥工业大学学报（自然科学版），2015，38（07）：891-896.

［39］ Zhao H，Wang J，Han H，et al. A feature extraction method based on HLMD and MFE for bearing clearance fault of reciprocating compressor ［J］. Measurement，2016，89：34-43.

［40］ 张亢，程军圣，杨宇．基于有理样条函数的局部均值分解方法及其应用［J］．振动工程学报，2011，24（01）：96-103.

［41］ Li Y，Xu M，Haiyang Z，et al. A new rotating machinery fault diagnosis method based on improved local mean decomposition ［J］. Digital Signal Processing，2015，46：201-214.

［42］ 张虹，隋昆，熊玉荣．基于LMD和SVD的动力机械故障诊断技术研究［J］．仪表技术与传感器，2014（06）：128-130.

［43］ Wang Y，He Z，Zi Y. A demodulation method based on improved local mean decomposition and its application in rub-impact fault diagnosis ［J］. Measurement Science and Technology，2009，20（2）：025704.

［44］ 任达千，杨世锡，吴昭同，等．LMD时频分析方法的端点效应在旋转机械故障诊断中的影响［J］．中国机械工程，2012，23（08）：951-956.

［45］ Deng L，Zhao R. An improved spline-local mean decomposition and its application to vibration analysis of rotating machinery with rub-impact fault ［J］. Journal of Vibroengineering，2014，16（1）：414-433.

［46］ Guo W，Huang L，Chen C，et al. Elimination of end effects in local mean decomposition using spectral coherence and applications for rotating machinery ［J］. Digital signal processing，2016，55：52-63.

［47］ Liu W Y，Zhou L Q，Hu N N，et al. A novel integral extension LMD method based on integral local waveform matching ［J］. Neural Computing and Applications，2016，27（3）：761-768.

[48] 程军圣，杨怡，杨宇．基于LMD的能量算子解调机械故障诊断方法［J］．振动．测试与诊断，2012，32（06）：915-919，1033.
[49] 王冰，李洪儒，许葆华．基于LMD和平滑Teager能量算子解调的电机滚动轴承故障特征提取［J］．机械传动，2012，36（09）：89-92.
[50] 孟宗，李姗姗，季艳．基于对称差分能量算子解调的局部均值分解端点效应抑制方法［J］．机械工程学报，2014，50（13）：80-87.
[51] 李慧梅，安钢，黄梦．基于局部均值分解的边际谱在滚动轴承故障诊断中的应用［J］．振动与冲击，2014，33（03）：5-8，13.
[52] 孙洁娣，肖启阳，温江涛，等．基于LMD包络谱熵及SVM的天然气管道微小泄漏孔径识别［J］．机械工程学报，2014，50（20）：18-25.
[53] 杨梅，陈思汉，吴昊，等．LMD滤噪算法及在旋转机械转子故障诊断中的应用［J］．噪声与振动控制，2015，35（02）：160-164.
[54] 唐贵基，王晓龙．基于局部均值分解和切片双谱的滚动轴承故障诊断研究［J］．振动与冲击，2013，32（24）：83-88，95.
[55] Sun J，Xiao Q，Wen J，et al. Natural gas leak location with K-L divergence-based adaptive selection of Ensemble Local Mean Decomposition components and high-order ambiguity function［J］. Journal of Sound and Vibration，2015，347：232-245.
[56] Frei M G，Osorio I. Intrinsic time-scale decomposition：time-frequency-energy analysis and real-time filtering of non-stationary signals［J］. Proceedings of the Royal Society A：Mathematical，Physical and Engineering Sciences，2007，463（2078）：321-342.
[57] 沈路，周晓军，张文斌，等．广义数学形态学滤波器的旋转机械振动信号降噪［J］．振动与冲击，2009，28（09）：70-73，214-215.
[58] Dong Y，Liao M，Zhang X，et al. Faults diagnosis of rolling element bearings based on modified morphological method［J］. Mechanical Systems and Signal Processing，2011，25（4）：1276-1286.
[59] Lv J，Yu J. Average combination difference morphological filters for fault feature extraction of bearing［J］. Mechanical Systems and Signal Processing，2018，100：827-845.
[60] 卢志才，米东，徐章遂，等．多尺度多元素形态学滤波自适应降噪研究［J］．河北科技大学学报，2011，32（03）：228-232，251.
[61] 胡爱军，唐贵基，安连锁．基于数学形态学的旋转机械振动信号降噪方法［J］．机械工程学报，2006（4）：127-130.
[62] Li B，Zhang P，Wang Z，et al. A weighted multi-scale morphological gradient filter for rolling element bearing fault detection［J］. ISA transactions，2011，50（4）：599-608.
[63] 韩立静，阳建宏，黎敏，等．加权多尺度形态学滤波在轴承故障诊断中的应用［J］．机械设计与制造，2012（10）：68-70.
[64] 董绍江，汤宝平，陈法法．粒子群优化的多尺度形态学滤波器消噪方法［J］．重庆大学学报，2012，35（7）：7-12.
[65] Kaiser J F. On a simple algorithm to calculate the 'energy' of a signal［C］//International conference on acoustics，speech，and signal processing. IEEE，1990：381-384.
[66] 王天金，冯志鹏，郝如江，等．基于Teager能量算子的滚动轴承故障诊断研究［J］．振动与冲击，2012，31（2）：1-5.
[67] 张小龙，张氢，秦仙蓉，等．基于ITD-形态学滤波和Teager能量谱的轴承故障诊断［J］．仪器仪表学报，2016，37（04）：788-795.
[68] Candes E J，Romberg J K，Tao T. Stable signal recovery from incomplete and inaccurate measurements［J］. Communications on Pure and Applied Mathematics：A Journal Issued by the Courant Institute of Mathematical Sciences，2006，59（8）：1207-1223.

第3章

机械故障特征提取与选择技术

随着大数据时代的到来，对大数据处理分析算法的要求也在不断提高。在一般工业过程中，需要处理的数据具有较高维度，并且包含噪声和冗余信息，随着数据量增多，传统的数据处理方法往往会忽略其中隐含的重要特征信息，且往往需要付出很高的花费和代价。因此，寻求一种有效的特征提取和选择技术，能将高维的数据投影到维数较低的子空间，并且能最大程度地保留下原始数据中的重要信息，从而为后续的分析处理提供便利。

在人工智能、机器学习的发展中，特征提取与选择技术[1] 被广泛应用于模式识别、图像处理和数据挖掘等领域。在模式识别中，能否从高维原始数据中提取有效的具有表征作用的特征直接影响识别和分类的正确率。本章首先介绍了主成分分析、独立主元分析与线性判别分析方法，这些方法主要应用于线性数据的特征提取与选择。针对非线性数据，本章介绍了基于流形学习的特征提取与选择技术。

3.1 特征产生

由于机械设备运行工况的复杂性与动态性，以及多个关键机械部件性能的同时退化，需采用多个传感器来采集、分析设备的运行状态信号（如振动、位移信号等），而通过多传感器获得的实时信息通常具有多样性、自相关或互相关性、噪声混杂导致的隐蔽性等特点，尤其是处于早期性能退化状态的设备，其信号特征比较微弱而难以探测和识别。因此，必须采用先进的信号处理技术进行滤波消噪、时/频域分析等，以对多传感数据信号进行优化处理。常用的多传感信号联合滤噪方法与多域原始特征（original features）产生方法包括集成多传感技术、信号处理技术（即滤噪技术、各类谱分析、小波分析、统计分析等）、流形学习等。

在故障诊断问题中，通常首先需要从时域、频域和时频域生成原始特征（表 3.1.1），再使用所提出的方法实现特征提取。对于时域，考虑这些统计特征 RMS、峰度、波峰因数、偏度、P-P、SMR 和波形指数（RMS/信号的绝对值）。对于频域，名为 PMM 的功能使用为

$$PMM=\frac{\max(f_{\mathrm{BPFO}},f_{\mathrm{BPFI}},f_{\mathrm{BSF}})}{\mathrm{mean}(f)} \tag{3.1.1}$$

式中，mean(f) 是整个频率范围内的平均功率值，f_{BPFO}、f_{BPFI} 和 f_{BSF} 分别是BPFO、BPFI和BSF故障特征频率对应的功率值。

对于时频域，小波能量可以表示振动信号的特征，因此被用作输入特征。使用来自Daubechies族小波的5个级别的特定小波"db5"，然后选择前两个级别的小波能量作为两个原始特征，由于轴承振动的小波能量通常集中在前几个小波的变换水平上。我们选择Daubechies小波系统，因为它具有正交性、时域紧凑支持和计算简便的优点。Daubechies小波被经常使用，并显示了其在轴承的缺陷检测和故障诊断中的有效性。此外，我们生成了包络信号的特征频率的大小。与来自FFT分析的PMM类似，来自包络分析结果的PMM也被计算为一个原始特征（称为EPMM)。应该注意的是，先前的研究还探讨了其他特征，例如形状因子、脉冲因子、缺陷频率的峰值幅度等。本书提出的技术虽然基于11个原始特征，但不仅限于这些特征。通常，很难估计哪些原始特征对机器系统中的缺陷发展和传播更敏感，因为各种因素都影响这些特征的有效性，例如传感器的位置、数据的信噪比、采集系统等。良好的缺陷分类和性能评估模型应该利用来自多个原始特征的互信息。

表 3.1.1 机械设备故障诊断多域原始特征分类表

类别	原始特征名称
时域	RMS(F_{rms}) 峰度 (F_k) 偏态(F_s) 波峰因素 (F_{cf}) P-P(F_{pp}) SMR(F_{smr})
频域	PMM (F_{PMM}) 基于包络分析的频域 EPMM(F_{EPMM})
时频域	时频域(小波) 小波能量(F_{WE1},F_{WE2})

3.2 基于数据投影的特征提取与选择技术

3.2.1 主成分分析

主成分分析 (principal component analysis，PCA)[2] 是一种常用的降维降噪的数据处理与分析方法，其通过正交变换将高维数据空间映射到低维空间，其目标是寻找一个最佳投影子空间，使得高维数据在此空间的投影中获得具有最大方差的分量，即投影轴的协方差最大。其数学描述为

假定一组 D 维空间 n 个样本的数据集 $\boldsymbol{X}=\{\boldsymbol{X}_i \mid i=1, 2, \cdots, n, \boldsymbol{X}_i \in \mathcal{R}^D\}$，其中 $\overline{\boldsymbol{X}}=\boldsymbol{\mu}$。PCA通过线性映射 $\boldsymbol{Y}_i=\boldsymbol{W}^{\mathrm{T}}\boldsymbol{X}_i$ 得到一组低维向量 $\boldsymbol{Y}=\{\boldsymbol{Y}_1,\boldsymbol{Y}_2,\cdots,\boldsymbol{Y}_n\}\in \mathcal{R}^d$，其目标函数为

$$\begin{aligned} &\max_{W}\{\boldsymbol{W}^{\mathrm{T}}\mathrm{Cov}(\boldsymbol{X})\boldsymbol{W}\} \\ &\mathrm{s.t.}\ |\boldsymbol{W}|=1 \end{aligned} \tag{3.2.1}$$

式中，$\mathrm{Cov}(\boldsymbol{X})=\sum_{i=1}^{n}(\boldsymbol{X}_i-\boldsymbol{\mu})(\boldsymbol{X}_i-\boldsymbol{\mu})^{\mathrm{T}}$为 $\boldsymbol{X}$ 的协方差矩阵。

3.2.2 独立主元分析

独立主元分析（independent component analysis，ICA）[3] 是近年来提出的非常有效的数据分析工具，它主要用来从混合数据中提取出原始的独立信号。它作为信号分离的一种有效方法而受到广泛的关注。ICA 可将观察到的多变量随机信号分解成线性相互独立的成分。其数学模型可以表述为

$$\boldsymbol{x}=\boldsymbol{A}\boldsymbol{s} \tag{3.2.2}$$

式中，$\boldsymbol{A}$ 为未知 $N\times N$ 混合矩阵，$\boldsymbol{s}=(s_1,s_2,\cdots,s_N)^{\mathrm{T}}$ 是独立成分矩阵，$\boldsymbol{x}=(x_1,x_2,\cdots,x_N)^{\mathrm{T}}$ 指多元观测信号矩阵。在只知道混合信号 x 的情况下，获得 $N\times N$ 映射矩阵 $\boldsymbol{W}=(w_1,w_2,\cdots,w_N)^{\mathrm{T}}$，其中 $\boldsymbol{W}=\boldsymbol{A}^{-1}$，使 $\boldsymbol{s}=\boldsymbol{W}\boldsymbol{x}$ 的各分量统计独立，则 $\boldsymbol{s}=(s_1,s_2,\cdots,s_N)^{\mathrm{T}}$ 就是要找的源信号。在诸多 ICA 算法中，固定点算法（也称 FastlCA）以其收敛速度快、分离效果好被广泛应用于信号处理领域。该算法能很好地从观测信号中估计出相互统计独立的、被未知因素混合的原始信号。

3.2.3 线性判别式分析

线性判别式分析（linear discriminant analysis，LDA）[4]，也叫作 Fisher 线性判别（Fisher linear discriminant，FLD），是模式识别的经典算法，它在 1996 年由 Belhumeur 引入模式识别和人工智能领域。其基本思想是将高维的模式样本投影到最佳鉴别矢量空间，以达到抽取分类信息和压缩特征空间维数的效果，投影后保证模式样本在新的子空间有最大的类间距离和最小的类内距离，即模式在该空间中有最佳的可分离性。因此，它是一种有效的特征抽取方法。使用这种方法能够使投影后模式样本的类间散布矩阵最大，且同时类内散布矩阵最小。就是说，它能够保证投影后模式样本在新的空间中有最小的类内距离和最大的类间距离，即模式在该空间中有最佳的可分离性。LDA 作为一个分类的算法，目的是使所分的类之间耦合度低，类内的聚合度高，即类内离散度矩阵中的数值要小，而类间离散度矩阵中的数值要大，以获得更好的分类效果。

假定一组 D 维空间 n 个样本的数据集 $\boldsymbol{X}=[\boldsymbol{X}_1,\boldsymbol{X}_2,\cdots,\boldsymbol{X}_n]\in\mathscr{R}^D$，其中 $\overline{\boldsymbol{X}}=\boldsymbol{\mu}$，共有 K 个类别。LDA 通过线性映射 $\boldsymbol{Y}_i=\boldsymbol{W}^{\mathrm{T}}\boldsymbol{X}_i$ 得到一组低维向量 $\boldsymbol{Y}=[\boldsymbol{Y}_1,\boldsymbol{Y}_2,\cdots,\boldsymbol{Y}_n]\in\mathscr{R}^d$，其目标函数为

$$\max_{W}\frac{\boldsymbol{W}^{\mathrm{T}}\boldsymbol{S}_b\boldsymbol{W}}{\boldsymbol{W}^{\mathrm{T}}\boldsymbol{S}_w\boldsymbol{W}} \tag{3.2.3}$$

式中，$\boldsymbol{S}_b=\sum_{k=1}^{K}n_k(\boldsymbol{\mu}_k-\boldsymbol{\mu})(\boldsymbol{\mu}_k-\boldsymbol{\mu})^{\mathrm{T}}$ 为类间散度矩阵，n_k 为第 k 个类别样本的数目，$\boldsymbol{\mu}_k$ 为该类样本的均值；$\boldsymbol{S}_w=\sum_{k=1}^{K}\sum_{j=1}^{n_k}(\boldsymbol{X}_{kj}-\boldsymbol{\mu}_k)(\boldsymbol{X}_{kj}-\boldsymbol{\mu}_k)^{\mathrm{T}}$ 为类内散度矩阵。

3.3 基于流形学习的特征提取与选择技术

流形学习方法（manifold learning），简称流形学习，自 2000 年在著名的科学杂志《Science》被首次提出以来[5-7]，已成为信息科学领域的研究热点。在理论和应用上，流形学习方法都具有重要的研究意义。假设数据均匀采样于一个高维欧氏空间中的低维流形，流形学习就是从高维采样数据中恢复低维流形结构，即找到高维空间中的低维流形，并求出相应的嵌入映射，以实现维数约简或者数据可视化。它能够从观测到的现象中去寻找事物的本质，找到产生数据的内在规律。

传统的特征提取方法将数据的观测空间看作高维的欧氏空间，只适用于全局线性分布的数据，很难挖掘出非线性数据的内在几何结构。现实应用中很多数据都是非线性分布的，比如同一人脸的图像数据，人的姿态、表情等因素的变化都会产生不同的图像，而且这些变化所引起的像素共同变化并不是简单的单个因素的线性叠加[8]。流形是欧式空间的非线性推广，可以从全局上描述数据复杂的非线性结构，从而获得和数据内在几何结构一致的低维本征结构[9]。流形学习的目标就是从高维数据中挖掘低维流形结构，并构造非线性映射函数实现高维到低维空间的嵌入，获得数据的低维表达。假定一组数据集 $\boldsymbol{X}=\{\boldsymbol{x}_1, \boldsymbol{x}_2, \cdots, \boldsymbol{x}_n\} \in \mathscr{R}^D$，数据集 $\boldsymbol{Y}=\{\boldsymbol{y}_1, \boldsymbol{y}_2, \cdots, \boldsymbol{y}_n\} \in \mathscr{R}^d$ $(d<D)$ 通过分线性映射 f 生成 X，即

$$\boldsymbol{x}_i = f(\boldsymbol{y}_i) + \boldsymbol{\varepsilon}_i \tag{3.3.1}$$

式中，$\boldsymbol{\varepsilon}_i$ 为噪音，$f: \mathscr{R}^D \rightarrow \mathscr{R}^d$，流形学习就是根据已知的高维数据集 X，获得其低维表达 Y 以及 $f^{-1}: \mathscr{R}^D \rightarrow \mathscr{R}^d$。

图 3.3.1 展示了利用流形学习算法局部线性嵌入（locally linear embedding，LLE）[7] 求取 Swiss Roll 流形的低维嵌入，可以看出，LLE 可以很好地保持数据的拓扑结构。

经典的流形学习算法有很多，如等距特征映射（isometric feature mapping，ISOMAP）[6]，最大差异展开算法（maximum variance unfolding，MVU）[10]，局部流形算法——局部线性嵌入（locally linear embedding，LLE）、拉普拉斯特征映射（Laplacian eigenmaps，LE）[11] 和黎曼流形学习算法（Riemannian manifold learning，RML）[12] 等。表 3.3.1 以算法目的为分类标准对几种流形学习算法进行划分，全局性算法目标在于保持数据内在低维流形的全局几何结构，而局部性算法通过构建局部结构模型尽可能保持数据的局部几何一致性。

表 3.3.1 流形学习算法分类

分类	几何特性	代表算法
全局流形学习算法	保持数据点测地距离不变	ISOMAP
	保持局部近邻点的近邻结构，即欧式距离不变，同时远离的数据点展开后距离尽可能远	MVU
局部流形学习算法	保持局部近邻重构权值不变	LLE
	保证高维空间中的近邻点映射到低维空间中仍保持近邻结构	LE
	保持局部径向测地距离不变	RMI

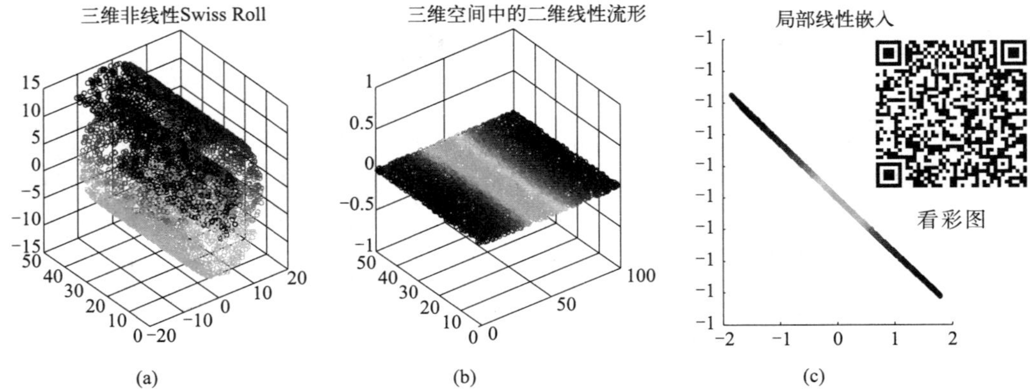

图 3.3.1　LLE 求取 Swiss Roll 的低维流形嵌入

3.3.1　拉普拉斯特征映射算法

拉普拉斯特征映射算法基于图谱理论[13]，Belkin 等人证明了流形的低维嵌入可通过 Laplacian-Beltrami 算子实现，在图谱理论中，如果数据均匀采样于高维空间中的低维流形，则可用图的 Laplacian 去逼近流形上的 Laplacian-Beltrami 算子，从而图的 Laplacian 特征向量可逼近 Laplacian-Beltrami 算子的特征函数[14]。拉普拉斯算法流程如下。

（1）第一步：构造近邻图 G

近邻图 G 包含所有样本点，如果某两个样本属于近邻点，则它们之间存在边连接。通过计算每个样本与其他所有样本之间的欧式距离，根据一定的标准确定近邻点。常用的两个标准如下。

① ε-ball 标准。如果两个样本之间的欧式距离小于 ε，则这两个样本互为近邻点，样本之间有边连接。

② k-NN 标准。如果两个样本距离相近，则互为 k 近邻点，样本之间有边连接。

（2）第二步：近邻点赋权值

常用的两种赋权方式如下。

① 热核函数。

$$W_{ij}=\begin{cases}\exp(-\dfrac{\|x_i-x_j\|}{t})\\ 0\end{cases} \tag{3.3.2}$$

其中，t 为可调参数，当样本之间不存在边连接时，权值为 0。

② 0-1 权值。

$$W_{ij}=\begin{cases}0\\ 1\end{cases} \tag{3.3.3}$$

即当样本之间存在边连接时，权值为 1，否则为 0。

（3）第三步：特征映射

假设高维数据集 $\boldsymbol{X}=[\boldsymbol{X}_1,\boldsymbol{X}_2,\cdots,\boldsymbol{X}_n]\in\mathcal{R}^D$ 的低维嵌入为 $\boldsymbol{Y}=[\boldsymbol{Y}_1,\boldsymbol{Y}_2,\cdots,\boldsymbol{Y}_n]\in\mathcal{R}^d$，则拉普拉斯算法的目标函数如下。

$$\begin{aligned}&\min\sum_{ij}\|y_i-y_j\|^2W_{ij}=min\ trace(Y^TLY)\\&s.t.Y^TDY=1\end{aligned}\tag{3.3.4}$$

$\boldsymbol{L}=\boldsymbol{D}-\boldsymbol{W}$，为拉普拉斯矩阵。该优化问题可转化为广义特征值的求解问题，映射结果由特征方程中 d 个最小特征值对应的特征向量组成。

3.3.2 局部保持投影算法

He 等人[15] 提出局部保持投影算法（locality preserving projection，LPP），通过对拉普拉斯特征映射的线性逼近，可提高算法的泛化学习能力。LPP 通过在高维空间构造样本的近邻结构来保持局部空间结构，保证高维近邻样本通过映射后在低维空间仍然维持近邻结构。假设一组样本 $\boldsymbol{X}=[\boldsymbol{x}_1,\boldsymbol{x}_2,\cdots,\boldsymbol{x}_n]\in\mathcal{R}^m$，最佳投影向量 $\boldsymbol{W}$ 可通过最小化下面的目标函数获得：

$$\min\sum_{i,j}(\boldsymbol{y}_i-\boldsymbol{y}_j)\boldsymbol{S}_{ij}\tag{3.3.5}$$

式中，$\boldsymbol{S}$ 为权值矩阵，可定义如下：

$$\boldsymbol{S}_{ij}=\begin{cases}\dfrac{\exp(\|\boldsymbol{x}_i-\boldsymbol{x}_u\|)}{t},\boldsymbol{x}_j\in N_k(\boldsymbol{x}_i)\ \text{or}\ \boldsymbol{x}_i\in N_k(\boldsymbol{x}_{ij})\\0,\text{其他}\end{cases}\tag{3.3.6}$$

其中，$N_k(x_i)$表示 x_i 的 k 最近邻，k，t 都为大于 0 的常量。

对目标函数进行代数变换：

$$\begin{aligned}\frac{1}{2}\sum_{i,j}(\boldsymbol{y}_i-\boldsymbol{y}_j)\boldsymbol{S}_{ij}&=\sum_{i,j}\boldsymbol{W}^{\mathrm{T}}\boldsymbol{x}_i\boldsymbol{D}_{ij}\boldsymbol{x}_i^{\mathrm{T}}\boldsymbol{W}-\sum_{i,j}\boldsymbol{W}^{\mathrm{T}}\boldsymbol{x}_i\boldsymbol{S}_{ij}\boldsymbol{x}_i^{\mathrm{T}}\boldsymbol{W}\\&=\boldsymbol{W}^{\mathrm{T}}\boldsymbol{X}(\boldsymbol{D}-\boldsymbol{S})\boldsymbol{X}^{\mathrm{T}}\boldsymbol{W}\\&=\boldsymbol{W}^{\mathrm{T}}\boldsymbol{X}\boldsymbol{L}\boldsymbol{X}^{\mathrm{T}}\boldsymbol{W}\end{aligned}\tag{3.3.7}$$

式中，$\boldsymbol{D}$ 为 $n\times n$ 大小的对角阵，$\boldsymbol{D}_{ij}=\sum_j\boldsymbol{S}_{ij}$，$\boldsymbol{L}=\boldsymbol{D}-\boldsymbol{S}$。

求解 $\boldsymbol{W}$ 问题可转化为广义特征值问题：

$$\boldsymbol{X}\boldsymbol{L}\boldsymbol{X}^{\mathrm{T}}\boldsymbol{W}=\lambda\boldsymbol{X}\boldsymbol{D}\boldsymbol{X}^{\mathrm{T}}\boldsymbol{W}\tag{3.3.8}$$

选取前 d 个最大特征值对应的特征向量构成 $\boldsymbol{W}=[\boldsymbol{w}_1,\boldsymbol{w}_2,\cdots,\boldsymbol{w}_d]$。

流形学习可以有效地挖掘高维数据内在的几何结构，但是一些算法也存在一些普遍性的问题，比如本征维度估计、过采样问题（Under-sample-problem，USP）[16]，即样本的数目小于其维度。Xu 和 Ding 等人分别提出新的局部保持投影算法（locality preserving projection，LPP）[17] 和局部敏感批特征提取算法（locality sensitive batch feature extraction，LSBFE）[18] 来解决 USP 问题。随着研究的不断深入，流形学习在模式识别领域也受到了越来越多的关注。

3.3.3 局部和非局部保持投影

在本节中，介绍了局部和非局部保持投影算法（locality-nonlocality preserving projection，LNPP）[19]，其中包括数据中的局部和非局部信息。LNPP 的目的是保持属于低维空间的相同聚类的样本的几何结构，同时使来自不同聚类的投影样本的距离最大化。该设计方案使得 LNPP 比仅考虑来自给定数据的全局方差信息的 PCA 能提取到更有用的信息。LNPP 具体步骤如下。

设 $\mathscr{R}^d$ 中的 $\boldsymbol{X}=[\boldsymbol{x}_1,\boldsymbol{x}_2,\cdots,\boldsymbol{x}_N]^{\mathrm{T}}$ 表示数据矩阵。LNPP 寻求找到线性变换矩阵 $\boldsymbol{W}\in\mathscr{R}^{d\times m}$，其将这些数据点映射到 $\mathscr{R}^m$ 中的新点 $\boldsymbol{y}_1$，$\boldsymbol{y}_2$，…，$\boldsymbol{y}_N$，其中 $\boldsymbol{y}_i=\boldsymbol{W}^{\mathrm{T}}\boldsymbol{x}_i$。

① 定义局部相似性矩阵 $\boldsymbol{S}_l$ 和非局部相似性矩阵 $\boldsymbol{S}_n$。

$$\boldsymbol{S}_l=\begin{cases}s(\boldsymbol{x}_i,\boldsymbol{x}_j),\text{如果 }\boldsymbol{x}_i\text{ 是 }\boldsymbol{x}_j\text{ 最近的 }s_l\text{ 个领域,或者 }\boldsymbol{x}_j\text{ 是 }\boldsymbol{x}_i\text{ 最近的 }s_l\text{ 个领域}\\0,\text{其他}\end{cases}\tag{3.3.9}$$

$$\boldsymbol{S}_n=\begin{cases}s(\boldsymbol{x}_i,\boldsymbol{x}_j),\text{如果 }\boldsymbol{x}_i\text{ 不是 }\boldsymbol{x}_j\text{ 最近的 }s_l\text{ 个领域,或者 }\boldsymbol{x}_j\text{ 不是 }\boldsymbol{x}_i\text{ 最近的 }s_l\text{ 个领域}\\0,\text{其他}\end{cases}\tag{3.3.10}$$

式中，$s(\cdot,\cdot)$表示每对样本（$\boldsymbol{x}_i$，$\boldsymbol{x}_j$）之间的相似性，标准度量包括欧几里德距离、热核、内积等。$\boldsymbol{x}_i$ 和 $\boldsymbol{x}_j$ 这两个样本在局部 δ 邻域（$\delta>0$）中查看，条件是 $\|\boldsymbol{x}_i-\boldsymbol{x}_j\|^2<\delta$（其中 $\|\cdot\|$ 是欧几里德符号并用于本部分）。相比之下，当 $\|\boldsymbol{x}_i-\boldsymbol{x}_j\|^2\geqslant\delta$，$\boldsymbol{x}_i$ 和 $\boldsymbol{x}_j$ 被视为非邻域。因此，给定数据中的局部散射和非局部散射可以分别用 $\boldsymbol{S}_l$ 和 $\boldsymbol{S}_n$ 表征。

② 通过最小化式(3.3.11) 所示成本函数来寻求可以保留数据 $\boldsymbol{X}$ 的局部信息的投影变换 $\boldsymbol{w}$。

$$\begin{aligned}J_l(\boldsymbol{w})&=\frac{1}{2}\sum_{i,j=1}^{N}(\boldsymbol{y}_i-\boldsymbol{y}_j)^2s_{ij}=\frac{1}{2}\sum_{i,j=1}^{N}(\boldsymbol{w}^{\mathrm{T}}\boldsymbol{x}_i-\boldsymbol{w}^{\mathrm{T}}\boldsymbol{x}_j)^2s_{ij}\\&=\boldsymbol{w}^{\mathrm{T}}\boldsymbol{X}(\boldsymbol{D}_l-\boldsymbol{S}_l)\boldsymbol{X}^{\mathrm{T}}\boldsymbol{w}=\boldsymbol{w}^{\mathrm{T}}\boldsymbol{X}\boldsymbol{L}_l\boldsymbol{X}^{\mathrm{T}}\boldsymbol{w}\end{aligned}\tag{3.3.11}$$

式中，$\boldsymbol{L}_l$ 被称为局部协方差矩阵，$\boldsymbol{L}_l=\boldsymbol{D}_l-\boldsymbol{S}_l$，$\boldsymbol{D}_l$ 是对角矩阵，其对角线上的元素是列总和 $\boldsymbol{S}_l$，即 $\boldsymbol{D}_{ij}=\sum_j\boldsymbol{S}_{ij}$。很明显，$\boldsymbol{L}_l$ 是真正的对称矩阵。

③ 由于 LNPP 试图从给定数据 $\boldsymbol{X}$ 中提取非局部信息，尝试最大化式(3.3.12) 所示成本函数。

$$\begin{aligned}J_n(\boldsymbol{w})&=\frac{1}{2}\sum_{i,j=1}^{N}(\boldsymbol{y}_i-\boldsymbol{y}_j)^2s_{ij}=\frac{1}{2}\sum_{i,j=1}^{N}(\boldsymbol{w}^{\mathrm{T}}\boldsymbol{x}_i-\boldsymbol{w}^{\mathrm{T}}\boldsymbol{x}_j)^2s_{ij}\\&=\boldsymbol{w}^{\mathrm{T}}\boldsymbol{X}(\boldsymbol{D}_n-\boldsymbol{S}_n)\boldsymbol{X}^{\mathrm{T}}\boldsymbol{w}=\boldsymbol{w}^{\mathrm{T}}\boldsymbol{X}\boldsymbol{L}_n\boldsymbol{X}^{\mathrm{T}}\boldsymbol{w}\end{aligned}\tag{3.3.12}$$

式中，$\boldsymbol{L}_n$ 被称为非局部散射矩阵并且 $\boldsymbol{L}_n=\boldsymbol{D}_n-\boldsymbol{S}_n$，$\boldsymbol{D}_n$ 是对角矩阵，其对角线上的元素是列总和 $\boldsymbol{S}_n$。

为了聚类，目标是找到一个投影，使近距离样本变得更近，同时使远距离样本变得更远。从这个角度来看，良好的投影应该最小化局部 $J_l(\boldsymbol{w})$并且同时最大化非局部散射 $J_n(\boldsymbol{w})$的投影。如果线性变换可以同时满足式(3.3.11) 和式(3.3.12)，则能够从数据中提取局部和非局部信息，然后改进数据投影。因此，我们寻求找到矩阵 $\boldsymbol{w}$，其可以最小化投影函数有：

$$J(\boldsymbol{w})=\frac{J_l(\boldsymbol{w})}{J_n(\boldsymbol{w})}=\frac{\boldsymbol{w}^{\mathrm{T}}\boldsymbol{X}\boldsymbol{L}_l\boldsymbol{X}^{\mathrm{T}}\boldsymbol{w}}{\boldsymbol{w}^{\mathrm{T}}\boldsymbol{X}\boldsymbol{L}_n\boldsymbol{X}^{\mathrm{T}}\boldsymbol{w}} \tag{3.3.13}$$

因为矩阵 $\boldsymbol{L}_l$ 和 $\boldsymbol{L}_n$ 可以在没有样本的类别标签的情况下构造，所以由 $J(\boldsymbol{w})$ 确定的投影可以以无监督的方式确定。在类别标签不可用的情况下，我们无法明确考虑数据中不同聚类的可分离性，而这可以通过局部和非局部分布之间的差异来隐式表示。

此外，最小化问题可以转换为广义特征值问题：

$$\boldsymbol{X}\boldsymbol{L}_n\boldsymbol{X}^{\mathrm{T}}\boldsymbol{w}=\lambda\boldsymbol{X}\boldsymbol{L}_l\boldsymbol{X}^{\mathrm{T}}\boldsymbol{w} \tag{3.3.14}$$

利用式(3.3.14) 计算广义特征值问题的特征向量和特征值。设特征向量是根据其特征值 $\lambda_1 \geqslant \lambda_2 \geqslant \cdots \geqslant \lambda_d$ 排序的列向量 $\boldsymbol{W}=\boldsymbol{w}_1, \boldsymbol{w}_2, \cdots, \boldsymbol{w}_d$。一旦获得 $\boldsymbol{W}$，线性特征通过式(3.3.15) 被提取出来：

$$\boldsymbol{y}=\boldsymbol{W}^{\mathrm{T}}\boldsymbol{x} \tag{3.3.15}$$

如果我们仅根据排序的特征值 $\lambda_1 \geqslant \lambda_2 \geqslant \cdots \geqslant \lambda_m$ 保留前几个向量 $\boldsymbol{W}$($\boldsymbol{W}=\boldsymbol{w}_1, \boldsymbol{w}_2, \cdots, \boldsymbol{w}_m$，$m \ll d$)，则高维数据空间 $\boldsymbol{x}$ 被缩减为低维数据空间 $\boldsymbol{y}$，但保留了投影数据中的大部分局部和非局部信息。

当每个数据点 $\boldsymbol{x}_i$ 的类标签在 $\boldsymbol{X}$ 中可用时，我们进一步将 LNPP 扩展到监督案例。基于已知的类标签，局部相似性矩阵 $\boldsymbol{S}_l$ 和非局部相似性矩阵 $\boldsymbol{S}_n$ 被重新定义为

$$\boldsymbol{S}_l=\begin{cases} s(\boldsymbol{x}_i,\boldsymbol{x}_j), \text{如果 } \boldsymbol{x}_i \text{ 和 } \boldsymbol{x}_j \text{ 是相同类标签} \\ 0, \text{其他} \end{cases} \tag{3.3.16}$$

并且

$$\boldsymbol{S}_n=\begin{cases} s(\boldsymbol{x}_i,\boldsymbol{x}_j), \text{如果 } \boldsymbol{x}_i \text{ 和 } \boldsymbol{x}_j \text{ 不是相同类标签} \\ 0, \text{其他} \end{cases} \tag{3.3.17}$$

对于 $\boldsymbol{S}_l$ 和 $\boldsymbol{S}_n$ 的新定义，数据点被映射到子空间，在此空间中具有相同类标签的近邻点彼此接近，而具有不同类标签的近邻点相距很远。在本节中，我们将监督的 LNPP 命名为 SLNPP。除了重新定义 $\boldsymbol{S}_l$ 和 $\boldsymbol{S}_n$ 之外，SLNPP 使用与 LNPP 相同的计算程序。因此，LNPP 和 SLNPP 可以根据类标签在现实世界中是否可用而用于不同的应用。

3.4 案例分析

采用自行设计的实验装置作为案例分析对象，实验装置包括行星齿轮箱（含一个 75 齿太阳轮和多个 25 齿行星轮）、驱动电机、磁力制动器，如图 3.4.1 所示。振动信号由安装在变速箱外壳上的加速度传感器收集，采样频率为 30kHz。如表 3.4.1 所示，齿轮箱的健康状况包括齿轮故障和轴承损伤，共计 11 种，分别为正常、五种不同程度的磨损、点蚀故障、断齿、内圈故障、滚动体故障、保持架缺陷，带有不同缺陷的齿轮和轴承如图 3.4.2 所示。

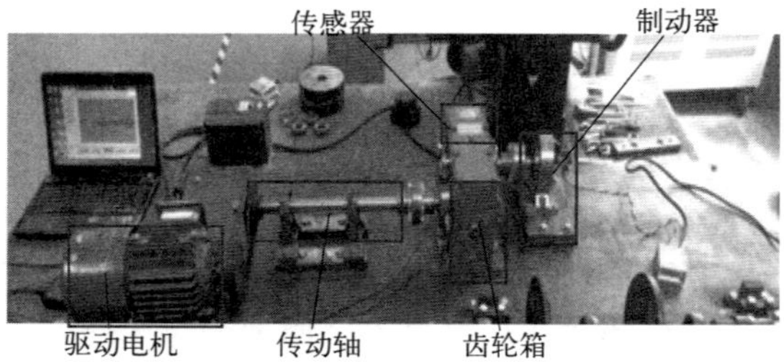

图 3.4.1　行星齿轮箱实验台

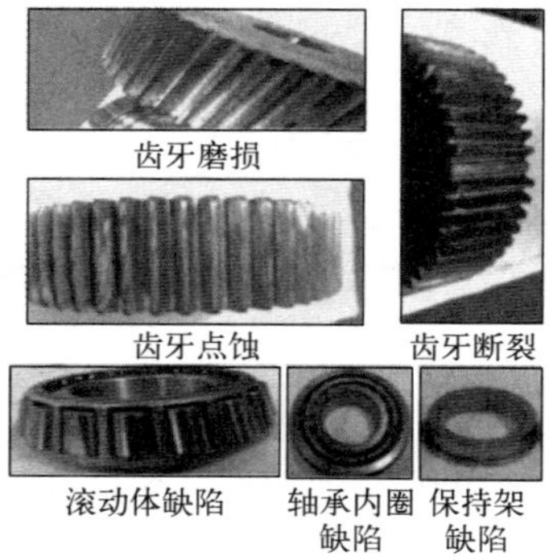

看彩图

图 3.4.2　不同缺陷的齿轮和轴承

表 3.4.1　行星齿轮箱健康状况描述

类别	齿轮箱状况	转速/(r/min)
C1	正常	294588882
C2	齿牙磨损 1	294588882
C3	齿牙磨损 2	294588882
C4	齿牙磨损 3	294588882
C5	齿牙磨损 4	294588882
C6	齿牙磨损 5	294588882
C7	齿牙点蚀	294588882
C8	齿牙断裂	294588882
C9	轴承内圈缺陷	294588882
C10	滚动体缺陷	294588882
C11	轴承保持架缺陷	294588882

每一类健康状况信号以 2048 个点截取子信号长度，以 1948 为步长，共截取得到 500 个样本。本节采取故障探测任务展现 PCA 和 ICA 的特征提取能力，也即采用 PCA 和 ICA 进

行离线建模和在线故障探测。采集 800 个样本用于在线监测，并在第 301 个采样点引入齿牙磨损故障。计算 T2 和 SPE 统计量，并确定控制限，超出控制限的部分为故障。PCA 和 ICA 的故障探测结果如图 3.4.3 所示（虚线为控制线）。从中可以看出基于 ICA 方法的故障探测效果较为理想，能够识别出大部分故障样本。而 PCA 方法只能识别出少量的故障样本，且存在较高的误报率。

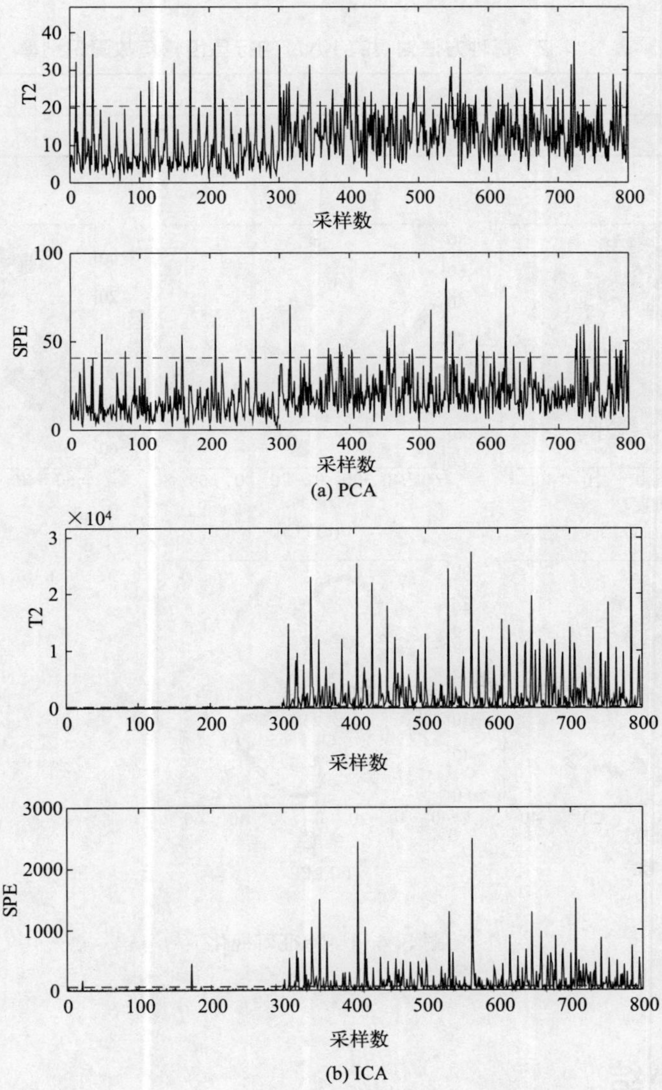

图 3.4.3　故障探测结果

为了进一步研究基于数据投影和流形学习的特征学习方法的有效性，采用行星齿轮箱数据集，采取正常（Normal）、齿牙磨损（Fault 1）、齿牙点蚀（Fault 2）、齿牙断裂（Fault 3）和轴承内圈缺陷（Fault 4），对 PCA、LDA、LE、LPP 提取的特征进行可视化，如图 3.4.4 所示。相较于其他三种方法，基于 LDA 提取的特征，缺陷类别能够很好地分离，这说明 LDA 能够很好地学习该类数据特征，不仅为反映输入数据的内在结构提供了更好的图像，还为进一步分析（例如故障分类）奠定了基础。此外，相比于 PCA 和 LE，LDA 和 LPP 能够更好的识别齿牙磨损缺陷。为了进一步研究四种特征学习方法的学习性能，K 邻近算法（K-nearest neighbor，KNN）被用于识别故障类别。通过四种数据投影算法提取的特征被用作 KNN 的输入。训练集用于构建 KNN，测试集用于测试 KNN 的分类率。表 3.4.2 显示了 KNN 的分类结果，可以观察到 PCA 和 LDA 在提高 KNN 的识别性能方面优于 LE 和 LPP。

表 3.4.2 每种方法对具有 KNN 的行星齿轮箱故障识别率

方法	PCA	LDA	LE	LPP
识别率/%	74.87	81.40	55.93	66.73

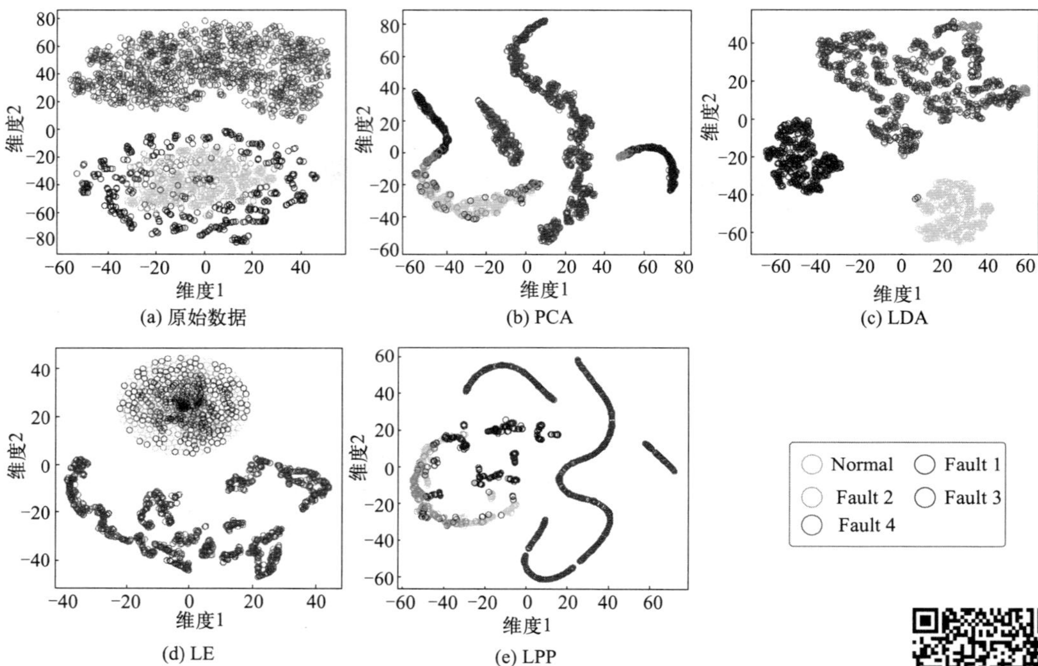

图 3.4.4 特征可视化

看彩图

3.5 本章小结

通常来说，基于多域方法产生的原始特征集仍为高维度，并含有较多的冗余信息，这将显著地增加故障诊断系统的建模难度和降低其预测性能，为有效学习机械设备运行过程中采集到的多维传感信号特征，本章介绍了机械故障特征提取与选择技术。首先介绍了基于 PCA、ICA、LDA 的特征提取与选择技术，对多维传感信号中的线性数据进行特征降维与选择。其次介绍了基于流形学习的特征提取与选择技术，从全局上描述数据复杂的非线性结构，从而获得和数据内在几何结构一致的低维本征结构。

参考文献

[1] 潘锋. 特征提取与特征选择技术研究 [D]. 南京航空航天大学，2011.

[2] Wold S，Esbensen K，Geladi P. Principal component analysis [J]. Chemometrics and intelligent laboratory systems，1987，2 (1-3)：37-52.

[3] Yoo C K，Lee D S，Vanrolleghem P A. Application of multiway ICA for on-line process monitoring of a sequencing batch reactor [J]. Water research，2004，38 (7)：1715-1732.

[4] Balakrishnama S，Ganapathiraju A. Linear discriminant analysis-a brief tutorial [J]. Institute for Signal and information Processing，1998，18 (1998)：1-8.

[5] Seung H S，Lee D D. The manifold ways of perception [J]. Science，2000，290 (5500)：2268-2269.

[6] Tenenbaum J B，Silva V，Langford J C. A global geometric framework for nonlinear dimensionality reduction [J]. Science，2000，290 (5500)：2319-2323.

[7] Roweis S T，Saul L K. Nonlinear dimensionality reduction by locally linear embedding [J]. Science，2000，290 (5500)：2323-2326.

[8] 苏雅茹. 高维数据的维数约简算法研究 [D]. 中国科学技术大学，2012.

[9] Carr J. Applications of centre manifold theory [M]. New York：Springer Science & Business Media，2012.

[10] Weinberger K Q，Saul L K. An introduction to nonlinear dimensionality reduction by maximum variance unfolding [C] //AAAI. 2006，6：1683-1686.

[11] Belkin M，Niyogi P. Laplacian eigenmaps for dimensionality reduction and data representation [J]. Neural computation，2003，15 (6)：1373-1396.

[12] Lin T，Zha H. Riemannian manifold learning [J]. IEEE transactions on pattern analysis and machine intelligence，2008，30 (5)：796-809.

[13] Chung F R K. Spectral graph theory [M]. Washington，D. C.：American Mathematical Soc.，1997.

[14] 雷迎科. 流形学习算法及其应用研究 [D]. 中国科学技术大学，2011.

[15] He X，Niyogi P. Locality preserving projections [J]. Advances in neural information processing systems，2003，16.

[16] Krzanowski W J，Jonathan P，McCarthy W V，et al. Discriminant analysis with singular covariance matrices：methods and applications to spectroscopic data [J]. Journal of the Royal Statistical Society Series C：Applied Statistics，1995，44 (1)：101-115.

[17] Xu Y，Song F，Feng G，et al. A novel local preserving projection scheme for use with face recognition [J]. Expert Systems with applications，2010，37 (9)：6718-6721.

[18] Ding J，Wen C，Li G，et al. Locality sensitive batch feature extraction for high-dimensional data [J]. Neurocomputing，2016，171：664-672.

[19] Yu J. Local and nonlocal preserving projection for bearing defect classification and performance assessment [J]. IEEE Transactions on Industrial Electronics，2011，59 (5)：2363-2376.

第4章

机械故障诊断技术

近年来，随着信号处理理论方法以及特征提取选择技术的不断完善与进步，涌现出了多种多样的对应的故障诊断方法与技术。其中，多种理论研究体系完备、相应的技术手段也得到了实际验证。

本章基于前文的内容，分别对专家系统、模糊理论等机械故障诊断技术及理论进行了介绍，随后，对基于统计学习及其代表方法的支持向量机、基于深度学习的神经网络以及隐马尔可夫模型进行了简介，并对它们的理论、原理及其在故障诊断技术中的应用模式作出进一步描述，旨在快速阐述故障诊断技术的基础理论与方法，并为后续章节奠定理论及方法基础。

4.1 专家系统

4.1.1 专家系统概述

专家系统（expert system，ES），顾名思义是具有庞大专业知识以及相关经验的计算机程序及系统。其通过特有的知识体系、推理和判断去解决实际工程需求中只有人类专家才能解决的领域难题。也即说，专家系统是一种模拟人类专家思考判断行为的计算机程序系统[1]。一个专家系统同时具有以下几种特性。

① 专家系统内部具有启发性、透明性以及灵活性。

② 专家系统不受时间、空间以及环境的影响，其内部的解决方案具有高度的鲁棒性。

③ 专家系统作为模拟专家思维判断行为的计算机程序，能够解决单个人类专家可能难以解决或者无法解决的复杂问题。

专家系统的组成架构主要有三类：一般式结构、分布式结构以及黑板式结构。

4.1.1.1 一般式专家系统结构

一般式专家系统结构主要包括人机交互界面、知识获取机制、知识库、数据库、推理机以及解释模块，一般式专家系统的系统结构如图 4.1.1 所示。

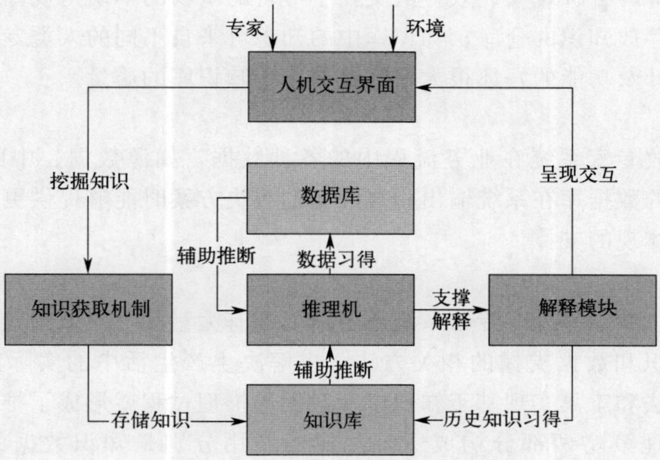

图 4.1.1 一般式专家系统结构示意图

其中，对于一个专家系统而言，决定其是否能够高效准确地运行的核心是系统内部的推理机的建设，基础则是数据库以及知识库。以下对专家系统各部分分别进行介绍。

(1) 人机交互界面 (interaction module)

优秀的专家系统离不开高效且人性化的人机交互界面，作为连接外部输入与内部功能的桥梁，人机交互界面的设计需尽量从简，减少冗余，使交互与需求、功能相呼应。不设计多余模块，不遗漏任何功能，使得系统使用者能够在接受一定培训以及学习后快速上手并掌握系统的使用方法。并且，人机交互界面在产品设计、美术设计、功效设计等方面均需要满足一定的条件。因此，良好的人机交互界面和用户接口对于故障诊断的专家系统来说是极其重要的，其会对后续的系统模块产生较大的影响。

(2) 知识获取机制

通俗来讲，知识获取机制的过程就是将相关领域专家的经验、知识转化为系统（计算机）能够编译识别的知识[2]。而知识对于计算机而言，本质是可进行数值计算或逻辑运算的数值及符号。常见的知识获取方法涵盖了机械式获取、传授式获取、反馈修正式获取以及近年来大热的机器学习式获取。

常规机器学习的知识获取机制的流程如下。

① 机器系统从环境中获得输入。

② 学习系统对输入进行处理，并根据相应的学习方式获得输入与输出之间的特殊映射关系。

③ 系统将映射关系储存在知识库中，等待系统再次执行。

④ 当新的执行指令被运行，得到新的输入时，系统会从知识库中调用学习到的映射关系，以得到相应的输出。

除了上述的流程外，现有的研究中还提出了补充自学习的系统自我完善的机制等，专家系统得到了进一步提升[1]。

（3） 知识库

知识，即人类在长期实践中从不断的失败与成功中习得的认识和经验的总和，是人类大脑从与现实、物质世界各种现象、效应的交互中习得的事物的本质与规律。而知识库，通俗来讲就是专门用来存放知识的仓库，知识库中的知识可来自不同的人类专家及相关领域专业人士，专家系统设计及功能的好坏很大程度上取决于知识库的质量。

（4） 数据库

数据库用于存放专家系统在业务流程中的各种数据，如源数据、中间数据、输出数据等。良好范式设计的数据库在系统输出相关问题的解决方案时能够提供更好的数据支持，是专家系统良好功能体现的支撑。

（5） 推理机

除上述数据库、知识库外，专家系统不但需要拥有大量相关领域的专业知识，而且还需要具有运用这些知识和数据支撑的相关方法，去解决生产生活中的实际问题。在专家系统中，运用计算机方法和工具实现基于知识以及数据的推理过程就形成了推理机。推理机一般由推理方式以及推理策略两部分构成[3]，相应的作用分别是知识数据的“运用”与“选择”。

而推理机的推理过程又分为以下三种。

① 数据驱动型推理。即从已知数据出发到结论的正向推理过程。

② 目标驱动型推理。即从目标结论出发，寻找足以验证并支撑该结论的相关数据及知识，从而验证结论准确性的逆向推理过程。

③ 混合型推理。即上述两种推理方式的混合方式。

（6） 解释模块

解释模块的主要作用是对专家系统知识库、数据库、推断机联合给出的解决方案作出解释解答，即回答“为何如此”“为何不如此”等问题，而一个强大的专家系统的解释模块，是能够根据用户产生的疑问，有的放矢地给出相应的解释，用以解决用户对系统内部的一切疑问。

4.1.1.2 分布式专家系统结构

分布式结构下的专家系统即将知识库、推理机部署在一个计算机网络中。常见的架构形式为：

① 客户机/服务器（Client/Sever）架构[4]；

② 浏览器/服务器（Browser/Sever）架构[5]。

分布式结构的专家系统较一般式结构的优势主要体现在知识以及推理机的集中管理。

4.1.1.3 黑板式专家系统结构

（1） 黑板式专家系统结构的组成

黑板式结构最早应用于美国 Carnegie-Mellon 大学于 1971—1976 年开发的一种口语理解系统[6]。现此黑板式结构已得到了广泛的应用，一个黑板式结构的专家系统主要由黑板、知识源以及控制结构三部分组成。

黑板式结构中，黑板的主要功能是储存数据，并为知识源提供数据支撑；知识源主要储存解决各种问题的知识、描述以及处理方法，与一般式结构中的知识库类似，区别在于黑板式结构的专家系统中知识源之间相互独立、互不影响，各个知识源都有对应的解决问题；控制结构类似于一般式结构中的推理机，负责对黑板中的数据以及知识源中的知识进行整理并作出推理。黑板式结构区别于分布式与一般式结构的专家系统，主要用来解决可划分问题层次的大型复杂问题，也可求解多问题耦合的复杂难题。

（2）黑板式专家系统结构的工作原理

黑板式结构的工作原理是将问题分解成一个个任务树，并调取不同的知识源和黑板对不同子问题提供知识和数据，从而解决各个任务树上的各子问题。因此，黑板式结构上的每一个任务树均可被视为一个小型专家子系统，而整个专家系统是若干个专家子系统为实现功能结构联合而形成的一种解决大型复杂问题的结构形式。

而综上，黑板式结构在结构上实现了专家系统两大核心的完全分离，即知识库和推理机相互分离，从而在一定程度上降低了知识的增删改的难度。

4.1.2 诊断知识的表示

知识的表示和组织是一个专家系统知识库设计建造的关键，而在诊断系统中，集中典型的知识表示方法如下。

（1）产生式规则表示方法

即行为一般逻辑结构中的：

IF Condition1 **AND** Condition2 **AND** Condition3 … **THEN** Output

产生式规则表示的主要优势是：规则的表示逻辑简单直观，且较容易为人所接受，知识的接受者能够很清楚地了解到知识的主要框架逻辑，且知识良好的模块化的组织结构便于对知识进行维护以及一系列增删改的操作。相对应的不足之处主要包括：在一定程度上由于逻辑归于点对点，其属于链式遍历结构，推理效率较低，且当问题较为复杂、模型较为庞大时，需要区分的条件以及相应的输出关系相对模糊，可解释性不足，导致过度依赖专家经验[7]。

（2）语义网络表示方法

语义网络是一种知识的有向图表示方法，其和有向图方法类似[8]。一个基本的语义网络通常由节点以及带标识的有向弧组成[9]，其中节点代表实体或数据，有向弧代表关系，即实体、数据之间相互作用的方式。语义网络对于知识的表示方法表达直观、自然易懂，但由于事务之间仅简单地通过“因果”关系联系在一起，且节点之间并非简单的“点对点”关系，对于其进行管理维护也相对困难。一个简易的制造领域语义网络示例如图 4.1.2 所示。

（3）框架表示方法

框架的知识表示方法一般由框架名及框架槽组成[10,11]。框架名用以指示某个概念、对象或事物；框架槽又分为槽值和槽名。框架表示方法具有如下特点：良好的模块性便于知识的维护管理、增删改查，且层次化的知识存储结构易于理解，在过程中可侧面体现过程知识等。

（4）模糊知识表示方法

常见的模糊知识表示方法有两种形式：一种为在产生式的知识表示方法上加入规则概率及置信度，对条件、结论加上真值；另一种为建立故障与特征之间的隶属关系，并构建模糊关系矩阵[12]。

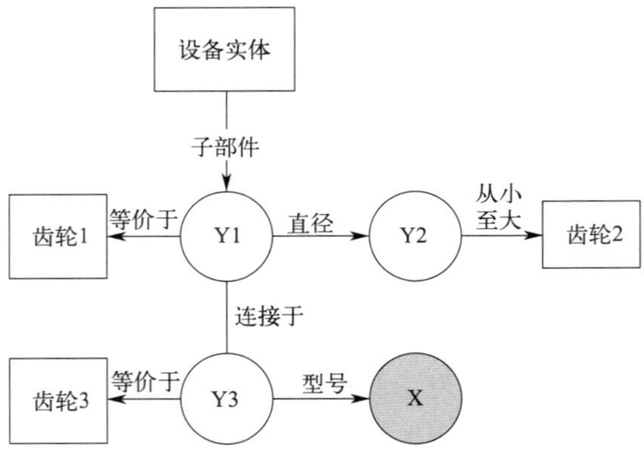

图 4.1.2　语义网络知识表示方法示例

4.1.3　诊断推理和知识获取

如 4.1.1 节中对专家系统推理机以及知识获取机制的介绍，本节进一步对专家系统中的诊断推理以及知识获取进行阐述。

在故障诊断系统中，对于故障的诊断推理是指根据一定的原则与规律，从既有的征兆、特征以及事实出发，推出诊断对象可能存在的故障的过程。而故障诊断系统的推论过程又分为诊断过程的推理策略以及诊断过程的控制策略。

诊断过程的推理策略是研究故障征兆以及特征之间的逻辑关系以及不精确推理中不确定性的更新算法。推理策略种类较多，按不同角度可得出不同的分类结果：按推理方向不同可分为演绎推理和归纳推理；按照推理置信度划分可分为精确推理以及模糊推理：按照知识层次可分为基于深层次知识的推理和基于浅层次知识的推理等。

诊断过程的控制策略是控制诊断过程如何进行以及如何选择推理策略的控制方法，诊断系统中的控制策略主要分为以下几种。

(1) 正向推理

正向推理是由已知的征兆到故障结论的推理过程，因此又称为数据驱动的控制策略[13]。一般过程为正向地从诊断对象已知的征兆、特征出发，正向地使用规则。通过映射关系，成功匹配对应的结论，继续进行推理，直到没有匹配的规则为止。

(2) 反向推理

反向推理的核心逻辑是由目标出发去寻找支撑目标的证据，又称为目标驱动的控制策略[14]。其基本思想是先假设目标存在，再逆向地从知识库、数据库中寻找结论为假设类型故障的规则及数据，验证前提及前置条件是否成立，若能成功匹配到相应结论的前提条件，则假设成立，否则将结论的前提作为目标，继续向前搜寻，重复上述的过程，直至所有的子目标均已证明。反向推理中初始目标的选择极其重要，直接影响推理效率。反向推理的目的很明确，有针对性地寻找支撑结论的前提条件，并可对结论和过程作出明确解释。但相对的，初始目标选择不易，容易陷入局部空间的最优解，导致效率不高。

（3）混合推理

混合推理是结合了上述正向、反向推理方法各自的优点，又克服了各自的缺点的混合型推理方法。双向推理的步骤一般为：先从知识库中寻找已知征兆事实确定可能的故障，再通过反向推理验证故障是否存在。

专家系统的知识获取途径与机制如 4.1.1 节所述，早期专家系统的知识获取需要系统设计人员直接与相关领域专家进行面对面交流，将专家对于该领域的经验和方法量化为计算机能够识别的数字信号，并将这些经验方法化、类别化以及鲁棒化，以保证专家系统能够稳定地解决相关问题。近年来，随着计算机计算能力以及性能的逐渐提升，新的计算架构的提出，使得算力得到了质的飞跃，再加上一系列机器学习理论与方法的提出，诊断系统也能通过监督、半监督以及无监督的算法实现对知识和数据的学习。其中，基于无监督学习的数据挖掘方法是最为理想的从海量数据中自适应习得相关规律和规则的知识获取方法，即现阶段的专家系统。该系统可充分发挥计算机强大的算力与新颖的计算框架、模式实现自身对知识的挖掘、发现与总结，模拟领域专家自身学习总结的过程，相关的实施方法均为常规基础机器学习、深度学习所属算法及框架。

4.2 模糊理论

在模糊理论（fuzzy theory，FT）[15] 问世前，一般数学均以经典集合理论为基础，研究问题的确定性、对应性。随着计算机技术的不断进步，经典集合理论得到进一步应用，运用计算机研究确定性的数值运算问题。但实际生活中存在的真实情况，特别是在自然语言中往往包含了“不确定”的信息，例如“高的”“胖的”“红的”以及“老的”等词语均没有统一的界定标准，这样的含有不确定信息的自然语言以及表述方式通常不以固定的唯一结果出现。然而有趣的是，人与人在交互中涉及这些模糊词汇时，往往都对这些模糊的概念有一个较为准确的认知，并能理解大部分含义，但对于数学以及计算机理论而言，这些不可量化的数值往往很难加以描述。模糊理论便是为了解决这样“似是而非”的分类、界定问题而提出的，一般意义上的模糊理论可分为模糊数学、模糊系统、模糊决策以及模糊逻辑等几大分支。

4.2.1 隶属度函数及模糊矢量

在经典集合理论中，一个经典集合 A，其有特征函数 $F()$，而判断一个新的自然集合元素 x 是否属于集合 A 的判别方法为

$$F(x)=\begin{cases}1 & x\in A\\0 & x\notin A\end{cases}$$

此特征函数中，当且仅当 x 属于 A 时特征值才取 1，否则取值为 0。经典集合理论中，元素和集合的关系是确定的属于或不属于的二值关系。相对应地，在模糊理论中，存在一个模糊集合 Fs，其隶属度函数为 $\mu_{Fs}()$，则一个新的元素 x 在模糊空间中属于模糊集 Fs 的程度即为 $\mu_{Fs}(x)$。

$\mu_{Fs}()$ 便是模糊集的隶属度函数，一般情况下，某个元素属于一个模糊集的隶属度函数均为提前指派，因此在很大程度上，元素的模糊集隶属度一定依赖于先验知识。通常根据经验模式，选择一个模糊集合的隶属度函数，常见的隶属度函数可分为三大类，即偏小型、居

中型以及偏大型，其中又细分为矩阵型、梯形型、抛物型、S 型、正态型以及柯西型，各类隶属度函数形由图 4.2.1 至图 4.2.6 给出。

$$Fs(x)=\begin{cases}1, x\leqslant a\\0, x>a\end{cases}\qquad Fs(x)=\begin{cases}0, x<a \text{ 或 } x>b\\1, a\leqslant x\leqslant b\end{cases}\qquad Fs(x)=\begin{cases}0, x<a\\1, x\geqslant a\end{cases}$$

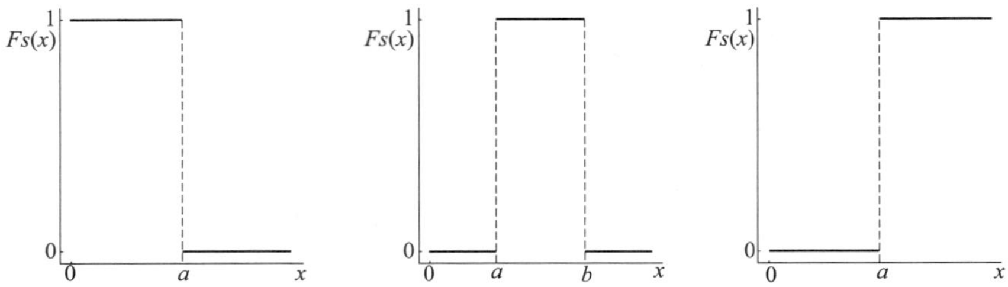

图 4.2.1 矩阵型隶属度函数

$$Fs(x)=\begin{cases}1, x<a\\ \dfrac{b-x}{b-a}, a\leqslant x\leqslant b\\0, x>b\end{cases}\qquad Fs(x)=\begin{cases}0, x<a\\ \dfrac{x-a}{b-a}, a\leqslant x<b\\1, b\leqslant x<c\\ \dfrac{d-x}{d-c}, c\leqslant x<d\\0, x\leqslant d\end{cases}\qquad Fs(x)=\begin{cases}0, x<a\\ \dfrac{x-a}{b-a}, a\leqslant x\leqslant b\\1, x>b\end{cases}$$

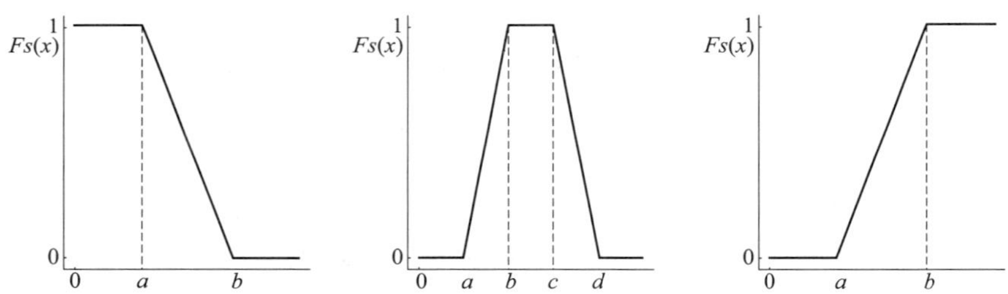

图 4.2.2 梯形型隶属度函数

不同的隶属度函数具有各自对模糊元素的刻画能力，建模时根据先验知识，经验化地选取合适的隶属度函数是模糊建模的关键点。图 4.2.1～图 4.2.6 所展示的隶属度函数，均基本涵盖了偏小型、居中型以及偏大型，当然也有其他类型的隶属度函数，但各种各样的隶属度函数的共同点，均是对模糊概念中的偏小、适中以及偏大进行界定，也可根据建模准确度以及效率选择适宜的隶属度函数。

模糊理论拓展至故障诊断领域，常用于刻画设备、装备征兆与故障类型之间的关系。高确定性、高鲁棒性的征兆-故障映射关系是故障诊断领域一直以来的不懈追求，在工程实际中，高准确度、快速的故障诊断分类方法也是企业设备健康管理工作的痛点。但实际上，设备、装备在运行过程中所产生的征兆，如振动、声学信号、温度、转速以及电学特征等，并不能一对一地对应唯一的故障模式，且同一种故障模式在不同工况下也会产生不尽相同的征兆。这时，模糊理论的应用，使得征兆和故障之间的不确定关系能够得到有效刻画，并能通过模糊关系矩阵、模糊关系方程求解、模糊决策等方法确定最有可能的故障类型。

$$Fs(x)=\begin{cases}1,x<a\\ \left(\dfrac{b-x}{b-a}\right)^k,a\leqslant x\leqslant b\\ 0,x>b\end{cases}\qquad Fs(x)=\begin{cases}0,x<a\\ \left(\dfrac{x-a}{b-a}\right)^k,a\leqslant x<b\\ 1,b\leqslant x<c\\ \left(\dfrac{d-x}{d-c}\right)^k,c\leqslant x<d\\ 0,x\leqslant d\end{cases}\qquad Fs(x)=\begin{cases}0,x<a\\ \left(\dfrac{x-a}{b-a}\right)^k,a\leqslant x\leqslant b\\ 1,x>b\end{cases}$$

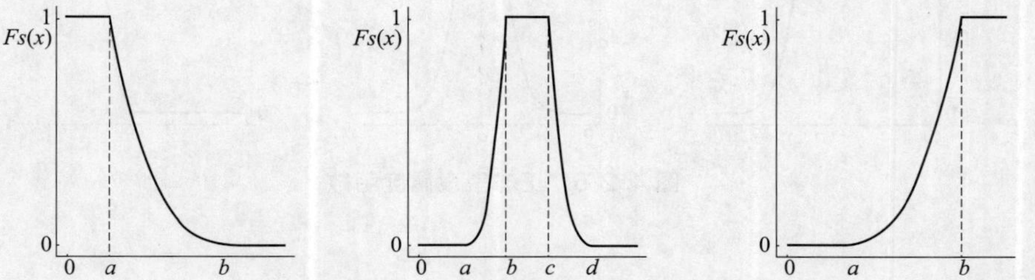

图 4.2.3 抛物型隶属度函数

$$Fs(x)=\begin{cases}1,x\leqslant a\\ e^{-k(x-a)},a\leqslant x\leqslant b\end{cases}\qquad Fs(x)=\begin{cases}e^{k(x-a)},x<a\\ 1,a\leqslant x\leqslant b\\ e^{-k(x-b)},x\geqslant b\end{cases}\qquad Fs(x)=\begin{cases}0,x\leqslant a\\ 1-e^{-k(x-a)},x>a\end{cases}$$

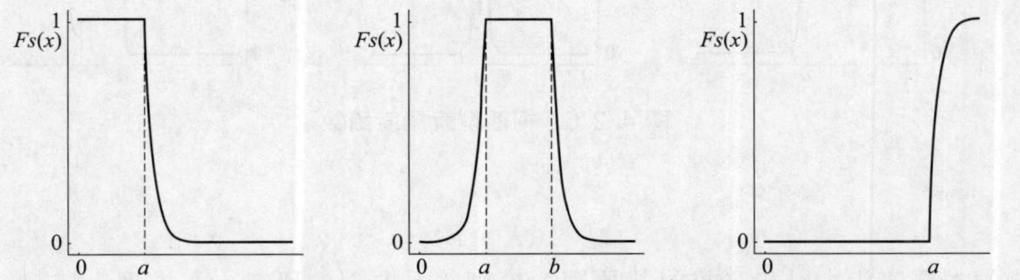

图 4.2.4 S 型隶属度函数

一个模糊集合有三种常用的表示方法，分别为扎德表示法、序偶表示法以及向量表示法[9]。其中向量表示法以高度简单且高效直观，被广泛应用于模糊集合的表示。以向量形式表示的模糊集合便是一个模糊向量，也称为模糊矢量，它表示了一个经典元素属于各经典元素集合的程度，以模糊矢量表示的故障诊断知识，表示了当前征兆属于各故障类型的程度(隶属度)，也可理解为可能性。

4.2.2 模糊关系方程

上节简要介绍了模糊理论中的模糊集合，同经典集合理论，模糊理论中也存在集合、矩阵之间的映射运算关系。设 A 是模糊关系“若……，则……”，B 表示关系结束的集合，则可解模糊关系方程[16]：

$$Fs(x)=\begin{cases}1, x\leqslant a\\ \exp\left[-\left(\frac{x-a}{\sigma}\right)^2\right], x>a\end{cases}\qquad Fs(x)=\exp\left[-\left(\frac{x-a}{\sigma}\right)^2\right]\qquad Fs(x)=\begin{cases}0, x\leqslant a\\ 1-\exp\left[-\left(\frac{x-a}{\sigma}\right)^2\right], x>a\end{cases}$$

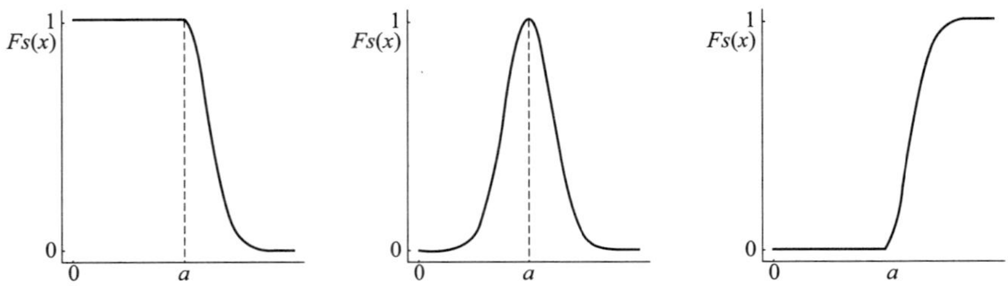

图 4.2.5　正态型隶属度函数

$$Fs(x)=\begin{cases}1, x\leqslant a\\ \frac{1}{1+a(x-a)^{\beta}}, x>a\end{cases}(a,\beta>0)\qquad Fs(x)=\frac{1}{1+a(x-a)^{\beta}}(a,\beta>0)\qquad Fs(x)=\begin{cases}0, x\leqslant a\\ 1-\frac{1}{1+a(x-a)^{\beta}}, x>a\end{cases}(a,\beta>0)$$

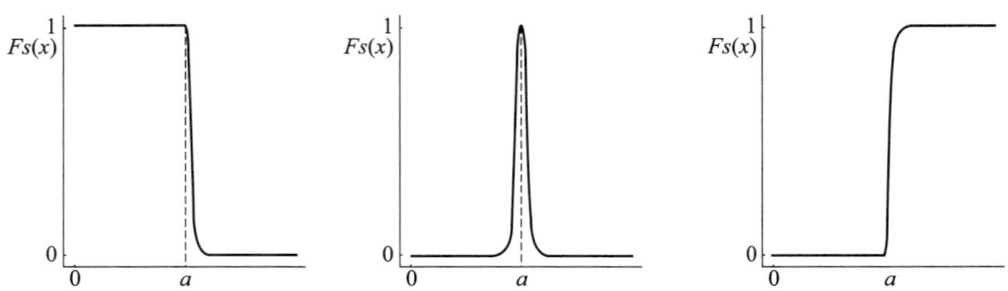

图 4.2.6　柯西型隶属度函数

$$AX=B$$

该式的本质实为由结果逆推寻找原因。模糊关系方程的研究，在推理、控制、诊断等方面有着广泛的应用可能及前景。

在介绍模糊关系方程之前，有必要对模糊向量、模糊矩阵作出简要说明，并对模糊矩阵之间的运算规则作出阐述。在 4.2.1 节对模糊矢量介绍的基础上，由多个隶属度、模糊向量可组成模糊矩阵。模糊矢量是单个元素对象属于不同类别的程度，而模糊矩阵则表示元素集和类别集之间的相关关系。模糊关系方程的求解涉及模糊矩阵的基本运算以及合成运算，下面对两者分别进行简要的介绍。

区别于经典集合理论，模糊矩阵的基本运算有 5 种常规方式，分别由表 4.2.1 给出，首先定义 W，M 分别为取大与取小，即 $a\mathrm{W}b=\max\{a,b\}$，$a\mathrm{M}b=\min\{a,b\}$。

若有模糊矩阵 $\boldsymbol{A}=(a_{ij})_{m\times n}$，$\boldsymbol{B}=(b_{ij})_{n\times m}$，则模糊矩阵的合成运算表示为 $\boldsymbol{A}\circ\boldsymbol{B}$，令 $\boldsymbol{C}=\boldsymbol{A}\circ\boldsymbol{B}$，其中 $\boldsymbol{C}=(c_{ij})_{m\times m}$，则 c_{ij} 可由式 4.2.1 给出：

$$c_{ij}=\max\{\min\{a_{iq},b_{qj}\}\},q\in\{1,2,\cdots,n\}\tag{4.2.1}$$

式中，q 为从 1 至 n 的正整数，式(4.2.1) 意为 c_{ij} 等于对 $\boldsymbol{A}$ 的第 i 行与 $\boldsymbol{B}$ 的第 j 列对应位置取较小值并形成 n 维向量，再取向量中元素的最大值。

表 4.2.1 模糊矩阵基本运算规则

定义	运算方式	
	$\boldsymbol{A}=(a_{ij})_{m\times n}$	$\boldsymbol{B}=(b_{ij})_{m\times n}$
$\boldsymbol{A}=\boldsymbol{B}$	$a_{ij}=b_{ij}$	
$\boldsymbol{A}\leqslant\boldsymbol{B}$	$a_{ij}\leqslant b_{ij}$	
$\boldsymbol{A}\cup\boldsymbol{B}$	$(a_{ij}\mathrm{W}b_{ij})_{m\times n}$	
$\boldsymbol{A}\cap\boldsymbol{B}$	$(a_{ij}\mathrm{M}b_{ij})_{m\times n}$	
$\boldsymbol{A}^C$	$(1-a_{ij})_{m\times n}$	

例 4.1：基本运算，求模糊矩阵 $\boldsymbol{A}$ 与 $\boldsymbol{B}$ 的相应计算，其中：

$$\boldsymbol{A}=\begin{pmatrix}1 & 0.1\\0.2 & 0.3\end{pmatrix},\boldsymbol{B}=\begin{pmatrix}0.4 & 0\\0.3 & 0.2\end{pmatrix}$$

则有如下基本运算结果：

$$\boldsymbol{A}\cup\boldsymbol{B}=\begin{pmatrix}1 & 0.3\\0.3 & 0.3\end{pmatrix}$$

$$\boldsymbol{A}\cap\boldsymbol{B}=\begin{pmatrix}0.4 & 0\\0.2 & 0.2\end{pmatrix}$$

$$\boldsymbol{A}^C=\begin{pmatrix}0 & 0.9\\0.8 & 0.7\end{pmatrix}$$

$$\boldsymbol{B}^C=\begin{pmatrix}0.6 & 1\\0.7 & 0.8\end{pmatrix}$$

例 4.2：合成运算，求给定模糊矩阵 $\boldsymbol{A}$ 与 $\boldsymbol{B}$ 的合成运算，其中：

$$\boldsymbol{A}=\begin{pmatrix}0.3 & 0.4 & 0.1\\0.8 & 0.2 & 0.5\end{pmatrix},\boldsymbol{B}=\begin{pmatrix}0.7 & 0.2\\1 & 0.6\\0.9 & 0.3\end{pmatrix}$$

则有

$$\boldsymbol{A}\circ\boldsymbol{B}=\begin{pmatrix}0.4 & 0.4\\0.7 & 0.3\end{pmatrix}$$

$$\boldsymbol{B}\circ\boldsymbol{A}=\begin{pmatrix}0.3 & 0.4 & 0.2\\0.6 & 0.4 & 0.5\\0.3 & 0.4 & 0.3\end{pmatrix}$$

(1) 模糊关系方程基本概念

假定已知U集到V集的模糊关系R，U集到W集的模糊关系S，求解V集到W集的为位置模糊关系X，使其满足：

$$RX=S$$

上式称为“模糊关系方程”，满足该模糊关系方程的解称为“模糊关系方程的解”。在有限论域中，模糊矩阵方程可分为以下两种类型。

① Ⅰ型模糊关系方程。

已知模糊矩阵 $\boldsymbol{A}=(a_{ij})_{m\times n}$，$\boldsymbol{B}=(b_{ij})_{m\times l}$，求解位置的模糊矩阵 $\boldsymbol{X}=(x_{ij})_{n\times l}$，使其满足 $\boldsymbol{A}\circ\boldsymbol{X}=\boldsymbol{B}$。

② Ⅱ型模糊关系方程。

已知模糊矩阵 $\boldsymbol{A}=(a_{ij})_{n\times l}$，$\boldsymbol{B}=(b_{ij})_{m\times l}$，求解位置的模糊矩阵 $\boldsymbol{X}=(x_{ij})_{m\times n}$，使其满足 $\boldsymbol{X}\circ\boldsymbol{A}=\boldsymbol{B}$。

而根据模糊矩阵的合成运算性质可得，上述两种类型的模糊关系方程可通过矩阵的转置相互转化，即

$$(\boldsymbol{X}\circ\boldsymbol{A})^{\mathrm{T}}=\boldsymbol{A}^{\mathrm{T}}\circ\boldsymbol{X}^{\mathrm{T}}=\boldsymbol{B}^{\mathrm{T}} \tag{4.2.2}$$

显然形同Ⅰ型模糊关系方程。

(2) 模糊关系方程的一般解法

定义 4.1： 对于任意一个模糊关系方程，记其所有解构成的集合为

$$\boldsymbol{R}=\{\boldsymbol{X}\mid\boldsymbol{A}\circ\boldsymbol{X}=\boldsymbol{B}\}$$

则称 $\boldsymbol{R}$ 为该模糊关系方程的解集，当且仅当 $\boldsymbol{R}$ 不为空集时，该模糊关系方程才有解，否则称模糊关系方程无解。

定义 4.2： 令 $\boldsymbol{X}_1$ 为模糊关系方程的一个解，若对于该模糊关系方程的任何解 $\boldsymbol{X}$ 恒有 $\boldsymbol{X}\subseteq\boldsymbol{X}_1$，则称 $\boldsymbol{X}_1$ 为模糊关系方程的“最大解”。

下面给出一般模糊关系方程最大解的一般求解过程。

首先对于任意实数 a，$b\in[0,1]$，定义特殊运算规则▽如式(4.2.3)所示：

$$a\ \nabla\ b=\begin{cases}1, a\leqslant b\\ b, a>b\end{cases} \tag{4.2.3}$$

对于形同 $\boldsymbol{AC}=\boldsymbol{B}$ 的一个模糊关系方程，定义向量 $\boldsymbol{C}=(c_1,c_2\cdots,c_n)^{\mathrm{T}}$，其中

$$c_j=\bigcap_{i=1}^{m}(a_{ij}\ \nabla b_i), j=1,2,\cdots,n \tag{4.2.4}$$

则根据定义，向量 $\boldsymbol{C}$ 为可能的模糊关系方程的最大解，此类可能存在的方程最大解称为模糊关系方程的“拟最大解”。令 $\boldsymbol{C}'$ 为模糊关系方程的拟最大解，则还需对 $\boldsymbol{C}'$ 进行最大解检验，即该模糊关系方程有解的条件为 $\boldsymbol{AC}'=\boldsymbol{B}$。

对于模糊关系方程最大解的求解方法，除根据公式定义外，常使用表格法计算，一般步骤如下。

① 将系数矩阵 $\boldsymbol{A}$ 以及常数矩阵 $\boldsymbol{B}$ 的元素按矩阵位置填入表格的左区及中区，如图 4.2.7 所示。

左区				中区	右区			
a_{11}	a_{12}	…	a_{1n}	b_1	$a_{11}\ \alpha\ b_1$	$a_{12}\ \alpha\ b_1$	…	$a_{1n}\ \alpha\ b_1$
a_{21}	a_{22}	…	a_{2n}	b_2	$a_{21}\ \alpha\ b_2$	$a_{22}\ \alpha\ b_2$	…	$a_{2n}\ \alpha\ b_2$
…	…	…	…	…	… … ……	…	…	…
a_{m1}	a_{m2}	…	a_{mn}	b_m	$a_{m1}\ \alpha\ b_m$	$a_{m2}\ \alpha\ b_m$	…	$a_{mn}\ \alpha\ b_m$

图 4.2.7 表格法示意图

② 对左区及中区的数据进行上述定义的∇运算，并将结果填入表格右区。

③ 取右区每 i 列中的最小值作为拟最大解的第 i 个分量（$i=1, 2, \cdots, n$）。

相对于定义 4.2，给出模糊关系方程"极小解"的定义如下。

定义 4.3：令 $\boldsymbol{X}_1$ 为模糊关系方程的一个解，若对于该模糊关系方程的任何解 $\boldsymbol{X}$ 恒不满足 $\boldsymbol{X} \subseteq \boldsymbol{X}_1$，则称 $\boldsymbol{X}_1$ 为模糊关系方程的"极小解"。

下面给出模糊关系方程"极小解"的求解方法，分两种情况讨论。

① 当常数向量 $\boldsymbol{B}=0$，则模糊关系方程恒有极小解 $\boldsymbol{X}=0$。

② 当常数向量 $\boldsymbol{B} \neq 0$，此类情况较求最大解复杂，也是接下去讨论的重点。

与规则运算∇类似，令 $\boldsymbol{C}'$为模糊关系方程的拟最大解，且 $\boldsymbol{A}^*=(a_{ij}^*)_{m \times n}$ 为上述模糊关系方程的"判别矩阵"，定义矩阵中的规则运算为

$$a_{ij}=\begin{cases} b_i, a_{ij} \wedge c_j \geqslant b_i \\ 0, \text{其他} \end{cases} \tag{4.2.5}$$

方程 $\boldsymbol{A}^* \boldsymbol{X}=\boldsymbol{B}$ 称为上述模糊关系方式的判别方程，除根据式(4.2.5) 直接求取模糊关系方程的判别方程外，还可使用表格法，该方法示例如图 4.2.8 所示，求取步骤如下。

左区				中区	右区			
c_{11}	c_{12}	…	c_{1n}					
a_{11}	a_{12}	…	a_{1n}	b_1	a_{11}^0	a_{12}^0	…	a_{1n}^0
a_{21}	a_{22}	…	a_{2n}	b_2	a_{21}^0	a_{22}^0	…	a_{2n}^0
…	…	…	…	…	…	…	…	…
a_{m1}	a_{m2}	…	a_{mn}	b_m	a_{m1}^0	a_{m2}^0	…	a_{mn}^0

图 4.2.8　判别矩阵表格法示意

① 将原模糊关系方程的系数矩阵 $\boldsymbol{A}$ 及常数矩阵 $\boldsymbol{B}$ 分别填入表格的左下区及中区，上述步骤中求得的模糊关系方程的拟最大解 $\boldsymbol{C}'$填入表格左上区。

② 对系数矩阵 $\boldsymbol{A}$ 中每个元素与 $\boldsymbol{B}$，$\boldsymbol{C}$ 的对应元素做由式(4.2.5) 定义的规则运算，并将运算结果填入表格右区。

③ 取右区的最终结果为判别矩阵。

综上所述，模糊关系方程的极小解求解步骤如下。

① 求取模糊关系方程的拟最大解。

② 求取判别矩阵。

③ 由判别矩阵构造过渡矩阵。将判别矩阵每行任意保留一个非零元素，其余元素归为零。

④ 根据所有的过渡矩阵构造"拟极小解"。取过渡矩阵第 i 列的最大值作为"拟极小解"的第 i 个分量。

⑤ 对步骤③④中求得的所有拟最小解进行筛选去重，去掉重复的解以及包含其他拟最小解的向量，最后得到的便是模糊关系法方程的所有极小解。

最后，为了便于理解上述求解步骤，本节给出一个求取模糊关系方程所有极小解的例子。

例 4.3：已知系数矩阵 $\boldsymbol{A}$，常数矩阵 $\boldsymbol{B}$，求取模糊关系方程 $\boldsymbol{A}\circ\boldsymbol{X}=\boldsymbol{B}$ 的所有极小解。

$$\boldsymbol{A}=\begin{bmatrix}0.3 & 0.2 & 0.7 & 0.8\\0.5 & 0.4 & 0.4 & 0.9\\0.7 & 0.3 & 0.2 & 0.7\\0.9 & 0.6 & 0.1 & 0.2\\0.6 & 0.5 & 0.6 & 0.4\end{bmatrix}\boldsymbol{X}=\begin{bmatrix}x_1\\x_2\\x_3\\x_4\\x_5\end{bmatrix}\boldsymbol{B}=\begin{bmatrix}0.7\\0.4\\0.4\\0.3\\0.6\end{bmatrix}$$

解：首先根据表格法，求取模糊关系方程的最大解。

0.3	0.2	0.7	0.8	0.7	1	1	1	0.7
0.5	0.4	0.4	0.9	0.4	0.4	1	1	0.4
0.7	0.3	0.2	0.7	0.4	0.4	1	1	0.4
0.9	0.6	0.1	0.2	0.3	0.3	0.3	1	1
0.6	0.5	0.6	0.4	0.6	0.6	1	1	1

可得拟最大解为 $\boldsymbol{C}=(0.3,\ 0.3,\ 1,\ 0.4)^{\mathrm{T}}$，检验 $\boldsymbol{A}\circ\boldsymbol{C}=\boldsymbol{B}$ 通过，则 $\boldsymbol{C}$ 为模糊关系方程的最大解。

将系数矩阵、最大解以及常数矩阵填入新的表格求取判别矩阵。

0.3	0.3	1	0.4					
0.3	0.2	0.7	0.8	0.7	0	0	0.7	0
0.5	0.4	0.4	0.9	0.4	0	0	0.4	0.4
0.7	0.3	0.2	0.7	0.4	0	0	0	0.4
0.9	0.6	0.1	0.2	0.3	0.3	0.3	0	0
0.6	0.5	0.6	0.4	0.6	0	0	0.6	0

表格右区为模糊关系矩阵的判别矩阵，则根据判别矩阵分别产成 1×2×2×1 个过渡矩阵，分别为

$$\begin{bmatrix}0 & 0 & 0.7 & 0\\0 & 0 & 0.4 & 0\\0 & 0 & 0 & 0.4\\0.3 & 0 & 0 & 0\\0 & 0 & 0.6 & 0\end{bmatrix}\begin{bmatrix}0 & 0 & 0.7 & 0\\0 & 0 & 0.4 & 0\\0 & 0 & 0 & 0.4\\0 & 0.3 & 0 & 0\\0 & 0 & 0.6 & 0\end{bmatrix}\begin{bmatrix}0 & 0 & 0.7 & 0\\0 & 0 & 0 & 0.4\\0 & 0 & 0 & 0.4\\0.3 & 0 & 0 & 0\\0 & 0 & 0.6 & 0\end{bmatrix}\begin{bmatrix}0 & 0 & 0.7 & 0\\0 & 0 & 0 & 0.4\\0 & 0 & 0 & 0.4\\0 & 0.3 & 0 & 0\\0 & 0 & 0.6 & 0\end{bmatrix}$$

分别取各个过渡矩阵各列的最大值作为拟极小解的对应分量，分别产生若干拟极小解：

$$\boldsymbol{X}_1=(0.3,0,0.7,0.4)^{\mathrm{T}}$$

$$\boldsymbol{X}_2=(0.3,0,0.7,0.4)^{\mathrm{T}}$$

$$\boldsymbol{X}_3=(0,0.3,0.7,0.4)^{\mathrm{T}}$$

$$\boldsymbol{X}_4=(0,0.3,0.7,0.4)^{\mathrm{T}}$$

去重后得到极小解为

$$\boldsymbol{X}_1=(0.3,0,0.7,0.4)^{\mathrm{T}}$$

$$\boldsymbol{X}_2=(0,0.3,0.7,0.4)^{\mathrm{T}}$$

联合最大解和极小解集，该模糊关系方程的所有解为

$$\boldsymbol{X}_1=(0.3,[0,0.3],[0.7,1],0.4)^{\mathrm{T}}$$

$$\boldsymbol{X}_2=([0,0.3],0.3,[0.7,1],0.4)^{\mathrm{T}}$$

至此，模糊关系方程的一般求解过程均已给出，更多的求解方法如链式求解法等，此处不再赘述，感兴趣的读者可参考文献 [18]。

4.2.3 模糊诊断准则

模糊理论应用与故障诊断领域，在对征兆-故障之间的模糊映射及故障演化过渡过程的建模方面，有着重要应用。模糊诊断模型在对设备、装备进行诊断评估时往往具有以下准则。

(1) 综合评价原则

即一个模糊决策过程。在一个设备系统中，对于已发生的征兆，往往需要多方面考虑设备的各项指标以及相关因素，以确定设备的故障发生类型。常见的综合评判数学模型可分为一级模型以及多级模型，过程方法可参考模糊综合评价法[19]。

(2) 多级分层准则

对于一个多部件、多模块、多功能的设备系统，故障的发生不是设备整体的失效，更多的是设备的某些功能的相应模块的子部件发生了故障、损毁导致的设备宕机。确定设备系统层的故障类型，再逐层深入，确定好模块层、功能层、结构层以及部件层的具体失效模式以及原因，是模糊诊断本身的建模准则。

(3) 最大隶属度准则

基于隶属度函数与模糊关系方程，在模糊诊断中构建征兆-故障的模糊相关关系以及更深层次的征兆-构件模糊相关关系，运用模糊矢量、矩阵的基本运算、合成运算等相关法则、性质，构建征兆-构件模式、征兆-故障模式以及构件-故障模式的隶属度矢量或矩阵，在计算过程中依据最大隶属度准则，选取矢量、矩阵中隶属度最大值，对应的模式、构件就是对应故障类型及故障组件。

(4) 阈值准则

针对对可靠性要求极高的高精尖设备及装备，为了实行覆盖面更全、排障率更高的设备健康管理，模糊诊断中也常用到阈值准则。在划定阈值的情况下，对于由隶属度组成的模糊矢量、对于高于阈值的隶属度所代表的故障诊断模式予以保留，否则予以否定。最终判决故障属于所有满足阈值要求的故障类型的“并”，再逐层排查、筛选，以确定最终的故障类型。

4.3 人工神经网络

4.3.1 人工神经网络原理

人工神经网络（aritifical neural network，ANN）是模拟人脑神经元网络并进行抽象化，从

信息处理及计算的角度出发构建的模型[20]。其中，网络由大量按照一定结构相互连接的神经单元（下称节点）组成，每个神经单元均为一个特殊的函数，节点之间按照一定的权值进行连接，中间节点接收输入节点传输的信息，按照权重进行线性求和，并通过激活函数（activation function）实现信号的变换，控制神经元的抑制或是激活，向下一层节点输入信号。

一个神经元模型如图 4.3.1 所示，这也是目前神经网络、深度学习中依然沿用的神经元结构。当前神经元接收来自上一层神经元的输入，并按照特定的权重进行信息传递，当前神经元对所有输入进行加权求和并与当前激活阈值进行比较，随后通过激活函数产生当前神经元的输出。

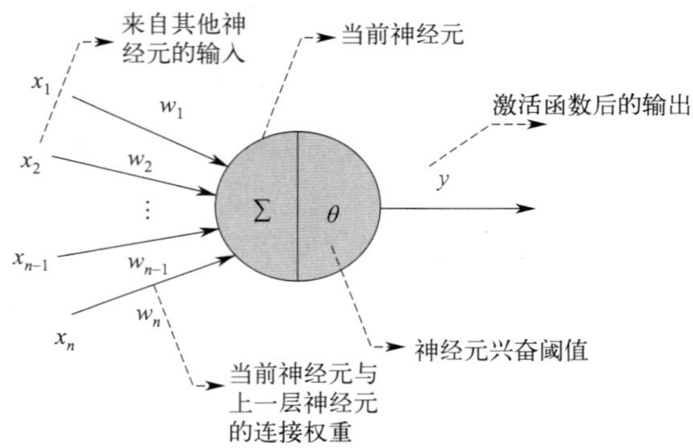

图 4.3.1　神经元模型示意图

将多个神经元模型按照一定的网络结构连接起来，就能得到特定结构的人工神经网络，对于拥有较多神经元的人工神经网络，常采用误差反向传播算法（error back propagation，BP）[21,22] 进行训练。以拥有一个隐藏层的前馈神经网络为例简要说明 BP 算法的过程，单隐藏层的前馈神经网络如图 4.3.2 所示。给定训练集 $D=\{(x_1,y_1),(x_2,y_2),\cdots,(x_n,y_n)\}$，网络共有 d 个输入神经元、q 个隐藏神经元以及 l 个输出神经元，输入层第 I 个神经元与隐藏层第 J 个神经元的连接权重表示为 w_{IJ}，隐藏层第 J 个神经元与输出层第 K 个神经元的连接权重表示为 w'_{JK}，则隐藏层第 J 个神经元接收到的输入为 $a_J=\sum_{I=1}^{d}w_{IJ}x_i$，输出层第 K 个神经元接收到的输入为 $b_K=\sum_{J=1}^{q}w'_{JK}H_J$，隐藏层第 J 个神经元阈值为 ψ_J，输出层第 K 个神经元阈值为 θ_K，其中 H_J 为第 J 个隐藏神经元的输出，设定隐藏层和输出层神经元均采用 Sigmoid 函数作为激活函数。

则对于给定训练集 D 中的样本（$\boldsymbol{x}_t$，$\boldsymbol{y}_t$），设初始状态下神经网络的输出为 $\hat{\boldsymbol{y}}_t=(\hat{\boldsymbol{y}}_1^t$，$\hat{\boldsymbol{y}}_2^t$，…，$\hat{\boldsymbol{y}}_l^t)$，则有：

$$\hat{\boldsymbol{y}}_K^t=f(b_K-\theta_K) \tag{4.3.1}$$

则网络在当前样本（$\boldsymbol{x}_t$，$\boldsymbol{y}_t$）上输出的均方误差则为

$$E_t=\frac{1}{2}\sum_{K=1}^{L}(\hat{\boldsymbol{y}}_K^t-\boldsymbol{y}_K^t) \tag{4.3.2}$$

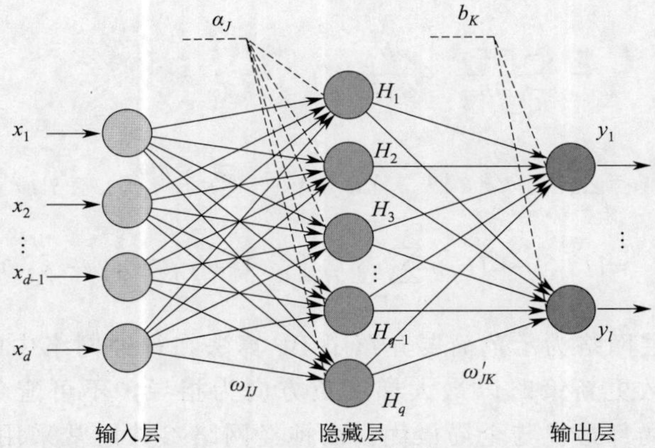

图 4.3.2 单隐藏层前馈神经网络 BP 算法示意

则输出神经元与隐藏层神经元之间的权值 w'_{jK} 的更新方向为总均方误差对权值的负梯度方向，即

$$\Delta w'_{JK}=-\eta\frac{\partial E_t}{\partial w'_{JK}} \tag{4.3.3}$$

式中，η 为学习率，为固定超参数，则根据链式法则可得：

$$\frac{\partial E_t}{\partial w'_{JK}}=\frac{\partial E_t}{\partial \hat{\boldsymbol{y}}^t_K}\times\frac{\partial \hat{\boldsymbol{y}}^t_K}{\partial b_K}\times\frac{\partial b_K}{\partial w'_{JK}} \tag{4.3.4}$$

根据 b_K 的定义：

$$H_J=\frac{\partial b_K}{\partial w'_{jK}} \tag{4.3.5}$$

根据 Sigmoid 函数的特殊性质，结合式(4.3.4) 及式(4.3.2) 有：

$$\frac{\partial E_t}{\partial \hat{\boldsymbol{y}}^t_K}\times\frac{\partial \hat{\boldsymbol{y}}^t_K}{\partial b_K}=\hat{\boldsymbol{y}}^t_K(\hat{\boldsymbol{y}}^t_K-1)(\boldsymbol{y}^t_k-\hat{\boldsymbol{y}}^t_K) \tag{4.3.6}$$

则隐藏层和输出层之间的权值更新梯度则为：

$$\Delta w'_{JK}=\eta\hat{\boldsymbol{y}}^t_K(1-\hat{\boldsymbol{y}}^t_K)(\boldsymbol{y}^t_k-\hat{\boldsymbol{y}}^t_K)H_J \tag{4.3.7}$$

同理，继续向前推导可得：

$$\Delta\theta_K=\eta\hat{\boldsymbol{y}}^t_K(\hat{\boldsymbol{y}}^t_K-1)(\boldsymbol{y}^t_k-\hat{\boldsymbol{y}}^t_K) \tag{4.3.8}$$

$$\Delta w_{IJ}=\eta e_J x_I \tag{4.3.9}$$

$$\Delta\psi_J=-\eta e_J \tag{4.3.10}$$

式中，e_J 为向前推导出的隐藏层神经元的均方误差：

$$
\begin{aligned}
e_J &= -\frac{\partial E_t}{\partial H_J} \times \frac{\partial H_J}{\partial \alpha_J} \\
&= -\sum_K^l \frac{\partial E_t}{\partial b_K} \times \frac{\partial b_K}{\partial H_J} f'(\alpha_J - \psi_J) \\
&= \sum_{K=1}^l w'_{JK} \hat{\boldsymbol{y}}_K^t (1 - \hat{\boldsymbol{y}}_K^t)(\boldsymbol{y}_k^t - \hat{\boldsymbol{y}}_K^t) f'(\alpha_J - \psi_J) \\
&= H_J (1 - H_J) \sum_{K=1}^l w'_{JK} \hat{\boldsymbol{y}}_K^t (1 - \hat{\boldsymbol{y}}_K^t)(\boldsymbol{y}_k^t - \hat{\boldsymbol{y}}_K^t)
\end{aligned} \tag{4.3.11}
$$

至此，以单隐藏层网络为示范简要介绍了 BP 算法在神经网络中的工作原理，值得注意的是神经网络的参数更新策略以最大梯度负方向为指导，不可避免地成为一个优化问题，优化问题即存在局部最优与全局最优。而神经网络参数通常采用随机初始化的策略，则根据梯度下降原理，梯度为 0 的参数组合有可能仅为当前搜索区域范围内的局部最优，在解空间内不可避免地存在多个局部最优，而全局最优有且仅有一个，因此神经网络的训练最终目的即是找到这个全局最优的参数组合，并记住它，实现对未来新数据的分类与预测。

在多数现实任务中，为了更好地使神经网络获得更加接近全局最优的参数组合，跳出“局部最优初始化陷阱”，神经网络的研究人员通常会采取一系列措施，具体如下。

① 多次随机初始化参数组并进行梯度下降，选取最终误差最小的结果，但这种方法工作量大，且效果无法绝对保障，仅能通过“试错”尽可能获得更好的参数。

② 基于随机梯度下降的方法，在局部最优值时继续保留参数更新的可能。

③ 基于群智能优化算法的神经网络参数寻优。不少研究者先后使用了粒子群算法、模拟退火算法、遗传算法以及樽海鞘群算法等代替梯度下降的方法实现了对神经网络的参数寻优。然而，基于群智能寻优的方法大多是启发式的，理论难以保障，且在参数爆炸或搜索空间过大时其效果亦不能得到绝对保障。

4.3.2 神经网络结构

4.3.1 节简要介绍了神经网络的最小组成结构“神经元”，并以单隐藏层前馈神经网络为例介绍了 BP 算法的理论以及工作流程。在此基础上，拓展出了很多结构迥异，功能不同的神经网络，本节对主要的神经网络进行简要的介绍。

（1）径向基网络（Radial Basis Networks，RBN）

径向基网络通常用于解决函数逼近问题。区别于其他神经网络，它们有更快的学习速度和通用逼近能力。径向基神经网络和前馈神经网络的主要区别在于，径向基神经网络使用径向基函数作为激活函数[23]。径向基神经网络能够确定生成的输出和目标输出距离有多大，在连续值的情况下非常有效。径向基网络的结构如图 4.3.3 所示。

（2）递归神经网络（Recurrent Neural Networks，RNN）

递归神经网络是前馈神经网络的一种改进形式。在这种类型中，隐藏层中的每个神经元接收具有特定时间延迟的输入。使用这种类型的神经网络，我们需要在当前的迭代中访问之前的信息[24]。递归神经网络可以处理输入并跨时共享任意长度和权重。模型的大小不会随着输入的大小而增加，模型中的计算会考虑历史信息。然而，这种神经网络的问题是计算速度慢。此外，它不能考虑当前状态的任何未来输入，它也无法记住很久以前的信息。递归神经网络的结构如图 4.3.4 所示。

（3）自组织映射网络（Self-Organzing Map，SOM）

SOM 是一种竞争学习型的无监督神经网络，它能将高维输入数据映射到低维空间（通常是二维），同时保持输入数据在高维空间的拓扑结构，即将高维空间中相似的样本点映射到网络输出层中的邻近神经元[25]。如图 4.3.5 所示，SOM 网络中的输出层神经元以矩阵方式排列在二维空间中，每个神经元都拥有一个权向量，网络在接收输入向量后，将确定输出层获胜神经元，它决定了该输入向量在低维空间中的位置。SOM 的训练使每个输出层神经元找到合适的权向量，以达到保持拓扑结构的目的。

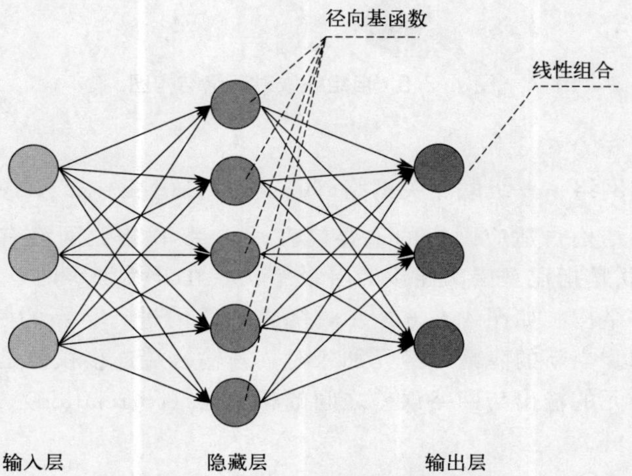

图 4.3.3　径向基网络结构图

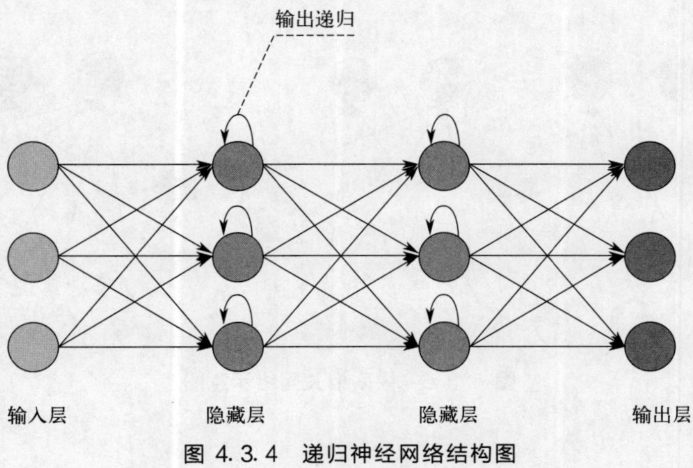

图 4.3.4　递归神经网络结构图

SOM 的训练过程为：在接收到一个训练样本后，每个输出层神经元会计算该样本与自身携带的权向量之间的距离，距离最近的神经元成为竞争获胜者，称为最佳匹配单元（best matching unit）然后，最佳匹配单元及其邻近神经元的权向量将被调整，以使得这些权向量与当前输入样本的距离缩小。这个过程不断迭代，直至收敛。

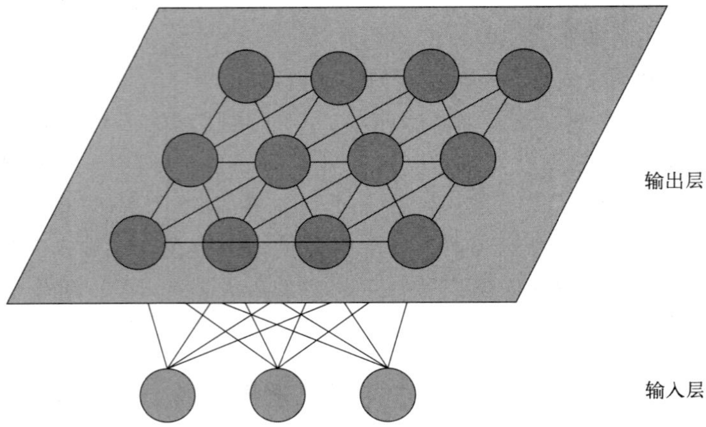

图 4.3.5　自组织映射网络结构图

(4) 结构自适应网络——级联相关网络（Cascade-Correlation Networks，CCN）

级联相关网络是结构自适应网络的重要代表[26]。级联相关网络有两个主要成分："级联"和"相关"。级联是指建立层次连接的层级结构，在开始训练时，网络只有输入层和输出层，处于最小拓扑结构。如图 4.3.6 所示，随着训练的进行，新的隐藏神经元逐渐加入，从而创建起层级结构。当新的隐藏神经元加入时，其输入端连接权值是冻结固定的。相关是指通过最大化新神经元的输出与网络误差之间的相关性（correlation）来训练相关的参数。

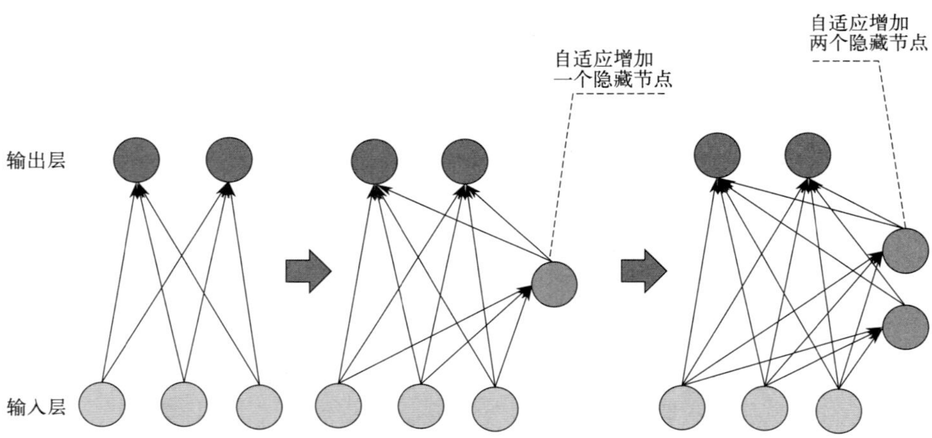

图 4.3.6　级联相关网络示意图

(5) 自动编码器（Auto Encoder，AE）

自动编码器神经网络是一种无监督机器学习算法。见图 4.3.7，在自动编码器中，隐藏神经元的数量小于输入神经元的数量，输入神经元的数目等于输出神经元的数目。在自动编码器网络中，我们训练它来显示输出，输出和输入尽可能接近，这迫使自动编码器找到共同的模式和归纳数据，还能通过网络重构数据。自动编码器常用于数据的压缩、降维以及特征产生。相应的变体有变分自动编码器（variational autoencoder，VAE）[27]、去噪自动编码器（denoising autoencoder，DAE）[28] 以及稀疏自动编码器（sparse autoencoder，SAE）[29] 等。

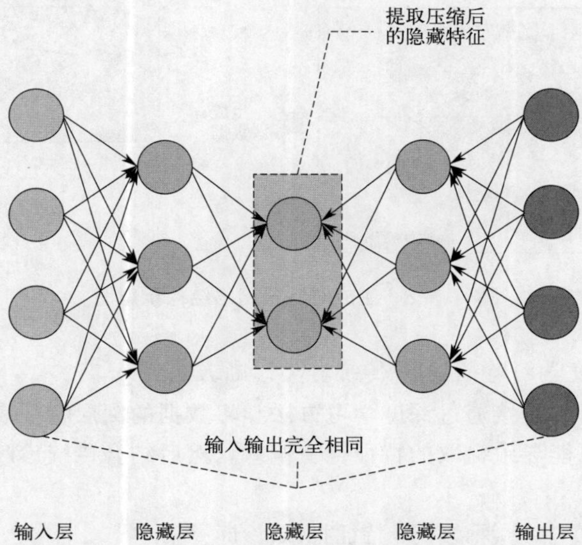

图 4.3.7 自动编码器网络结构示意图

（6）生成对抗式网络（Generative Adversarial Network，GAN）

GAN 是现代深度学习和博弈论结合的产物，其将博弈论中的思想融入深度学习网络中，使得两个子网络互相对抗，直至最终达到平衡[30]。GAN 中存在两个子网络，分别是生成器与判别器。初始情况下，生成器从一堆随机噪声中生成数据，生成的样本和真实的样本同时被输入判别器中，判别器对输入样本进行鉴别，辨别出哪些数据是真实的，哪些数据是生成的，并给出相应的标签结果。在不断迭代中，生成器不断学习，尝试用更好的“假数据”去“骗”过鉴别器，判别器也在不断的识别中增强自身对数据的识别能力，最终达到平衡，直至判别器不再能鉴别出数据的真假，模型训练结束。GAN 常被用来生成数据使用，在特定的领域及问题上，数据的获取难度极大，GAN 能很好地解决这个问题，并在人脸识别、数据融合等方面已有广泛的应用。生成对抗式网络的结构如图 4.3.8 所示。

4.3.3 基于神经网络的故障诊断

4.3.1 节及 4.3.2 节对神经网络的原理以及结构作出了简要的介绍，本节继续对基于神经网络的故障诊断方法进行介绍。

设备故障诊断与预测的过程通常包括信号获取、数据预处理、特征提取与选择、分类识别等环节，深度学习分层处理数据，描述变量间的深层本质关系，完成数据高阶特征表示、提取和选择，在故障诊断与预测方面有天然优势。基于深度学习神经网络的故障诊断技术大致分为以下三种。

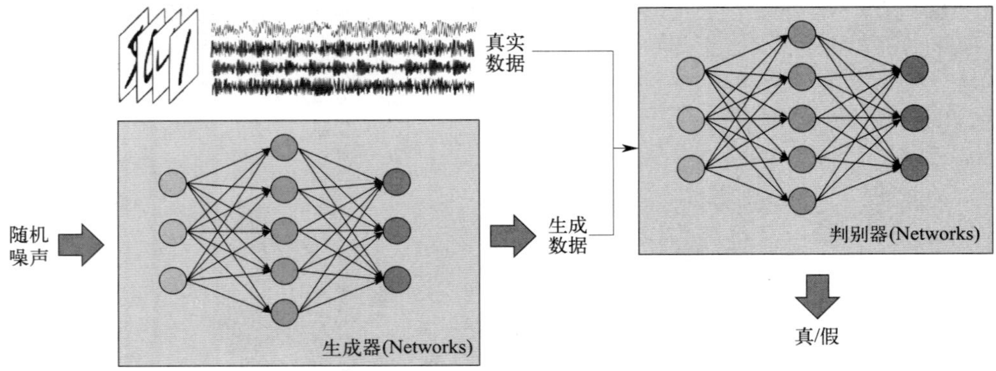

图 4.3.8 生成对抗式网络结构示意图

（1）信号处理-深度学习特征抽取-传统分类诊断方法

预处理信号数据后，直接通过深度学习方法学习数据的深层特征表示，完成特征提取与选择，避免人工干预可能导致提取的特征存在偏差，然后结合传统诊断方法对故障分类，提升诊断精度。

（2）信号处理-统计学习-深度学习特征抽取-诊断

数据预处理后，首先利用信号处理技术、统计分析等传统方法对低价值密度的原始数据提取特征表示，然后充分利用专家经验，结合深度学习方法进一步提取高阶抽象特征并对提取的特征进行诊断分类，以降低深度模型的复杂程度。

（3）“端”到“端”的故障诊断方法

基于深度学习的“端”到“端”的特征学习和故障分类。将采集的振动信号直接输入深度学习模型并输出目标结果，完成特征学习与故障分类，实现一个模型完成多阶段目标的策略。该方式在设计上是简洁的，降低了工程的复杂度，避免了多步骤的误差累积，并且具有协同优化的优势，具备取得全局最优解的更大可能性，但同时可能会降低模型的灵活度，增加其计算复杂度，影响模型的泛化能力。

4.3.4 基于神经网络的故障诊断实例

本节将分别给出基于全连接神经网络以及卷积神经网络的故障诊断应用实例。其中全连接神经网络由三层全连接层构成，其中，隐藏层采用 ReLU 激活函数，输出层采用 Softmax 激活函数。卷积神经网络采用三层卷积池化层作为特征提取器，三层全连接层作为分类器，其中，卷积层及全连接隐藏层均采用 ReLU 激活函数，全连接输出层采用 Softmax 函数。全连接神经网络以及卷积神经网络示例中，均引入了 Dropout 机制防止过拟合。全连接神经网络及卷积神经网络的网络结构由表 4.3.1 给出。

表 4.3.1 全连接神经网络及卷积神经网络结构示例

层序号/网络	全连接神经网络	卷积神经网络
1	全连接层 #2048	卷积层(32 * 64 * 1)

续表

层序号/网络	全连接神经网络	卷积神经网络
2	Dropout 层	ReLU 激活层
3	ReLU 激活层	池化层((2,1),2)
4	全连接层＃1024	卷积层(64＊3＊1)
5	Dropout 层	ReLU 激活层
6	ReLU 激活层	池化层((2,1),2)
7	全连接层＃128	卷积层(128＊3＊1)
8	Dropout 层	ReLU 激活层
9	ReLU 激活层	池化层((2,1),2)
10	全连接层＃5	Flatten 层
11	Softmax 激活层	全连接层＃1024
12	—	Dropout 层
13	—	ReLU 激活层
14	—	全连接层＃128
15	—	Dropout 层
16	—	ReLU 激活层
17	—	全连接层＃5
18	—	Softmax 激活层

其中全连接神经网络的各层节点数分别为 2048、1024、128 及 5，卷积神经网络第一层卷积层卷积核数位 32，卷积核大小为（64，1），激活函数为 ReLU；第二层卷积层卷积核数位 64，卷积核大小为（3，1），激活函数为 ReLU；第三层卷积层卷积核数位 128，卷积核大小为（3，1），激活函数为 ReLU；全连接分类器中，网络节点个数分别为 1024、128、5。

（1）实验台及数据集介绍

本节示例实验采用东南大学齿轮箱故障诊断数据集分别验证基于全连接神经网络及卷积神经网络的故障诊断能力。该数据集收集两种不同转速工况下（20Hz-0V/30Hz-2V）行星齿轮箱 x，y，z 方向的振动信号，为多传感信号数据集。数据集中齿轮箱包含 5 种诊断状态，分别为健康状态（Helathy）、齿牙裂纹（Chipped）、齿牙缺失（Missing）、齿面磨损（Worn）以及齿脚开裂（Root）。每种故障模式均包含 2000 个数据样本，其中每个工况均有 1000 个样本，数据集总共包含 10000 条数据样本。实验采用五折交叉设计，即将数据集按 8∶2 的比例分配为训练数据以及测试数据。运用训练数据训练全连接神经网络以及卷积神经网络，连续训练测试 5 次，并将两种网络对于不同工况的振动信号数据的分类精度进行记录比较。

实验测试台如图 4.3.9 所示。

（2）实验结果

按表 4.3.1 所示构建全连接神经网络与卷积神经网络，并通过训练数据对网络实行反向传播训练，其中反向传播采用 Adam 算法为内核的优化器，交叉熵函数为损失函数，学习率均取 0.01，bacthsize 取 50，epoch 取 100，得到全连接神经网络与卷积神经网络在齿轮箱故障数据测试集上的五折交叉分类精度，五折交叉精度结果由表 4.3.2 给出。

图 4.3.9 多工况齿轮箱测试台

表 4.3.2 两种示例神经网络对齿轮箱故障识别精度 单位：%

五折交叉验证	1	2	3	4	5	平均
全连接神经网络	69.15	69.3	69.25	69.05	71.15	69.58
卷积神经网络	99.35	99.85	99.90	99.55	99.40	99.61

其中，全连接神经网络的平均分类精度为 69.58%，卷积神经网络的平均分类精度达到 99.61%。从结果来看，卷积神经网络拥有比全连接神经网络更好的非线性分类效能，对不同工况下的振动信号数据拥有更强大的诊断能力。从网络结构上分析，卷积神经网络拥有着由卷积池化层组成的非线性高维特征提取模块，能够更好、更快地对原始数据进行一系列非线性变换、映射，从而提取到更易分类的重要特征。而由具有多个隐藏层的全连接层组成的分类器，可以对相应的非线性特征进行区分，从而获得更好的分类效能。这样的结果也是人工神经网络发展过程的印证，纯粹地由全连接层组成的具有多个隐藏层的人工神经网络往往参数冗余，训练缓慢，效果也有待提高，而以“稀疏计算”为特点的卷积神经网络，以更少的参数、更快的训练速度以及更强的建模能力，逐渐成了深度学习的研究热点，并在多个领域取得了瞩目的成就。

更进一步地，我们对全连接神经网络和卷积神经网络各自最后输出层前的特征层进行 t-SNE 可视化降维分析。全连接神经网络对齿轮箱数据集两种工况下的五种故障模式的 t-SNE 降维聚可视化结果如图 4.3.10 所示，可以看出，在不同故障模式的数据样本中，类间具有高度重合的部分，且存在许多错分类的现象，但相对来讲，全连接神经网络能在一定程度上识别出两种工况各自的数据特征，见降维图中各颜色簇均有两个不全相邻的子簇。较多重复的类间样本，对应了表 4.3.2 中全连接神经网络平均 69.58% 的识别精度。反观卷积神经网络对于齿轮箱数据两种工况下的五种故障模式的识别效果，由降维结果分析可知，各个故障模式被有效地分离，且几乎不存在类间重复的样本，且每个颜色所对应的故障模式簇均包含了两个不相邻的子簇，对应了 20Hz-0V/30Hz-2V 这两种不同的工况下所产生的五种故障模式，如图 4.3.11 所示。更多基于深度学习、神经网络的实际案例可参考文献 [18]。

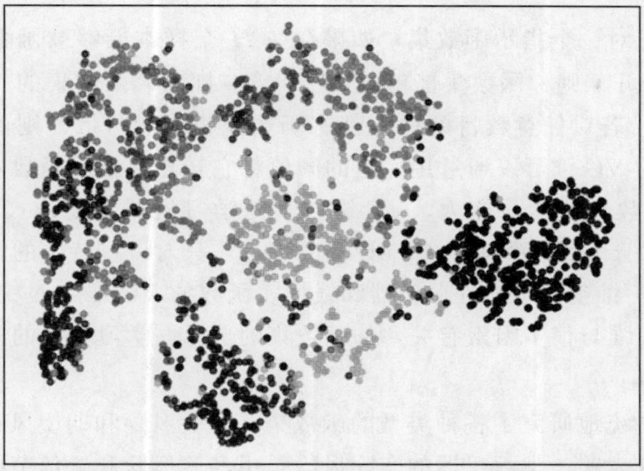

看彩图

图 4.3.10　全连接神经网络对齿轮箱数据集的 t-SNE 降维聚可视化结果

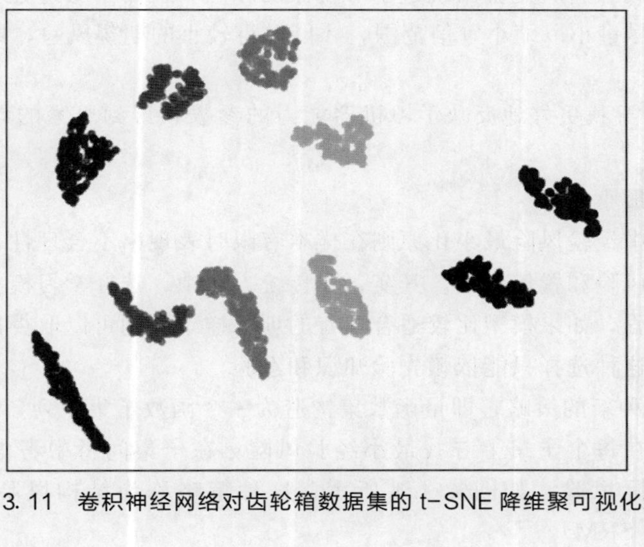

图 4.3.11　卷积神经网络对齿轮箱数据集的 t-SNE 降维聚可视化结果

4.4　支持向量机

4.4.1　统计学习理论

与传统统计学比较而言，统计学习理论（statistical learning theory，SLT）是一种专门研究小样本情况下的机器学习规律理论。该理论针对小样本统计问题建立了一套新的理论体系，在这种体系下的统计推理规则不仅考虑了对渐近性能的要求，而且追求在现有有限信息的条件下得到最优结果。Vapnik 等人[31] 从二十世纪六七十年代开始致力于此方面研究，到二十世纪九十年代中期，随着其理论的不断发展和成熟，也由于神经网络等学习方法在理论上缺乏实质性进展，统计学习理论开始受到越来越广泛的重视。

（1） VC 维

传统的定义是：对一个指示函数集，如果存在 H 个样本能够被函数集中的函数按所有可能的 2^H 种形式分开，则称函数集能够把 H 个样本打散；函数集的 VC 维就是它能打散的最大样本数目 H。若对任意数目的样本都有函数能将它们打散，则函数集的 VC 维是无穷大，有界实函数的 VC 维可以通过用一定的阈值将它转化成指示函数来定义。

VC 维反映了函数集的学习能力，VC 维越大则学习机器越复杂（容量越大），遗憾的是，尚没有通用的关于任意函数集 VC 维计算的理论，只对一些特殊的函数集可以准确知道其 VC 维，例如在 N 维空间中线性分类器和线性实函数的 VC 维是 $N+1$。而对于一些比较复杂的方法，其 VC 维与很多因素有关，如函数集的选择、学习算法的影响等。

（2） 推广性的界

统计学习理论系统地研究了各种类型的函数集、经验风险和期望风险之间的关系，即推广性的界。现有研究表明，学习机器的实际风险是由经验风险和置信范围组成的。在有限训练样本下，学习机器的 VC 维（复杂性）越高，则置信范围越大，导致真实风险与经验风险之间的差别可能越大。这就是会出现过学习现象的原因。机器学习过程不但要使经验风险最小，还要使 VC 维尽量小以缩小置信范围，才能取得较小的期望风险，即对未来样本有较好的推广性。

Vapnik 指出，寻找更好地反映学习机器能力的参数和得到更紧的界是学习理论今后的研究方向之一。

（3） 结构风险最小化

传统统计学习中经验风险最小化原则在样本有限时表现出不合理性，我们需要同时最小化学习机器的经验风险和置信范围。其实，在传统方法中，选择学习模型和算法的过程就是调整置信范围的过程，如果模型比较适合现有的训练样本，则可以取得比较好的效果，但因为缺乏理论指导，这种选择只能依赖先验知识和经验。

SLT 提出了一种新的策略，即量函数集构造为一个函数子集序列，使各个子集按照 VC 维的大小排序，并在每个子集上寻找最小经验风险，在子集间折中考虑经验风险和置信范围，取得最小的实际风险，如图 4.4.1 所示，这种策略称为结构风险最小化（structural risk minimization，SRM）。

实现 SRM 原则可以有两种思路。一是在每个子集中求最小经验风险，然后选择使最小经验风险和置信范围之和最小的子集。显然这种方法比较费时，当子集数目很大甚至是无穷时不可行。因此有第二种思路，即设计函数集的某种结构使每个子集都能取得最小的经验风险（如使训练误差为 0），然后只需选择适当的子集使置信范围最小，则这个子集中使经验风险最小的函数就是最优函数，支持向量机方法实际上就是这种思想的具体实现。

4.4.2 支持向量机的原理

支持向量机（support vector machine，SVM）是一类以监督式学习方式对数据进行线性二分类的分类器，其目的是寻求学习样本最大间隔的分类超平面[31]。一般意义上 SVM 的原理如图 4.4.2 所示。其中 $\boldsymbol{\omega}$ 为超平面的法向量，决定超平面的方向；b 为位移项，决定超平面的位置；r 为样本点至超平面的距离，表示为

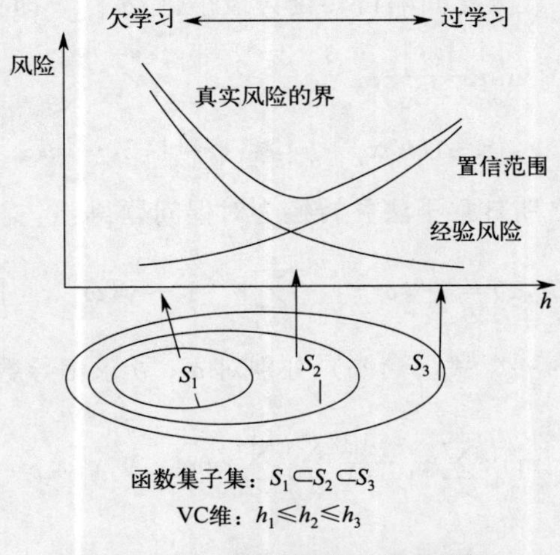

图 4.4.1 结构风险最小化示意图

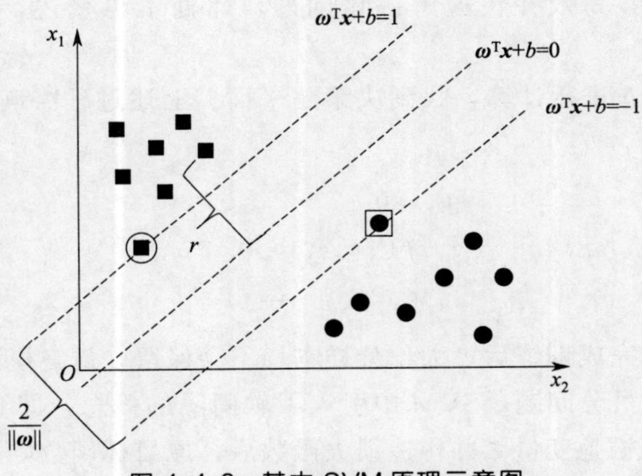

图 4.4.2 基本 SVM 原理示意图

$$r=\frac{|\boldsymbol{\omega}^{\mathrm{T}}\boldsymbol{x}+b|}{\|\boldsymbol{\omega}\|} \tag{4.4.1}$$

离超平面最近的这几个样本能够满足下式：

$$\begin{cases}\boldsymbol{\omega}^{\mathrm{T}}\boldsymbol{x}_i+b\geqslant+1, y_i=+1\\ \boldsymbol{\omega}^{\mathrm{T}}\boldsymbol{x}_i+b\leqslant-1, y_i=-1\end{cases} \tag{4.4.2}$$

则称这些样本点为“支持向量”，两个异类的支持向量至超平面的距离之和称为间隔，表示为$\frac{2}{\|\boldsymbol{\omega}\|}$，寻找最大间隔的超平面即使$\frac{2}{\|\boldsymbol{\omega}\|}$最大，即

$$\max_{\omega b}\frac{2}{\|\boldsymbol{\omega}\|}$$

$$\text{s.t. } y(\boldsymbol{\omega}^{\mathrm{T}}\boldsymbol{x}_i+b)\geqslant 1, i=1,2,\cdots,n \tag{4.4.3}$$

式中，n 为总样本量，最大化间隔可转化为最小化$\|\boldsymbol{\omega}\|^2$，即重写为

$$\begin{aligned}&\min_{\omega b}\frac{\|\boldsymbol{\omega}\|^2}{2}\\&\text{s.t. } y(\boldsymbol{\omega}^{\mathrm{T}}\boldsymbol{x}_i+b)\geqslant 1, i=1,2,\cdots,n\end{aligned} \tag{4.4.4}$$

对式(4.4.4) 使用拉格朗日乘子法并转换为对偶问题得：

$$L(\boldsymbol{\omega},b,\alpha)=\frac{1}{2}\|\boldsymbol{\omega}\|^2+\sum_{i=1}^{n}\alpha_i[1-y(\boldsymbol{\omega}^{\mathrm{T}}\boldsymbol{x}_i+b)] \tag{4.4.5}$$

式中，$\alpha=(\alpha_1,\alpha_2,\cdots,\alpha_n)$，式(4.4.5) 分别对 $\boldsymbol{\omega}$，b 求偏导数后整理后得：

$$\begin{aligned}&\max_{\alpha}\sum_{i=1}^{n}\alpha_i-\frac{1}{2}\sum_{i=1}^{n}\sum_{i=1}^{n}\alpha_i\alpha_j y_i y_j \boldsymbol{x}_i^{\mathrm{T}}\boldsymbol{x}_j\\&\text{s.t. }\sum_{i=1}^{n}\alpha_i y_i=0\\&\alpha_i\geqslant 0\quad i=1,2,\cdots,n\end{aligned} \tag{4.4.6}$$

对于上述式子，可使用多种方法进行优化，序列最小优化算法（sequential minimal optimization，SMO）能够高效并快速解决该问题，此处不再赘述，请感兴趣读者参考文献［32］。

求出 α 后，对 $\boldsymbol{\omega}$，b 进行计算，找到决策超平面。上述过程需满足 KKT（Karush-Kuhn-Tucker）条件，即

$$\begin{cases}\alpha_i\geqslant 0\\ y_i f(x_i)-1\geqslant 0\\ \alpha_i(y_i f(x_i)-1)=0\end{cases} \tag{4.4.7}$$

此式表明，在模型完成训练后，大部分样本均不会保留，最终模型仅与支持向量有关。

为解决不完全线性可分问题，SVM 中引入了软间隔的概念，即允许某些点不满足约束 $y(\boldsymbol{\omega}^{\mathrm{T}}\boldsymbol{x}_i+b)\geqslant 1$，引入松弛变量 ξ 并构造损失函数后，原目标函数则重写为

$$\begin{aligned}&\min_{\omega b\xi}\frac{\|\boldsymbol{\omega}\|^2}{2}+C\sum_{i=1}^{n}\xi_i\\&\text{s.t. } y(\boldsymbol{\omega}^{\mathrm{T}}\boldsymbol{x}_i+b)\geqslant 1-\xi_i\\&\xi_i\geqslant 0\quad i=1,2,\cdots,n\end{aligned} \tag{4.4.8}$$

式中，C 为损失函数，常见 SVM 损失函数有 0/1 损失，hinge 损失，指数损失以及对数损失，可根据不同需求选取适应的损失函数。

对其使用朗格朗日乘子法后得到式(4.4.8) 的拉格朗日函数：

$$L(\boldsymbol{\omega},b,\alpha,\xi,\mu)=\frac{1}{2}\|\boldsymbol{\omega}\|^2+\sum_{i=1}^{n}\alpha_i(1-\xi_i-y(\boldsymbol{\omega}^{\mathrm{T}}\boldsymbol{x}_i+b))+C\sum_{i=1}^{n}\xi_i-\sum_{i=1}^{n}\mu_i\xi_i \tag{4.4.9}$$

式中，μ 与 α 一样为拉格朗日乘子，同样对其变量求偏导，整理后得到其对偶问题：

$$\max_{\alpha}\sum_{i=1}^{n}\alpha_i-\frac{1}{2}\sum_{i=1}^{n}\sum_{i=1}^{n}\alpha_i\alpha_j y_i y_j \boldsymbol{x}_i^{\mathrm{T}}\boldsymbol{x}_j$$

$$\text{s. t. }\sum_{i=1}^{n}\alpha_i y_i=0 \tag{4.4.10}$$

$$C\geqslant\alpha_i\geqslant 0\quad i=1,2,\cdots,n$$

满足相应 KKT 条件为

$$\begin{cases}\alpha_i\geqslant 0,\mu_i\geqslant 0\\ y_i f(\boldsymbol{x}_i)-1+\xi_i\geqslant 0\\ \alpha_i[y_i f(\boldsymbol{x}_i)-1+\xi_i]=0\\ \xi_i\geqslant 0,\mu_i\xi_i=0\end{cases} \tag{4.4.11}$$

最终得到软间隔 SVM 以及其分类决策函数。

本节对线性 SVM 方法基本原理进行了介绍，对于非线性问题，常使用核函数将低维空间线性不可分的数据映射到高维空间，以寻找对应的高维超平面实现对数据的分类。常见的核函数有线性核函数、多项式核函数、高斯核函数、径向基函数以及拉普拉斯核函数等，研究表明，高斯核函数在常见线性不可分问题上普遍有良好表现。

4.4.3 基于支持向量机的故障诊断

与神经网络不同，SVM 适用于小样本下的分类与模式识别问题，因此近年来，该方法也逐渐受到了故障诊断领域研究人员们的注意与青睐。SVM 作为一种功能强大且易训练的分类器，与信号处理、特征提取、智能优化以及相关理论方法具有很高的可结合性，因此基于支持向量机的故障诊断方法主要均以信号处理＋特征提取＋支持向量机的模式展开。

通过 FFT、小波变换及 EMD 等一系列信号处理方法对原始信号进行特征预提取，得到信号的时频特征或模态分量特征，进而运用 PCA、LDA 及流形学习等方法对处理后的信号做进一步的特征提取及选择，作为 SVM 的输入，对故障模式进行分类识别。Hu 等[33] 结合经验模态分解、模糊特征提取及 SVM，获得了较高的设备故障诊断精度及速度；Ren 等[34] 运用 SVM 对复式压缩机阀进行故障诊断及监测，取得了较好的效果；董明等[35] 建立了适应于大型电力变压器故障诊断的 SVM 模型，获得了较高的故障识别率；张庆河等[36] 将 SVM 运用到了设备的状态评估中，结果证明该方法能定量地计算出反映设备运行状态的健康指标。此外，SVM 的训练作为一个优化问题，使得智能优化算法和 SVM 存在结合的可能，并表现出较好的效能。Wang 等[37] 运用粒子群算法和禁忌搜索优化 SVM 模型，用于故障诊断数据集，取得了较好的效果，并避免分类器陷入局部最优；郑蕊蕊等[38] 将遗传算法运用到 SVM 的训练过程中，并通过实验证明该方法在单一故障和复合故障等方面均取得了更好的效果。

4.4.4 基于 SVM 的故障诊断实例

本节将给出基于 SVM 的故障诊断实例，以更好地说明常规故障诊断方法的运行过程以及工作机制。以下分别给出了故障数据集及其相应的测试台环境、SVM 模型基本信息以及最终的诊断结果。

（1）实验数据介绍

本节将继续采用 4.3.4 节中的齿轮箱数据集来验证基于 SVM 的故障诊断方法，并给出基于不同核函数的 SVM 模型的识别准确率。

（2）实验设计

运用经验模态分解（EMD）对齿轮箱原始振动信号进行分解，选取前三个 IMF 分量，并运用 4.3.4 节卷积神经网络中的特征提取器对齿轮箱原始振动信号进行特征提取。之后，使用 PCA 降维对特征实现高维特征到低维特征的变换，从而实现对故障信号的特征选择及降维操作，并分别建立基于线性核函数、Sigmoid 核函数、RBF 核函数以及多项式核函数的 SVM 模型。向模型输入特征提取及降维后的训练数据，并运用测试数据验证各核函数 SVM 模型对齿轮箱 5 种故障模式的识别效能，实验采用五折交叉验证设计。

（3）实验结果

根据上述实验设计，验证各核函数 SVM 模型在齿轮箱数据集上的效能，五折交叉验证结果如表 4.4.1 所示。其中，线性核函数 SVM 的平均准确率为 94.46%，表现最佳，分类效果最好；而 Sigmoid 核函数 SVM 的平均准确率为 67.75%；RBF 核函数 SVM 的平均准确率为 76.61%；多项式核函数 SVM 的平均准确率为 87.12%。各核函数 SVM 模型的分类超平面及降维可视化由图 4.4.3 所示。

表 4.4.1　不同核函数 SVM 模型齿轮箱数据集故障诊断五折交叉验证　　单位：%

SVM/五折	1	2	3	4	5	AVG
线性核函数	90.80	94.70	95.45	96.85	94.50	94.46
Sigmoid 核函数	71.35	65.35	65.45	62.75	73.85	67.75
RBF 核函数	69.00	79.95	74.60	80.05	79.45	76.61
多项式核函数	96.35	86.20	84.55	83.20	85.30	87.12

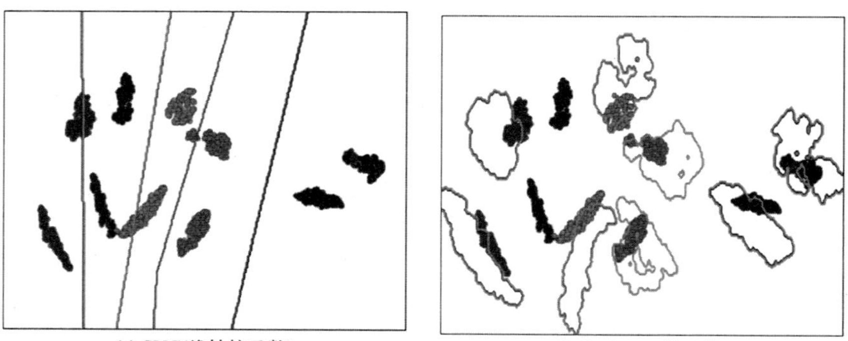

(a) SVC(线性核函数)　　(b) SVC(RBF核函数)

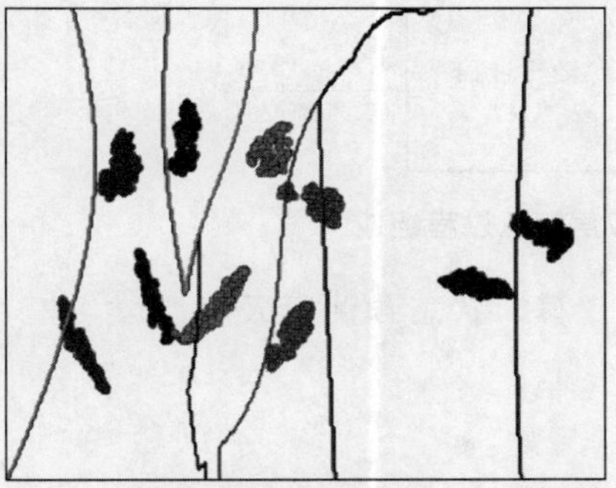

(c) SVC(Sigmoid核函数)

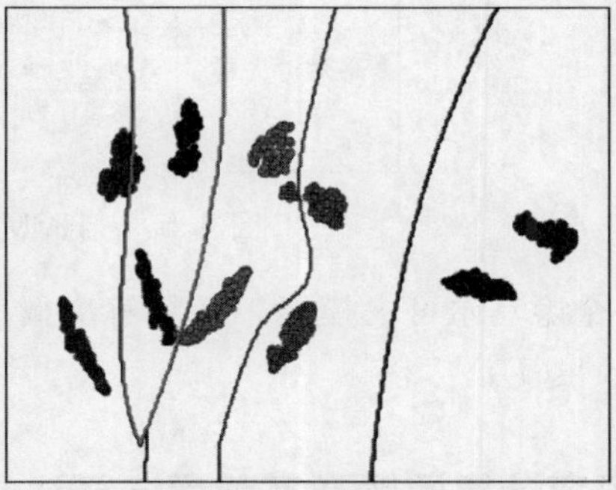

(d) SVC(多项式核函数)

图 4.4.3　不同核函数 SVM 模型齿轮箱数据集故障诊断分类结果的超平面及降维可视化

4.5　隐马尔可夫模型

隐马尔可夫模型是在马尔可夫模型的基础上延伸发展而来，由于实际问题中观测到的事件与实际状态本身并不是一一对应、成对出现的，而是通过一定的概率分布联系起来，描述这样的随机过程的模型被称为隐马尔可夫模型[39]。实际上，隐马尔可夫模型是由双层随机过程组成：首先，马尔可夫链本身为一层随机过程，描述为状态之间的相互转移关系；另一层随机过程为状态与观测之间的统计意义关系。因此，在隐马尔可夫模型的运作过程中，观测者只能直接接收到系统发出的观测，而对观测背后的状态并不能有直接的认识，即为隐马尔可夫模型中“隐”的来源。

隐马尔可夫模型的数学表达式可描述为$\lambda=(\pi,A,B)$，模型参数描述如下。

① N。状态数。状态所构成的集合为$\{S_1,S_2,S_3,\cdots,S_{N-1},S_N\}$，在任一时刻$t$所处的状态为$S_t$，$S_t\in(S_1,S_2,S_3,\cdots,S_{N-1},S_N)$。

② M。观测数。观测所构成的集合为$\{\theta_1,\theta_2,\theta_3,\cdots,\theta_{M-1},\theta_M\}$，任一时刻$t$状态$i_t$产生的观测为$o_t\in(\theta_1,\theta_2,\theta_3,\cdots,\theta_{M-1},\theta_M)$。

③ π。初始状态概率分布。$\pi=(\pi_1,\pi_2,\pi_3,\cdots,\pi_{N-1},\pi_N)$，其中所有概率之和为 1，初始概率向量的意义为 HMM 开始时，即$t=1$时，模型处于第$n[n\in(1,2,3,\cdots,N-1,N)]$个状态的概率。

④ A。状态转移矩阵。A是一个$N\times N$的矩阵，$A=[a_{ij}]_{N\times N}$，a_{ij}为从状态i转移到状态j的概率，即$a_{ij}=P(S_{t+1}=j\mid S_t=i)$且$\sum_{j=1}^{N}a_{ij}=1[i\in(1,2,3,\cdots,N-1,N)]$，$\sum_{j=1}^{N}a_{ij}=1[j\in(1,2,3,\cdots,N-1,N)]$。

⑤ B。观测概率分布。$B=[b_j(K)]_{N\times M}$，其中$b_j(K)=P(o_t=\theta_K\mid S_t=j)[j\in(1,2,3\cdots N),K\in(1,2,3\cdots M)]$，且$\sum_{k=1}^{M}b(k)=1$。

一个 HMM 的双层随机过程组成如图 4.5.1 所示。

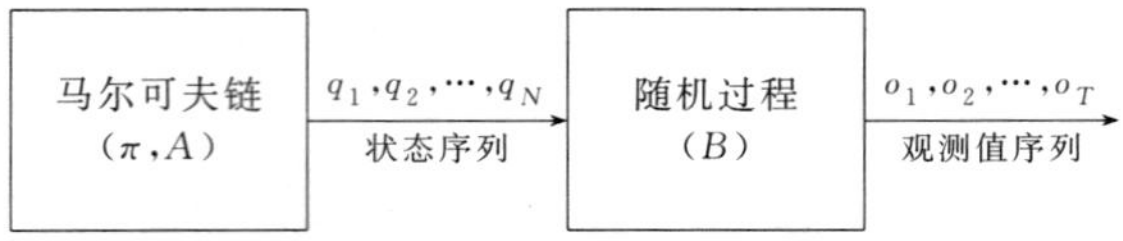

图 4.5.1　HMM 双层随机过程组成

给定一个隐马尔可夫模型，必须解决概率计算、状态预测以及参数学习三个基本问题（最大观测长度 T）。

4.5.1　概率计算问题及其前后向算法

给定模型的观测序列 O 以及模型的参数组 λ，如何有效计算给定观测序列 O 以及模型参数组 λ 前提下的模型概率 $P(O \mid \lambda)$。该问题常运用前向-后向算法解决。

前向-后向算法为概率计算问题的常规解决方法，对于一个固定的状态序列 $S=\{q_1,q_2,q_3,\cdots,q_T\}$有：

$$P(O \mid S,\lambda)=\prod_{t=1}^{T} P(o_t \mid q_t,\lambda))=\prod_{i=1}^{T} b_{q^i}(o_i) \tag{4.5.1}$$

其中，

$$b_{q^1}(o_t)=b_{jk} | q_t=\theta_j, o_1=v_k, 1\leqslant t\leqslant T \tag{4.5.2}$$

而对于给定 λ，产生状态序列 $S=\{q_1,q_2,q_3,\cdots,q_T\}$的概率为

$$P(S|\lambda)=\pi_{q^1} a_{q^1q^2}\cdots a_{q^{T-1}q^T} \tag{4.5.3}$$

因此所求的概率为

$$P(O \mid \lambda)=\sum_S P(O \mid S,\lambda)P(S \mid \lambda)$$
$$=\sum \pi_{q^1} b_{q^1}(o_1)\ a_{q^1q^2} b_{q^2}(o_2)\ \cdots a_{q^{T-1}} b_{q^T}(o_T) \tag{4.5.4}$$

而这样的计算时间复杂度相当高，因此需要更加有效的算法。

(1) 前向算法

定义前向变量为

$$\alpha_t(i)=P(o_1,o_2,\cdots,o_t,q_t=\theta_t|\lambda), 1\leqslant t\leqslant T \tag{4.5.5}$$

则有：

① 初始化
$$\alpha_t(i)=\pi_i b_i(o_1) \tag{4.5.6}$$

② 递归
$$\alpha_{t+1}(i)=\left[\sum_{i=1}^{N}\alpha_t(i)a_{ij}\right]b_j(o_{t+1}), 1\leqslant t\leqslant T, 1\leqslant j\leqslant N \tag{4.5.7}$$

③ 终结
$$P(O \mid \lambda)=\sum_{i=1}^{N}\alpha_T(i) \tag{4.5.8}$$

前向算法的网格结构如图 4.5.2 所示，反映了 t 时刻的状态值是如何转移到 $t+1$ 时刻的状态值的。

(2) 后向算法

定义后向变量为

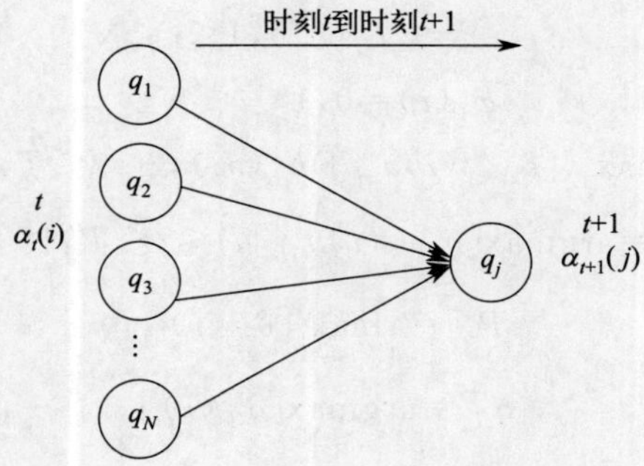

图 4.5.2 前向算法节点计算网格结构

$$\beta_t(i)=P(o_{t+1},o_{t+2},\cdots,o_T,q_t=\theta_t|\lambda),1\leqslant t\leqslant T-1 \tag{4.5.9}$$

则有：

① 初始化
$$\beta_T(i)=1,1\leqslant i\leqslant N \tag{4.5.10}$$

② 递归
$$\beta_t(i)=\sum_{j=1}^{N}a_{ij}b_j(o_{t+1})\beta_{t+1}(j),t=T-1,T-2,\cdots,1,1\leqslant i\leqslant N \tag{4.5.11}$$

③ 终结
$$P(O\mid\lambda)=\sum_{i=1}^{N}\beta_t(i) \tag{4.5.12}$$

后向算法的网格结构如图 4.5.3 所示。

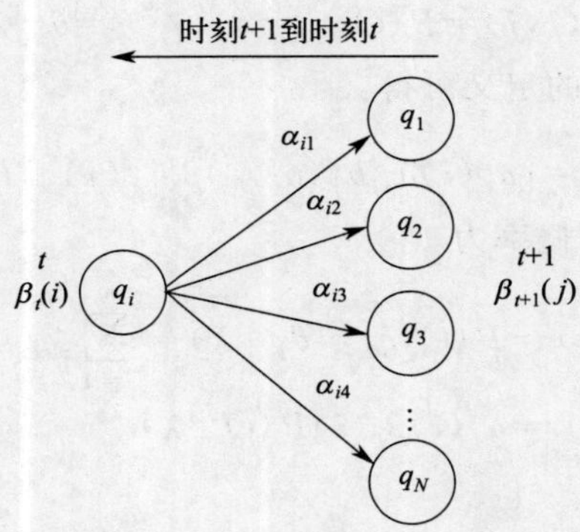

图 4.5.3 后向算法节点计算网格结构

4.5.2 状态预测问题及其 Viterbi 算法

给定模型的观测序列 O 以及模型参数 λ。如何选取一个最为合适的状态序列 S，$S=\{q_1,q_2,q_3,\cdots,q_T\}$，使得 $P(O|\lambda,q)$最大？此问题常运用 Viterbi 算法解决。

定义 $\delta_t(i)$为 t 时刻一条状态路径 $q_1,\cdots,q_{t-1},q_t$，且 $q_t=\theta_t$，产生出 $o_1,\cdots,o_t$ 的最大概率，即

$$\delta_t(i)=\max_{q_1,\cdots,q_{t-1}} p(q_1,\cdots,q_{t-1},q_t=\theta,o_1,\cdots,o_t|\lambda) \tag{4.5.13}$$

则有：

① 初始化
$$\delta_1(i)=\pi_i b_i(o_1),1\leqslant i\leqslant N \tag{4.5.14}$$
$$\varphi_1(i)=0,1\leqslant i\leqslant N \tag{4.5.15}$$

② 递归
$$\delta_t(i)=\max_{1\leqslant i\leqslant N}([\delta_{t-1}(i)a_{ij}])b_j(o_t),2\leqslant t\leqslant T,1\leqslant j\leqslant N \tag{4.5.16}$$
$$\varphi_t(i)=\underset{1\leqslant i\leqslant N}{\operatorname{argmax}}[\delta_{t-1}(i)a_{ij}],1\leqslant t\leqslant T,1\leqslant j\leqslant N \tag{4.5.17}$$

③ 终结
$$P^*=\max_{1\leqslant i\leqslant N}[\delta_T(i)] \tag{4.5.18}$$
$$q_T^*=\underset{1\leqslant i\leqslant N}{\operatorname{argmax}}[\delta_T(i)] \tag{4.5.19}$$

④ 寻求最佳状态
$$q_t^*=\varphi_{t+1}(q_{t+1}^*),t=T-1,T-2,\cdots,1 \tag{4.5.20}$$

4.5.3 参数学习问题及其 Baum-Welch 算法

给定模型的观测序列，如何确定模型参数组 λ 使得最 $P(O|\lambda)$ 最大。此问题常运用 Baum-Welch 算法解决。Baum-Welch 算法本质为局部最大概率的 EM 算法（expectation maximal algorithm）[40]，算法本身具有 E 步与 M 步交替运行的步骤。作为 EM 算法的变体，Baum-Welch 算法本身具有易陷入局部最优无法有效解决算法参数的问题。Baum-Welch 算法如下。

定义 $\xi_t(i,j)$ 为给定观测序列 O 以及模型参数 λ，时刻 t 时马尔可夫链处于 θ_i 和时刻 $t+1$ 时处于 θ_j 的概率，即

$$\zeta_t(i,j)=P(O,q_t=\theta_i,q_{t+1}=\theta_j|\lambda) \tag{4.5.21}$$

根据前向变量及后向变量的定义可得：

$$\zeta_t(i,j)=[\alpha_t(i)a_{ij}b_j(o_{t+1})\beta_{t+1}(j)]/P(O|\lambda) \tag{4.5.22}$$

那么 t 时刻处于 θ_i 状态的概率为

$$\begin{aligned}\zeta_t(i)&=P(O,q_t=\theta_i\mid\lambda)=\sum_{j=1}^{N}\zeta_t(i,j)\\&=\alpha_t(i)\beta_t(i)P(O\mid\lambda)\end{aligned} \tag{4.5.23}$$

则参数的重估式为

$$\overline{\pi_i}=\zeta_1(i) \tag{4.5.24}$$

$$\overline{a_{ij}}=\frac{\sum_{t=1}^{T-1}\zeta_t(i,j)}{\sum_{t=1}^{T-1}\zeta_t(i)} \tag{4.5.25}$$

$$\overline{b_{jk}}=\frac{\sum_{t=1}^{T-1}\zeta_t(j)}{\sum_{t=1}^{T-1}\zeta_t(k)} \tag{4.5.26}$$

从初始参数开始迭代更新，直至观测概率值不再明显增大，选定模型参数。

4.6 本章小结

本章分别对专家系统、模糊理论、人工神经网络、支持向量机以及隐马尔可夫模型进行了介绍。其中，对专家系统的概念及内部的知识表示、知识获取进行了阐述；并对模糊理论中隶属度函数、模糊关系方程以及模糊诊断准则进行了介绍；紧接着，对 STL 理论进行了概述，并对 SVM 的原理及其在故障诊断中的运用进行了介绍；与此同时，给出了基于深度学习理论的人工神经网络的原理，对主要人工神经网络的结构进行了描述；最后，对在故障诊断领域中应用广泛的隐马尔可夫模型及其“三问题”以及“三方法”进行了介绍。

参考文献

[1] 葛朝强，唐国庆，王磊．综合智能式的故障恢复专家系统——与故障恢复算法集相结合的自学习模糊专家系统[J]. 电力系统自动化，2000（02）：17-21.

[2] E A. Feigenbaum，B G. Buchanan，J. Lederberg. On generality and problem solving：A case study using the DENDRAL program［J］. Machine Intelligence，1971，6：165-190.

[3] 蔡自兴，德金，龚涛．高级专家系统：原理、设计及应用［M］．北京：科学出版社，2005.

[4] Gao Y，Liu Y，Wang C，et al. Design and evaluation of a high performance distributed expert system（HPDES）for aerospace ground verification system［J］. Procedia Computer Science，2012，9：1380-1389.

[5] Akinnuwesi B A，Uzoka F M E，Osamiluyi A O. Neuro-fuzzy expert system for evaluating the performance of distributed software system architecture［J］. Expert Systems with Applications，2013，40（9）：3313-3327.

[6] Erman L D，Hayes-Roth F，Lesser V R，et al. The Hearsay-II speech-understanding system：Integrating knowledge to resolve uncertainty［J］. ACM Computing Surveys（CSUR），1980，12（2）：213-253.

[7] 李雷．基于产生式规则的变压器故障诊断专家系统［D］．西安电子科技大学，2008.

[8] 姚键，茅兵，谢立．一种基于有向图模型的安全策略冲突检测方法［J］．计算机研究与发展，2005（07）：1108-1114.

[9] 贲可荣，张彦铎．人工智能［M］．北京：清华大学出版社，2006.

[10] 王永庆．人工智能原理与方法［M］．西安：西安交通大学出版社，1989：64-65，73-74.

[11] 胡运华．数据与知识工程导论［M］．北京：清华大学出版社，2003：152-156，164-169.

[12] 王仲生．智能故障诊断与容错控制［M］．西安：西北工业大学出版社，2005.

[13] 姚传明，陈悦峰，邓晶．基于专家推理系统的目标识别方法［J］．指挥控制与仿真，2020，42（03）：102-105.

[14] Chakraborty D，Joshi A. Dynamic service composition：State-of-the-art and research directions［J］. University Of Maryland，Baltimore，Technical Report TR-CS-01-19，2001.

[15] Zadeh L A. Fuzzy sets［J］. Information and control，1965，8（3）：338-353.

[16] Di Nola A，Sessa S，Pedrycz W，et al. Fuzzy relation equations and their applications to knowledge engineering［M］. Springer Science & Business Media，2013.

[17] 张军，詹志辉，等．计算智能［M］．北京：清华大学出版社，2021.

[18] 范军芳，等．模糊控制［M］．北京：国防工业出版社，2017.

[19] 韩利，梅强，陆玉梅，等．AHP-模糊综合评价方法的分析与研究［J］．中国安全科学学报，2004（07）：89-92，3.

[20] McCulloch W S，Pitts W. A logical calculus of the ideas immanent in nervous activity［J］. The bulletin of mathematical biophysics，1943，5（4）：115-133.

[21] BRYSON A E. Applied optimal control：optimization，estimation and control［M］. New York：Routledge，2018.

[22] Rumelhart D E，Hinton G E，Williams R J. Learning representations by back-propagating errors［J］. nature，1986，323（6088）：533-536.

[23] Lowe D, Broomhead D. Multivariable functional interpolation and adaptive networks [J]. Complex systems, 1988, 2 (3): 321-355.

[24] Werbos P J. Backpropagation through time: what it does and how to do it [J]. Proceedings of the IEEE, 2002, 78 (10): 1550-1560.

[25] Teuvo Kohonen. Self-Organized Formation of Topologically Correct Feature Maps [J]. Biological Cybernetics, 1982, 43: 59-69.

[26] Fahlman S, Lebiere C. The cascade-correlation learning architecture [J]. Advances in neural information processing systems, 1989, 2: 524-532.

[27] Kingma D P, Welling M. Auto-encoding variational bayes [J]. arXiv preprint arXiv: 1312.6114, 2013.

[28] Vincent P, Larochelle H, Bengio Y, et al. Extracting and composing robust features with denoising autoencoders [C] //Proceedings of the 25th international conference on Machine learning. 2008: 1096-1103.

[29] Hinton G E, Salakhutdinov R R. Reducing the dimensionality of data with neural networks [J]. science, 2006, 313 (5786): 504-507.

[30] Goodfellow I J, Pouget-Abadie J, Mirza M, et al. Generative adversarial nets [C] //Advances in neural information processing systems, 2014: 2672-2680.

[31] Cortes C, Vapnik V. Support-vector networks [J]. Machine learning, 1995, 20 (3): 273-297.

[32] 周志华. 机器学习 [M]. 北京: 清华大学出版社, 2016.

[33] Hu Q, He Z J, Zi Y, et al. Intelligent fault diagnosis in power plant using empirical mode decomposition, fuzzy feature extraction and support vector machines [J]. Key Engineering Materials, 2005, 293: 373-382.

[34] Ren Q, Ma X, Miao G. Application of support vector machines in reciprocating compressor valve fault diagnosis [C] //International Conference on Natural Computation. Berlin, Heidelberg: Springer Berlin Heidelberg, 2005: 81-84.

[35] 董明, 孟源源, 徐长响, 等. 基于支持向量机及油中溶解气体分析的大型电力变压器故障诊断模型研究 [J]. 中国电机工程学报, 2003 (07): 88-92.

[36] 张庆河, 何正嘉. 支持向量机分类法在设备状态评估中的应用 [C] //全国振动工程及应用学术会议. 2004: 331-333.

[37] Wang L, Yu J S. Fault feature selection based on PSO/TS and its application in chemical process fault diagnosis [J]. Dynamics of Continuous Discrete and Impulsive Systems-series B-applications & Algorithms, 2005, 1: 274-278.

[38] 郑蕊蕊, 赵继印, 赵婷婷, 等. 基于遗传支持向量机和灰色人工免疫算法的电力变压器故障诊断 [J]. 中国电机工程学报, 2011, 31 (07): 56-63.

[39] Baum L E, Petrie T. Statistical inference for probabilistic functions of finite state Markov chains [J]. The annals of mathematical statistics, 1966, 37 (6): 1554-1563.

[40] Baum L E, Petrie T, Soules G, et al. A maximization technique occurring in the statistical analysis of probabilistic functions of Markov chains [J]. The annals of mathematical statistics, 1970, 41 (1): 164-171.

[41] 余建波. 设备与系统健康智能预诊维护技术 [M]. 北京: 科学出版社, 2021.

第5章

基于深度学习的信号特征提取技术

近年来，通过深度学习方法进行特征提取在机器学习领域引起了学者的广泛关注[1]。深度学习也称为深度神经网络（deep neural network，DNN），是一种新型特征学习方法，具有多个隐藏层，它采用具有多个神经层的分层结构，并逐层学习输入数据中的特征信息。这种深层结构能够学习复杂原始数据的高级抽象特征，这使得在构造分类器或识别器时更容易提取有用的特征[2]。考虑到深度神经网络处理大规模数据和高级表征的能力，深度学习被广泛利用在实际工业生产活动中，例如深度置信网络（deep belief networks，DBN）、自编码器（autoencoder，AE）、去噪自编码器（denoising autoencoder，DAE）、堆叠去噪自编码器（stacked denoising autoencoder，SDAE），在机器健康监测和故障诊断起到了良好效果[3]。而卷积神经网络（convolutional neural networks，CNN）则有效解决了不同领域的图像分类和目标识别问题。同时，卷积神经网络的成功使得研究人员尝试将卷积核整合到其他神经网络中，出现了如卷积自编码网络（convolutional autoencoder，CAE），等混合学习的网络。

在故障诊断领域，一些典型的深度神经网络得到了成功应用。本章将对一些典型模型，包括深度置信网络、堆叠降噪自编码器、卷积神经网络以及卷积自编码器的原理、网络结构、故障诊断方法展开详细论述。

5.1 基于深度置信网络的故障诊断方法

5.1.1 深度置信神经网络的基本原理

深度置信网络（DBN）由 Geoffrey 等在 2006 年提出[4]。DNB 由多个受限玻尔兹曼机器（restricted Boltzmann machine，RBM）堆叠组成，通过训练神经元之间的权重，实现数据的非线性转换，生成更高水平的特征表征。DBN 同时具备无监督学习和有监督学习两种学习模式，可以有效地学习复杂数据中蕴含的知识。相较于传统神经网络，DBN 的学习能力更强，数学逻辑更简单，更加适用于神经符号系统。

RBM 是一种特殊的随机神经网络，具体表现为神经元的激活值具有随机性。图 5.1.1 展示了 RBM 的结构。从图中可知，RBM 包含两种变量，即可见变量（可见层 $\boldsymbol{v}$）和隐藏变量（隐藏层 $\boldsymbol{h}$），其中可见变量是网络的输入数据，隐藏变量是网络提取的特征，两种变量均服从二项分布，即 $\boldsymbol{v}_i \in \{0,1\}$，$\boldsymbol{h}_j \in \{0,1\}$。此外，RBM 的可见层和隐藏层之间的连接是双向的，相同层内的神经元之间无连接，因此，RBM 为无向图，也叫二部图。

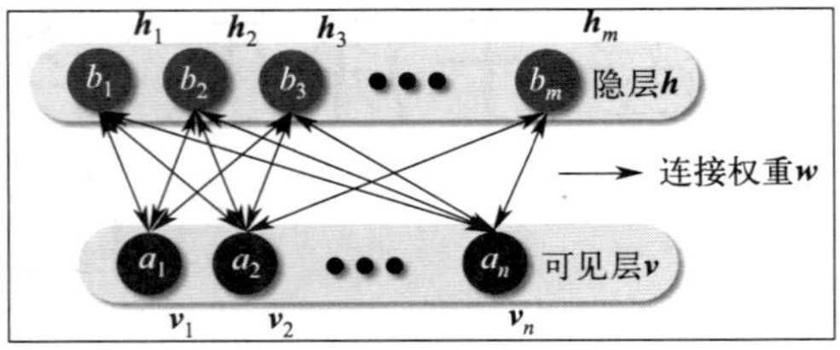

图 5.1.1　RBM 结构示意图

由于 RBM 结构的特殊性，RBM 一般通过无监督学习从数据中抽取特征并通过隐藏变量进行表示。如图 5.1.1 所示，假设一个 RBM 可见层有 n 个神经元，隐层有 m 个神经元，则该 RBM 的能量函数为

$$E(\boldsymbol{v},\boldsymbol{h} \mid \theta) = -\sum_{i=1}^{n} \boldsymbol{a}_i \boldsymbol{v}_i - \sum_{j=1}^{m} \boldsymbol{b}_j \boldsymbol{h}_j - \sum_{i=1}^{n} \sum_{j=1}^{m} \boldsymbol{v}_i \boldsymbol{W}_{ij} \boldsymbol{h}_j \tag{5.1.1}$$

式中，$\theta = \{\boldsymbol{W}_{ij}, \boldsymbol{a}_i, \boldsymbol{b}_j\}$ 为神经网络中的可变参数，当参数确定时，可得到（$\boldsymbol{v}$，$\boldsymbol{h}$）的联合概率分布为

$$P(\boldsymbol{v},\boldsymbol{h} \mid \theta) = \frac{\mathrm{e}^{-E(v,h \mid \theta)}}{Z(\theta)}, Z(\theta) = \sum_{v,h} \mathrm{e}^{-E(v,h \mid \theta)} \tag{5.1.2}$$

式中，$Z(\theta)$ 为归一化因子。由于 RBM 为无向图，可见变量和隐藏变量是独立变量，因此两者之间的联合概率分布为

$$P(\boldsymbol{h}_j = 1 \mid \boldsymbol{v}, \theta) = \operatorname{sigmoid}\left(\boldsymbol{b}_j + \sum_i \boldsymbol{v}_i \boldsymbol{W}_{ij}\right) \tag{5.1.3}$$

$$P(\boldsymbol{v}_i = 1 \mid \boldsymbol{h}, \theta) = \operatorname{sigmoid}\left(\boldsymbol{a}_i + \sum_j \boldsymbol{h}_j \boldsymbol{W}_{ji}\right) \tag{5.1.4}$$

RBM 通过调整网络中的参数 θ 来实现对数据的拟合，其中参数优化算法选用最大似然法，通过梯度上升方法求解联合概率分布的对数似然函数最大值：

$$\ell(\theta) = \sum_{t=1}^{T} \log P(\boldsymbol{v}^{(t)} \mid \theta) \tag{5.1.5}$$

通过计算概率分布函数 $P(\boldsymbol{v},\boldsymbol{h} \mid \theta)$ 的偏导数，可获得每个参数的最优化方向，参数的梯度和参数更新过程为

$$\frac{\partial \ell}{\partial \theta} = \sum_{t=1}^{T} \left(\left\langle \frac{\partial [-E(\boldsymbol{v}^{(t)}, \boldsymbol{h} \mid \theta)]}{\partial \theta} \right\rangle_{P(h \mid v^{(t)}, \theta)} - \left\langle \frac{\partial + [-E(\boldsymbol{v}, \boldsymbol{h} \mid \theta)]}{\partial \theta} \right\rangle_{P(v,h \mid \theta)} \right) \tag{5.1.6}$$

式中，θ 为任意参数，$\langle \cdot \rangle_P$ 为分布 P 的数学期望。Hinton[5] 在 2002 年基于对比散度算法提出了基于受限玻尔兹曼机（restricted Boltzmann machine，RBM）的高效训练方法，解决了传统玻尔兹曼机因复杂依赖关系导致的训练难题。与传统优化算法相比，对比散度算法仅需要经 K 步 Gibbs 采样（一般 $K=1$）就可得到优秀的近似最优解。其计算流程为：①采集可见层分布参数；②依据可见变量计算隐藏层变量分布；③依据隐藏层变量分布重构可见层分布；④利用重构误差优化网络参数。各个参数的更新方法为

$$\begin{aligned}\Delta W_{ij} &= \eta(\langle \boldsymbol{v}_i \boldsymbol{h}_j \rangle_{P(h|v^{(t)},\theta)} - \langle \boldsymbol{v}_i \boldsymbol{h}_j \rangle_{\text{recon}}) \\ \Delta a_i &= \eta(\langle \boldsymbol{v}_i \rangle_{P(h|v^{(t)},\theta)} - \langle \boldsymbol{v}_i \rangle_{\text{recon}}) \\ \Delta b_j &= \eta(\langle \boldsymbol{h}_j \rangle_{P(h|v^{(t)},\theta)} - \langle \boldsymbol{h}_j \rangle_{\text{recon}})\end{aligned} \tag{5.1.7}$$

式中，$\langle \cdot \rangle_{\text{recon}}$ 为可见层变量的重构状态分布，η 为学习率。

5.1.2 深度置信神经网络的结构

DBN 是深度学习的一种经典模型，由多个 RBM 堆叠而成。图 5.1.2 为一标准 DBN，由 n 个 RBM 堆叠嵌套而成，最终在堆叠好的 RBM 上嵌套一个分类层，形成了常见的 DBN（DBN-DNN）模型。DBN 的训练首先从 RBM 开始，利用贪心算法逐个对 RBM 进行充分无监督训练，前一个 RBM 的输出作为后一个 RBM 的输入，以此得到初始权值；其次，采用反向传播（back propagation）算法进行有监督学习。

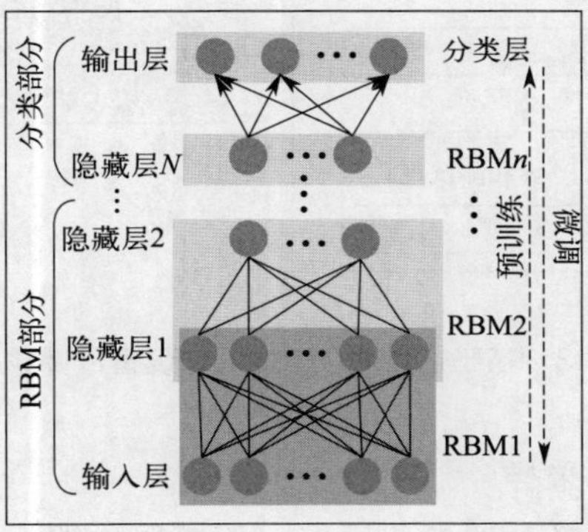

图 5.1.2 DBN 网络结构

DBN 是深度学习的一种经典模型，由多个受限玻尔兹曼机器（RBMs）按顺序堆叠而成。其中，最上面两层定义为最后的隐藏层和输出层的联合分布，也称为联想记忆模块，N 既是 DBN 隐藏层数，也是堆叠的 RBM 的个数。DBN 的学习过程可以分为两个阶段：无监督学习（正向预训练）和监督学习（反向传播微调）。

反向传播算法依据类别标签对初始权值进行微调，得到最终权值。在微调过程中，此处采用交叉熵损失函数作为 DBN 的损失函数。

5.1.3 基于深度置信网络的设备故障诊断模型

机械设备故障诊断的实质是通过机器学习的方法挖掘数据内在的特征表示，并对刻画故障的特定特征进行识别的过程。故障特征提取是故障识别的关键步骤，特征提取的好坏将直接影响模型识别精度。基于 DBN 的旋转机械设备故障诊断模型如图 5.1.3 所示，故障诊断流程如下。

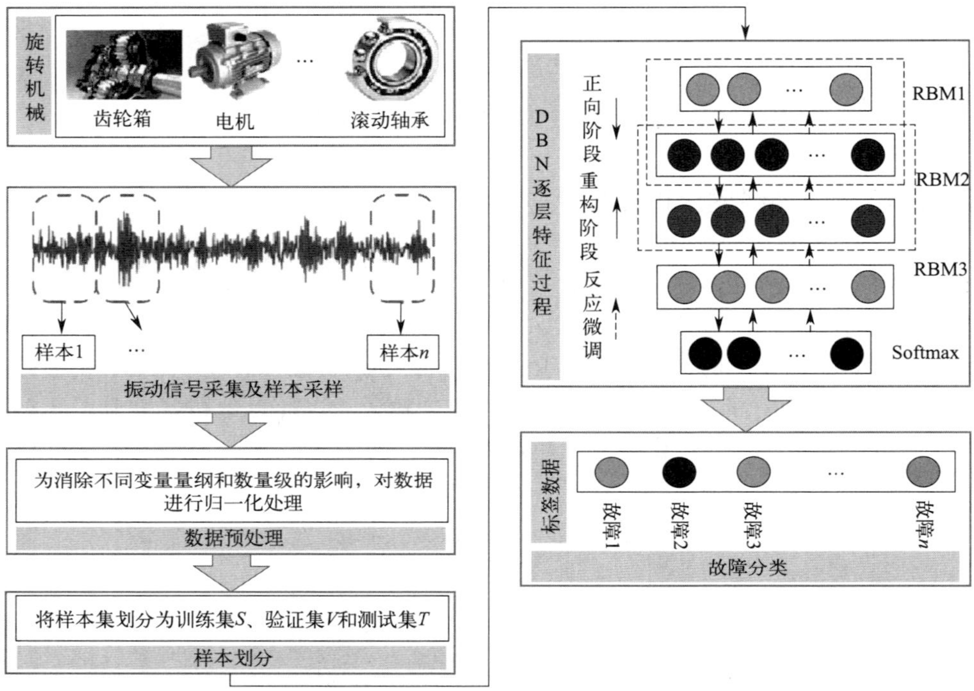

图 5.1.3 基于 DBN 的旋转机械设备故障诊断模型

（1）振动信号采集及样本采样

根据诊断对象的不同，选择合适的传感器（传感器种类、采样频率范围等）进行振动信号采集，然后对采集的振动信号按一定长度进行样本采样。

（2）数据预处理及样本划分

为消除变量之间的量纲和数量级不同的影响，对数据集由公式(5.1.8) 进行归一化处理，使其幅值限制在[0,1]之间。其中，x_i 表示第 i 个采样点，$x_{\min}$ 表示数据集中最小采样值，$x_{\max}$ 表示数据集中最大采样值。

$$x=\frac{x_i-x_{\min}}{x_{\max}-x_{\min}} \tag{5.1.8}$$

将预处理后的数据集划分为训练集 S、验证集 V 和测试集 T，其中训练集 S 和验证集 V 用于训练 DBN 模型，从而得到一组最优参数 $\theta=(W,a,b)$，使得 DBN 网络特征提取能力达到最优，测试集 T 用于测试训练好的 DBN 模型的泛化性能。

(3) DBN 逐层特征过程

将训练集 S 和验证集 V 输入到 DBN 网络中进行训练，通过逐层 RBM 无监督预训练过程以及反向微调过程，不断优化 DBN 各隐含层之间的连接权重和偏置向量，使得 DBN 自适应特征提取能力达到最优状态，并将测试集数据 T 输入到训练好的 DBN 模型中测试其在未知数据集上的泛化性能。

(4) 故障分类

将 DBN 模型最后一个隐含层提取到的特征向量输入到 Softmax 分类器中进行故障分类，并将分类结果与期望输出（标签数据）进行比较以得到故障识别精度，从而完成设备的故障诊断过程。

5.2 基于堆叠降噪自编码器的故障诊断方法

5.2.1 堆叠降噪自编码器的基本原理

自编码器包含三层网络，以无监督方式学习数据特征，学习过程分为编码和解码[6]。原始数据经输入层映射到隐含层，这一过程为编码。编码器可获得高维输入数据在低维空间的编码矢量，隐含层为对原始输入数据的抽象表征。从隐含层到输出层的过程称为解码，通过输出层的激活函数得到原始数据同等维度的另一种空间表示，进一步获得原始输入数据和输出层激活值之间的残差。图 5.2.1 所示为自编码器网络结构。

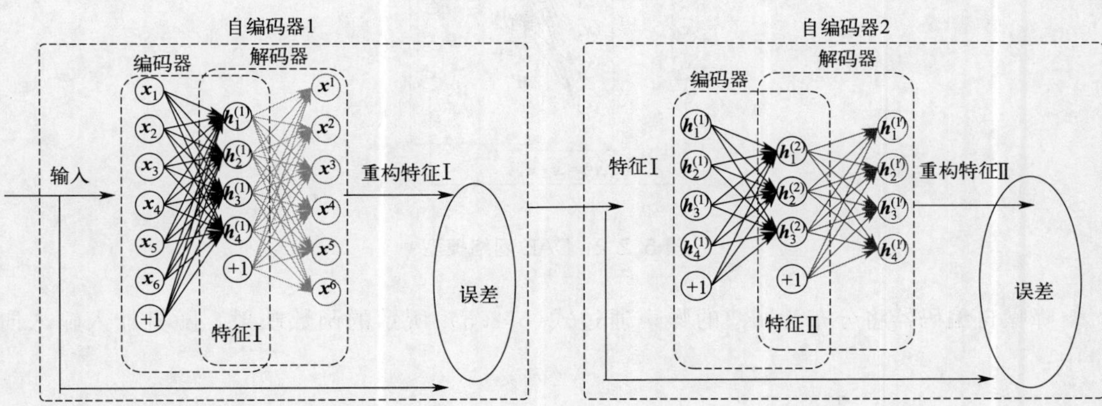

图 5.2.1 自编码器结构图

输入数据 $\boldsymbol{x}_i \in R$，经过编码器的非线性映射转换为隐藏表示 $\boldsymbol{h}_i \in R$，为

$$\boldsymbol{h} = f_{\theta_1}(\boldsymbol{x}_i) = \sigma(\boldsymbol{W}_1 \boldsymbol{x}_i + \boldsymbol{b}_1) \tag{5.2.1}$$

式中，$\theta_1 = \{\boldsymbol{W}_1, \boldsymbol{b}_1\}$，$\boldsymbol{W}_1$ 为输入层和隐含层之间的权值矩阵，$\boldsymbol{b}_1$ 为隐含层的偏置，σ 为非线性转换函数，本章采用 $\sigma(x) = \dfrac{1}{1+\exp(-x)}$ 的 Sigmoid 函数作为非线性映射。解码

器将隐含层的抽象表示映射回原始数据，为

$$\boldsymbol{x}^{i}=g_{\theta_2}(\boldsymbol{h}_i)=\sigma(\boldsymbol{W}_2\boldsymbol{h}_i+\boldsymbol{b}_2) \tag{5.2.2}$$

式中，$\theta_2=\{\boldsymbol{W}_2,\boldsymbol{b}_2\}$，$\boldsymbol{W}_2$ 为隐含层和输出层之间的权值矩阵，$\boldsymbol{b}_2$ 为输出层的偏置。自编码器通过最小化 $\boldsymbol{x}_i$ 和 $\boldsymbol{x}^i$ 的重构误差优化网络参数 θ_1 和 θ_2，有：

$$L=\underset{\theta}{\operatorname{argmin}}\frac{1}{n}\sum_{i=1}^{n}L(\boldsymbol{x}_i,\boldsymbol{x}^i) \tag{5.2.3}$$

式中，L 为损失函数，通常为均方误差（mean square error，MSE）函数：

$$J_{\mathrm{MES}}(\theta)=\frac{1}{n}\sum_{i=1}^{n}L_{\mathrm{MSE}}(\boldsymbol{x}_i,\boldsymbol{x}^i)=\frac{1}{n}\sum_{i=1}^{n}(\|\boldsymbol{x}_i-\boldsymbol{x}^i\|^2) \tag{5.2.4}$$

式中，$J(\cdot)$为优化目标函数，n 为自编码器输入层或输出层的神经元数量。常用梯度下降法调整各层之间的权重和偏置等网络参数，$J_{\mathrm{MES}}(\theta)$达到最小值，优化过程终止。通常，为防止过拟合和进一步对输入数据进行降噪，隐含层中设置稀疏惩罚项，此时变为稀疏自编码器。

为消除噪声对特征提取的影响，降噪自编码器（DAE）（图 5.2.2）在输入数据中引入噪声信号，对加入信号的训练样本进行重构，还原原始输入数据，进一步去除噪声。过程中，通过将引入噪声的原始输入数据映射到重构输出层，隐含层得到了原始数据中更为有效的特征表示，以挖掘更多隐藏信息，有利于提高特征的泛化能力。

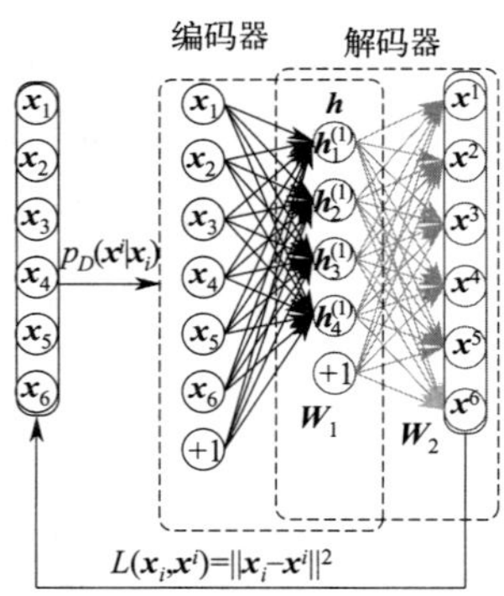

图 5.2.2 DAE 网络模型

降噪自编码器将分布为 p_D 的噪声通过式(5.2.5) 所示的函数映射，随机加入输入向量中：

$$\widetilde{\boldsymbol{x}}_i\sim p_D(\boldsymbol{x}^i|\boldsymbol{x}_i) \tag{5.2.5}$$

式中，$\widetilde{\boldsymbol{x}}$ 为引入噪声的输入样本，p_D 为随机噪声，D 为样本训练集。每个输入数据 x_i 通过随机映射产生引入噪声的数据$\widetilde{\boldsymbol{x}}_i$，自编码器将$\widetilde{\boldsymbol{x}}_i$ 映射到隐含层得到样本的特征表征 $\boldsymbol{h}_i$，经解码器得到 $\boldsymbol{x}^i$，进一步重构误差，最后最小化重构误差：

$$L(\boldsymbol{x}_i,\boldsymbol{x}^i)=\|\boldsymbol{x}_i-\boldsymbol{x}^i\|^2 \tag{5.2.6}$$

$$\theta^*=\underset{\theta}{\operatorname{argmin}}\frac{1}{n}\sum_{i=1}^{n}L(\boldsymbol{x}_i,\boldsymbol{x}^i)=\underset{\theta}{\operatorname{argmin}}\frac{1}{n}\sum_{i=1}^{n}L\{\boldsymbol{x}_i,g_{\theta_2}[f_{\theta_1}(\widetilde{\boldsymbol{x}}_i)]\} \tag{5.2.7}$$

将多个降噪自编码网络逐层堆叠，形成能获取更高级的特征表征的堆叠降噪自编码网络（SDAE）[7]。SDAE 将第 l 层的输出作为下一层的输入，在 SDAE 的顶层加入 Softmax 分类层，分类层上设置多个神经元节点使 SDAE 模型具备多分类功能。

5.2.2 堆叠降噪自编码器的结构

在图 5.2.3 中，可以将几个 DAE 堆叠在一起形成一个深层网络，并通过将第 l 层的输出作为高层表示来学习输入到第 $l+1$ 层，这样就构成了 SDAE。原始输入数据经过多个降噪自编码器筛选有用的特征信息，逐层消除的噪声对特征提取的影响，最终将提取到高水平且具有显著判别性的特征输入至分类器中，提高模式识别的效率和准确率。

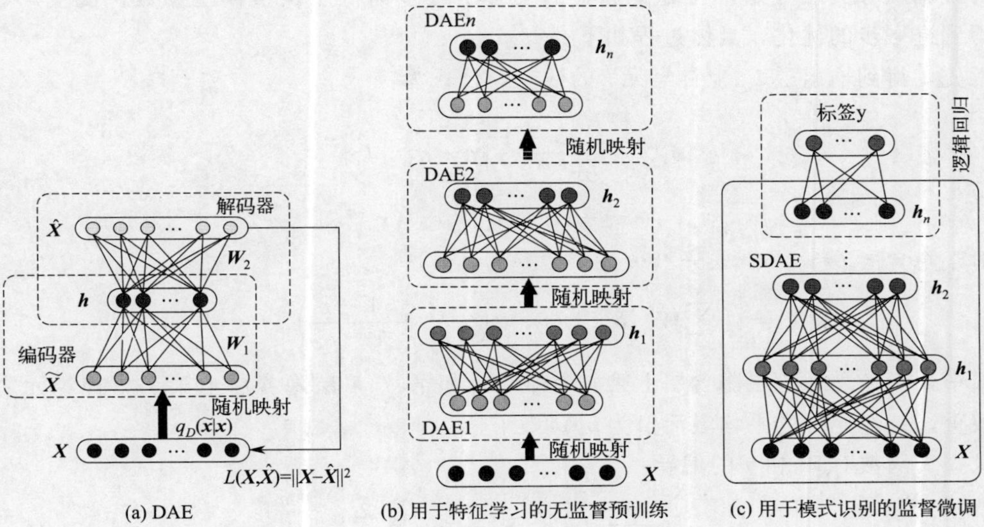

图 5.2.3 堆叠去噪自动编码器

通常，SDAE 的训练过程包括无监督的预训练步骤和监督的微调步骤，分别如图 5.2.3(b) 和图 5.2.3(c) 所示。这种架构的无监督预训练一次一层地完成。通过最小化重建其输入（即前一层的输出编码）中的错误，将每个层训练为 DAE。一旦所有层都经过预先训练，为了最大限度地减少预测误差，网络将通过在网络顶部添加逻辑回归层来进行有监督的微调。SDAE 大大提高了人工神经网络的泛化性能，可以学习更具鲁棒性、更紧凑的特征。

5.2.3 堆叠降噪自编码器的训练流程

SDAE 的训练过程通常分为两步，即前向无监督的预训练和反向有监督的微调。预训练过程以无监督的学习方式逐层训练降噪自编码网络，最小化重构误差，优化 DAE 的网络参数。有监督的微调过程通过引入 Softmax 分类层，在数据标签的引导下，进行反向误差传播，对整个网络的权重和偏置参数进行微调。

(1) 前向无监督预训练

堆栈降噪自编码器通过式(5.2.8) 所示目标函数优化网络参数：

$$J_{\mathrm{SDAE}}=\min_{\boldsymbol{w}_{i+1}^{\mathrm{T}},\boldsymbol{w}_{i+1},\boldsymbol{h}_{i+1}}\|\boldsymbol{w}_{i+1}^{\mathrm{T}}\boldsymbol{h}_{i+1}-\boldsymbol{x}_i\|_2^2+\gamma\|\boldsymbol{h}_{i+1}\|_2^2+\|\sigma(\boldsymbol{w}_{i+1},\boldsymbol{h}_i)-\boldsymbol{h}_{i+1}\|_2^2+\lambda\|\boldsymbol{w}_{i+1}\|_2^2 \tag{5.2.8}$$

式中，输入数据为 $\boldsymbol{x}_i$、$\boldsymbol{w}_{i+1}$、$\boldsymbol{w}_{i+1}^{\mathrm{T}}$ 分别为隐含层 i 的编码和解码权重；$\boldsymbol{h}_{i+1}$ 为第 $i+1$ 层隐含层的输入，同时也为前一个隐含层的输出；γ 表示隐含层激活值的稀疏程度，也称稀疏衰减系数；为防止过拟合，引入参数衰减系数 λ；激活函数 σ 为 Sigmoid。

(2) 反向有监督微调

在进行反向有监督微调前，SDAE 用预训练过程优化得到的网络参数初始化整个网络。有监督微调从分类层开始，在分类标签的引导下逐步向低层调整模型参数，使整个 SDAE 网络得到进一步的优化，具体过程如下。

首先，得到输出层 l_o 上神经元 i 的残差，公式为：

$$\begin{aligned}\boldsymbol{\delta}_i^{(m)}&=\frac{\partial}{\partial \boldsymbol{x}^{i(m)}}\frac{1}{2}\|\boldsymbol{h}-\boldsymbol{\sigma}_{W,b}(\boldsymbol{x})\|^2\\&=-(\boldsymbol{x}^i-\boldsymbol{a}_i^{(m)})f'(\boldsymbol{x}^{i(m)})\end{aligned} \tag{5.2.9}$$

对于隐含层 $l=m-1,m-2,\cdots,2$，残差为

$$\boldsymbol{\delta}_i^{(l)}=\left[\left(\sum_{j=1}\boldsymbol{W}_{ji}^{(l)}\boldsymbol{\delta}_j^{(l+1)}\right)+\gamma\left(-\frac{\rho}{\rho_j}+\frac{1-\rho}{1-\rho_j}\right)\right]f'(\boldsymbol{x}^{i(l)}) \tag{5.2.10}$$

式中，$\boldsymbol{W}_{ji}^{(l)}$ 为第 l 层隐含层上第 i 个神经元和第 $l+1$ 层隐含层上第 j 个神经元之间的连接权重，神经元 j 的平均激活值为 ρ_j。

求损失函数对 $\boldsymbol{W}$ 和 $\boldsymbol{b}$ 的偏导：

$$\frac{\partial}{\partial \boldsymbol{W}_{ij}^{(l)}}L(\boldsymbol{x}_i,\boldsymbol{x}^i)=\boldsymbol{a}_j^{(l)}\boldsymbol{\delta}_i^{(l+1)} \tag{5.2.11}$$

$$\frac{\partial^2}{\partial \boldsymbol{b}_i^{(l)}}L(\boldsymbol{x}_i,\boldsymbol{x}^i)=\boldsymbol{\delta}_i^{(l+1)} \tag{5.2.12}$$

权重参数更新公式如下：

$$\boldsymbol{W}_{ij}^{(l)}=\boldsymbol{W}_{ij}^{(l)}-\eta\frac{\partial}{\partial \boldsymbol{W}_{ij}^{(l)}}L(\boldsymbol{x}_i,\boldsymbol{x}^i) \tag{5.2.13}$$

$$\boldsymbol{b}_i^{(l)}=\boldsymbol{b}_i^{(l)}-\eta\frac{\partial}{\partial \boldsymbol{b}_i^{(l)}}L(\boldsymbol{x}_i,\boldsymbol{x}^i) \tag{5.2.14}$$

$$\boldsymbol{W}_{ij}^{(l)}=\boldsymbol{W}_{ij}^{(l)}-\eta\frac{\partial}{\partial \boldsymbol{W}_{ij}^{(l)}}L(\boldsymbol{x}_i,\boldsymbol{x}^i) \tag{5.2.15}$$

式中，η 表示网络参数的更新速率。

5.2.4 基于堆叠降噪自编码器的特征提取实例

使用齿轮箱测试平台来验证 SDAE 在齿轮箱知识发现和缺陷分类方面的有效性。考虑齿轮箱的 11 种健康状态，分别为正常、4 种不同程度的磨损、裂纹、保持架缺陷、点蚀故

障、内圈故障、滚动体故障、外圈故障。这些健康状况表明齿轮箱的健康状况在其整个使用寿命中发生了变化，11 种健康状况的振动信号如图 5.2.4 所示。每种健康状况包含 921 个样本，总共将有 921×11 个样本。随机抽取各健康状况的约 60% 样本即 553×11 个样本作为训练样本，其余约 40% 即 368×11 个样本作为测试样本。

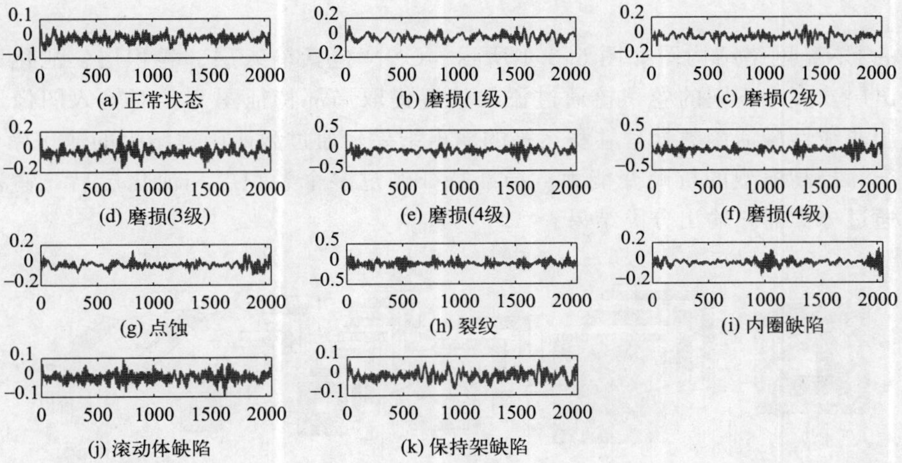

图 5.2.4　11 种齿轮箱健康状态下的振动信号

本实验以随机抽取的 2100 个样本为样本，剩下的 3983 个训练样本将用于构建最终的 SDAE 模型，进一步比较了 SDAE 与典型 DNN（即 SAE、SDAE 和 DBN）和常规分类器（BPN、KBANN 和 C4.5）的识别性能。BPN 的结构和参数如下：输入、隐藏和输出节点数为 19-25-11，学习率和动量因子分别设置为 0.1 和 0.1。DBN、SAE 和 SDAE 的结构和参数如下：输入、两个隐藏层和输出节点的数目为 19-25-12-11，学习率和动量因子分别设置为 1 和 0.5。KBANN 的网络结构为 19-20-11，其学习率和动量因子分别为 1 和 0.1。各种分类器的识别率如表 5.2.1 所示。这些比较结果表明，SDAE 在齿轮箱故障诊断中具有很强的应用价值。

表 5.2.1　基于五倍交叉验证的所有分类器的识别率

分类器	SDAE	DBN	KBANN	BPN	SAE	C4.5
C1	99.06	96.13	95.49	98.47	99.06	97.03
C2	99.78	99.56	99.67	99.89	99.78	96.98
C3	98.08	99.37	99.46	99.26	98.08	74.87
C4	99.50	98.70	99.20	99.30	99.50	91.62
C5	83.67	80.89	79.01	80.03	83.67	94.87
C6	57.78	73.39	67.66	58.93	57.78	15.05
C7	64.94	63.82	66.61	70.68	64.94	50.99
C8	98.98	97.98	99.49	99.26	98.98	90.38
C9	98.71	99.05	98.98	99.07	98.71	44.39
C10	99.59	98.96	98.86	99.79	99.59	95.90
C11	99.64	98.33	99.17	100.00	99.64	75.00
AVG	**90.83**	**91.20**	**90.97**	**90.09**	**90.83**	**75.41**

5.3 基于卷积神经网络的故障诊断方法

5.3.1 卷积神经网络的基本结构

典型的 CNN 网络结构图如图 5.3.1 所示。CNN 包括输入层、卷积层、池化层、全连接层和输出层，多个不同的卷积核通过添加偏置提取局部特征图[8]，对输入图像进行卷积运算。应用非线性激活函数处理卷积运算的输出结果，通过激活函数结果的池化操作，保留显著的特征，提高模型的抗畸变能力。局部特征经过多个卷积层和池化层后，输入全连接层，最后通过分类器，输出分类结果。

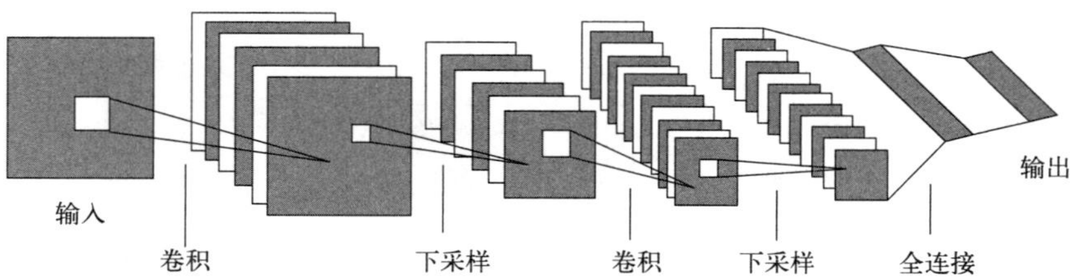

图 5.3.1 典型 CNN 结构图

（1）输入层

原始输入数据直接作用于卷积输入层，对于输入图像，输入的是图像像素值。

（2）卷积层

卷积层主要用于提取图像中各种不同特征，一般利用卷积核提取图像特征。通过设定一个大小为 $w \times w$ 的卷积核，步长（stride）即卷积核滑动的距离为 k 像素，对一个输入图像 $n_h \times n_w$ 进行卷积处理，卷积核沿着数据坐标进行横向或纵向滑动，与相应数据的卷积运算得到新的二维特征图（feature map），特征图大小为$\dfrac{n_h - w + k}{k} \times \dfrac{n_w - w + k}{k}$，特征图的尺寸大小由卷积核的尺寸和步长决定，特征图的个数由卷积核个数决定，不同步长下的卷积运算如图 5.3.2 所示。

特征图的值为卷积核在输入图像不同空间位置的响应。假设输入图像的数据记做 M_0，第 i 层的特征图记为 M_i，则特征图 M_i 产生过程可表示为：

$$M_i = f(M_{i-1} \otimes \boldsymbol{W}_i + \boldsymbol{b}_i) \tag{5.3.1}$$

其中，$\boldsymbol{W}_i$ 表示第 i 层卷积核的权值向量；$\otimes$表示卷积核 $\boldsymbol{W}_i$ 与第 $i-1$ 层特征图的卷积运算，输出值加上第 i 层的偏置量 $\boldsymbol{b}_i$，通过非线性激活函数 $f(\cdot)$求得第 i 层的特征图 M_i。

（3）池化层

池化层简化抽象原始的特征信息，减少数据空间大小，从而减少参数计算量，在一定程度上防止出现过拟合现象，能够提升模型的鲁棒性。池化操作过程中，池化区域一般选择图像中的连续范围，应用统计分析提取相同隐藏单元的特征信息，每个池化单元具有平移不变特性。常用的池化函数包括最大池化（max-pooling）[9]、平均池化（mean-pooling）[10]、随机池化[11] 等。图 5.3.3 展示了最大池化和平均池化的示意图。最大池化减少了因卷积层参数误差造成估计均值的偏移而引起的误差，更多保留了图像纹理信息；平均池化减少了因邻域大小受限造成估计值方差增大而引起的特征提取误差，更多地保留图像的背景信息。

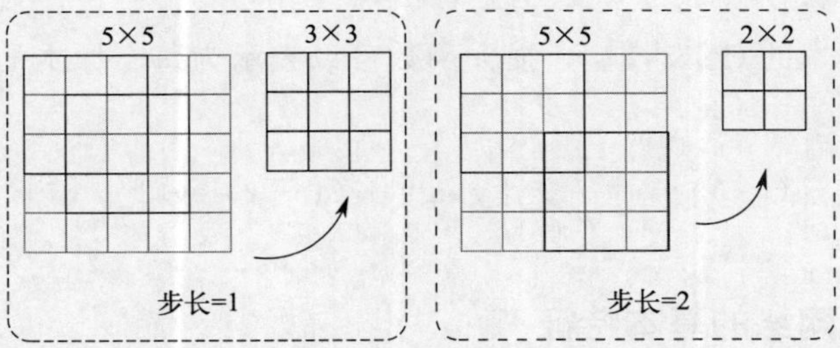

图 5.3.2　不同步长下的卷积运算

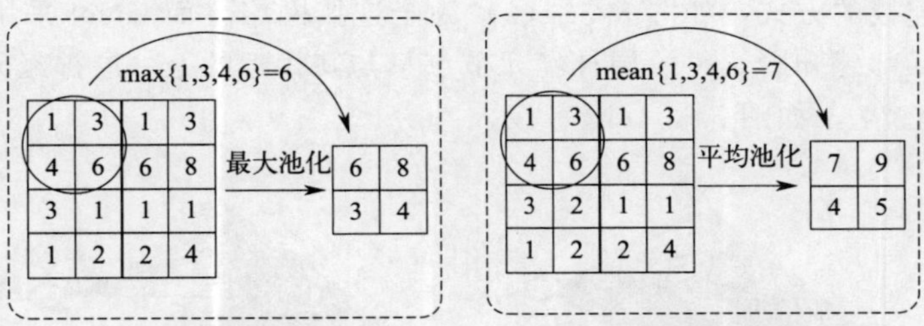

(a) 最大池化　　(b) 平均池化

图 5.3.3　最大池化与平均池化示意图

最大池化将输入的图像划分为若干个矩形区域，取每个矩形区域的最大值，是最为常用的池化方法。以图 5.3.3(a) 为例，每隔两个像素划分 2×2 的区域，输出每个区域最大值，从而减少了$\frac{3}{4}$的参数量。最大池化减弱特征之间绝对位置的影响，强调特征之间相对位置关系，在一定程度上具有防止过拟合的作用。

（4）全连接层

全连接层整合各个通道提取的特征用以分类。通常情况下后一层的神经元节点连接前一层的每个神经元节点，同一层的神经元节点之间没有连接。每一层神经元节点进行前向传播时根据连接线上的权重，通过加权组合得到该层神经元的输出，即下一层神经元节点的输入。

（5）输出层

根据应用任务设定输出层神经节点的数目。针对分类任务，CNN 输出层通常是一个分类器。

应用全连接层生成一个等接近目标类数量的输出，在输出层应用损失函数计算预测误差。损失函数是一个量化函数，用于从统计学角度衡量解决方案的错误程度。在 CNN 中，预测值和真实结果之间的吻合度就是应用损失函数加以评估的。

交叉熵函数是目前最为常用的一种损失函数，应用交叉熵评价输出向量和期望向量的接近程度[12]，有：

$$L(\boldsymbol{y},\hat{\boldsymbol{y}})=-[\boldsymbol{y}\log\hat{\boldsymbol{y}}+(1-\boldsymbol{y})\log(1-\hat{\boldsymbol{y}})] \tag{5.3.2}$$

式中，$\boldsymbol{y}$ 为实际输出，$\hat{\boldsymbol{y}}$ 为 CNN 的预测输出。通过神经网络解决多分类问题就是设计与类别相同的输出节点。

对于多个训练样本的 CNN 模型，损失函数可以表示为每个样本的损失函数的平均值，损失函数为

$$J(\boldsymbol{w},\boldsymbol{b})=-\frac{1}{m}\sum_{i=1}^{m}[\boldsymbol{y}\log\hat{\boldsymbol{y}}+(1-\boldsymbol{y})\log(1-\hat{\boldsymbol{y}})] \tag{5.3.3}$$

5.3.2 卷积神经网络的基本特征

（1）稀疏连接属性

传统神经网络隐含层的神经元节点，与其上一层的所有输入节点以及下一层的所有输出节点都是采用全连接的方式，如图 5.3.4(a) 为全连接网络，而 CNN 采用局部稀疏连接的方式构建图像的局部感知野，每一层神经元节点只与其相近的上一层神经元节点连接，降低了网络的参数规模[13]，如图 5.3.4(b) 所示。

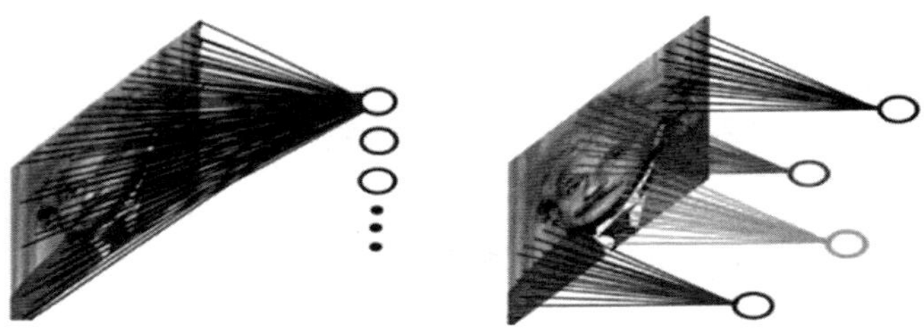

(a) 全连接网络　　(b) 局部稀疏连接网络

图 5.3.4　神经网络连接方式示意图

相比全连接网络，局部稀疏连接网络具有很大优势。假设第 i 层有 m 个节点，第 $i+1$ 层有 n 个节点，在全连接网络中共有 $m\times n$ 个连接、包含偏置参数在内的 $m\times n+m$ 个训练参数；在局部稀疏连接网络中，当第 $i+1$ 层的每个节点只与第 i 层的部分节点相连（假定为 k 个节点，$k<m$），则共有 $k\times n$ 个连接和 $k+1$ 个训练参数，由于 $k<m$，局部稀疏连接网络的计算量远小于全连接网络的计算量。

（2）权重共享

CNN 中相同的卷积核具有相同的卷积核权值和偏置值。同一种卷积核以相同的权值进行图像卷积操作，卷积得到所有神经节点的共享连接参数。通过权重共享，一方面减少网络层参数的个数，降低网络参数选择的复杂度和过拟合的风险；另一方面，使用相同的卷积核进行图像特征提取，从而在训练过程中，无须考虑局部特征的位置，实现特征最优化的提取。

(3) 端对端的处理方式

传统图像分类中，分类的准确度取决于提取图像特征的有效性，特征提取过程中容易得到很多干扰的特征，分类结果并不理想。而 CNN 采用端对端的处理方式，无需图像预处理和显式地提取图像特征，直接将非结构化的图像数据作为输入，最终直接输出得到分类结果。CNN 简化图像分类任务的流程，无需了解掌握图像特征提取的方法也能出色地完成图像分类任务。

5.3.3 卷积神经网络的优化改进

经过多年的探索，研究者们在随机梯度下降、激活函数、Dropout 优化、网络结构等方面对网络进行改进和优化。

(1) 随机梯度下降

深度学习旨在尽可能降低输出值与预测值的差异，通过比较模型输出值和目标值的差异情况，更新权值矩阵。损失函数定义输出值和目标值的差异情况，值越小输出值和目标值的差异越小。梯度下降法通过使损失值向当前点对应梯度的反方向移动来降低损失。

Hinton 等[14] 最早提出利用随机梯度下降算法（stochastic gradient descent，SGD）进行参数更新，其主要公式为

$$\boldsymbol{W}_{ij}^{(l)}=\mu\boldsymbol{W}_{ij}^{(l)}-\alpha\frac{\partial}{\partial\boldsymbol{W}_{ij}^{(l)}}J(\boldsymbol{W},\boldsymbol{b}) \tag{5.3.4}$$

$$\boldsymbol{b}_{i}^{(l)}=\boldsymbol{b}_{i}^{(l)}-\alpha\frac{\partial}{\partial\boldsymbol{b}_{i}^{(l)}}J(\boldsymbol{W},\boldsymbol{b}) \tag{5.3.5}$$

式中，$\boldsymbol{W}_{ij}^{(l)}$ 和 $\boldsymbol{b}_{i}^{(l)}$ 分别表示的是深度神经网络第 l 层的的权值和偏差；动量 μ 是上一次更新的权值，α 表示学习率，用来控制梯度下降的速度，这两个参数一般是根据经验预先设定，通过不断调整得到最优；$J(\boldsymbol{W},\boldsymbol{b})$ 为损失函数，用于计算预测值和真实值之间的距离。

随机梯度下降算法通过每个样例来迭代更新参数，每次权重更新只使用一个样本目标函数的梯度，不断重复此过程，直到损失函数值小于某个可以容忍的阈值。该算法可以避免过多冗余的计算，过程简单、高效，通常可以较好地避免更新迭代收敛到局部最优解。

(2) 激活函数的选择

激活函数通过随机加入一些非线性因素，使得网络能够有效解决较为复杂的问题。不同的非线性函数对网络的性能参数有不同的影响。常用的非线性激活函数有饱和非线性函数（saturating nonlinearity）和非饱和非线性函数（non-saturating nonlinearity）等。其中，饱和非线性函数，如 Sigmoid 和 tanh 函数常用于全连接层；非饱和非线性函数，如 ReLU 函数则常用于局部连接的卷积层。常用的非线性激活函数（Sigmoid、tanh 和 ReLU）的数学表达式与函数曲线如表 5.3.1 所示。

表 5.3.1 常用的非线性激活函数

激活函数	Sigmoid	tanh	ReLU
数学表达式	$S(x)=\frac{1}{1+\mathrm{e}^{-x}}=\frac{\mathrm{e}^{x}}{\mathrm{e}^{x}+1}$	$\tanh(x)=\frac{\mathrm{e}^{x}-\mathrm{e}^{-x}}{\mathrm{e}^{x}+\mathrm{e}^{-x}}$	$f(x)=\max(0,x)=\begin{cases}0,\text{if} & x<0\\1,\text{if} & x\geqslant0\end{cases}$

续表

曲线图	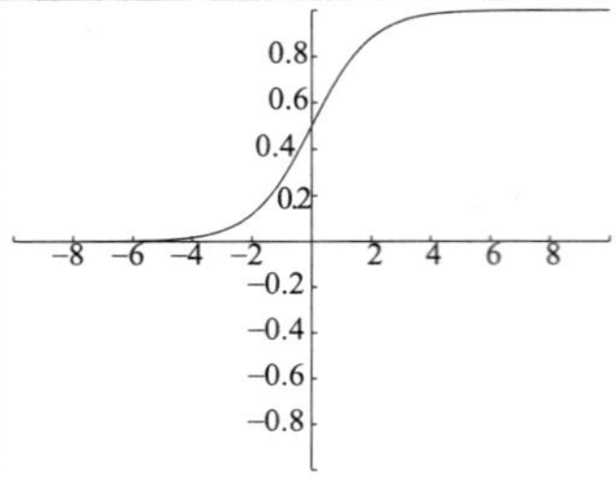	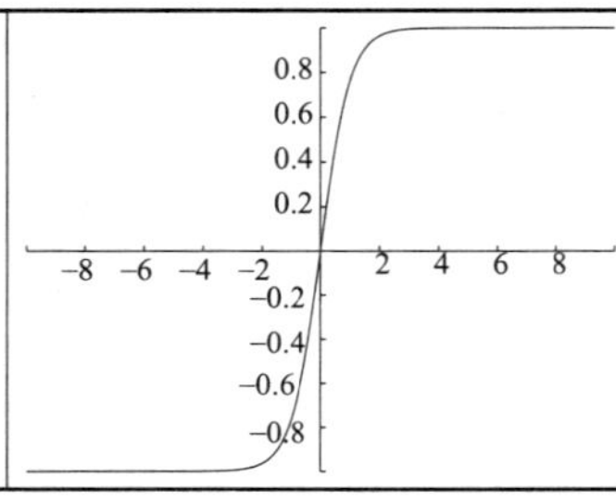	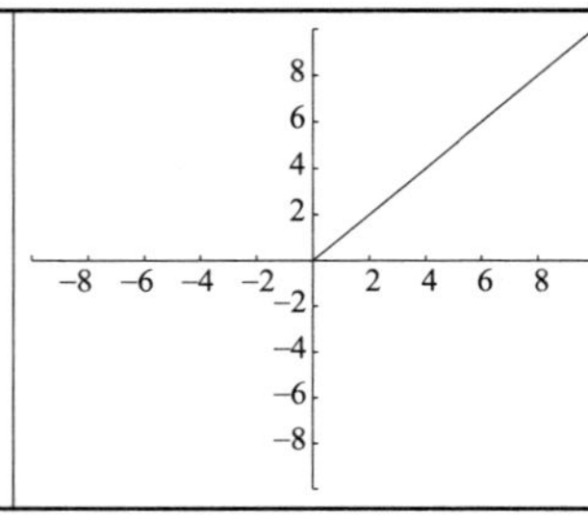

从表 5.3.1 可以看出，Sigmoid 函数是一个具有 S 形曲线的有界可微积分的实函数，输出范围为（0，1），并且每个点上有一个非负导数。当神经元的激活值接近 0 或 1 时，函数出现饱和，该区域的梯度几乎为 0，在反向传播时容易产生梯度消失问题；tanh 函数是双曲正弦函数与双曲余弦函数的商，tanh 函数具有与 Sigmoid 函数相似的特点，区别在于 tanh 函数的输出范围为（−1，1），在权值调整时，避免梯度始终为正。实际应用中，tanh 激活函数的应用比 Sigmoid 函数更广。然而 tanh 函数在函数饱和时，梯度值仍然非常小。

相比饱和非线性函数，非饱和非线性函数能够有效防止梯度消失或梯度爆炸等问题，加速随机梯度下降的收敛速度。因此，CNN 常采用 ReLU 函数作为卷积层的激活函数，具有以下特点。

① 当输入数值小于 0 时，ReLU 函数的输出为 0，增加网络的稀疏性。稀疏性越大，表明提取特征的代表性和网络泛化能力越强。

② 当输入数值大于 0 时，梯度始终为 1，没有梯度耗散，函数收敛快。

③ ReLU 函数输出值不会随着输入数据的逐渐增大而趋于饱和，网络训练时，残差通过反向传播传递到较前面的网络层，更新优化网络参数。

（3）Dropout 优化

深度网络训练样本数目的量级需要达到万级及以上，使训练样本较少出现严重的过拟合现象。Dropout 可以有效避免网络因训练样本不足导致的过拟合现象。

在网络训练的过程中，Dropout 以一定概率（$1-p$）清零隐含层节点激活输出值，当反向传播更新网络权值时，无需更新与该节点相连的权值，表达式为

$$\boldsymbol{r}=\boldsymbol{m}a(\boldsymbol{W}\boldsymbol{v}) \tag{5.3.6}$$

式中，$\boldsymbol{v}$ 是 $n\times1$ 维列向量，$\boldsymbol{W}$ 是 $d\times n$ 维矩阵，$\boldsymbol{m}$ 是 $d\times1$ 维列向量，$a(x)$ 是满足 $a(0)=0$ 的激发函数形式。

图 5.3.5 展示了使用 Dropout 的神经网络架构，虚线表示神经元之间的连接断开。在网络开始训练时，随机删除部分隐藏节点，应用反向传播算法更新网络权值，虚线连接部分不更新。经过多次迭代，随机删除一些隐藏单元，直到训练结束。

（4）结构改进

在结构改进方面，主要包括更改网络的输入、加强提取特征的融合、限制卷积核、加深网络层数以及与其他分类器结合等。GoogleNet[15] 的网络结构通过使用局部最优的稀疏结构取代原有的全连接方式，用多层感知器取代较大的卷积滤波器，避免了计算冗余，从而提升了算法运算速率；唐浩等[16] 提出训练两个不同网络结构的 CNN，通过融合两个网络提取的特征，实现负面表情的识别，在提高算法鲁棒性和泛化性能的同时，提高识别率。

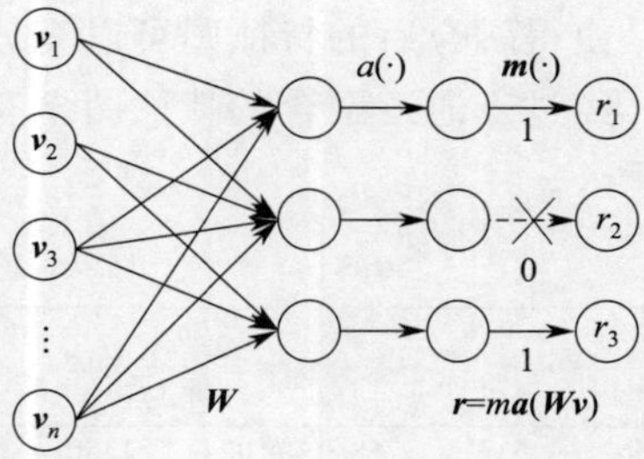

图 5.3.5 使用 Dropout 的神经网络架构

5.3.4 基于多通道一维卷积神经网络的齿轮箱故障诊断实例

在齿轮箱早期故障诊断中，特征信息微弱且存在噪声干扰，对其进行早期故障诊断存在着极大的困难。深度神经网络因其丰富的网络结构，具有很强的特征表达能力，因此在齿轮箱故障诊断中被广泛应用并取得了良好的效果。针对齿轮箱早期故障特征微弱且为一维振动信号的特点，使用基于多通道一维卷积神经网络（multi-channel one-dimensional convolutional neural network，M-1DCNN）的特征学习方法，显著提高了齿轮箱故障诊断的正确率。首先，利用经验模态分解（empirical mode decomposition，EMD）方法对信号进行处理，得到多通道一维信号；然后，构建 M-1DCNN 模型，实现对多通道一维信号的特征提取，最后构建堆叠降噪自编码器（stacked denoised autoencoder，SDAE）实现对特征的分类。

使用基于 M-1DCNN 故障诊断模型可以最大化发挥 CNN 的特征提取能力，该模型由多通道输入层、一维卷积层、一维池化层、全连接层和 SDAE 层构成，其网络结构如图 5.3.6 所示。

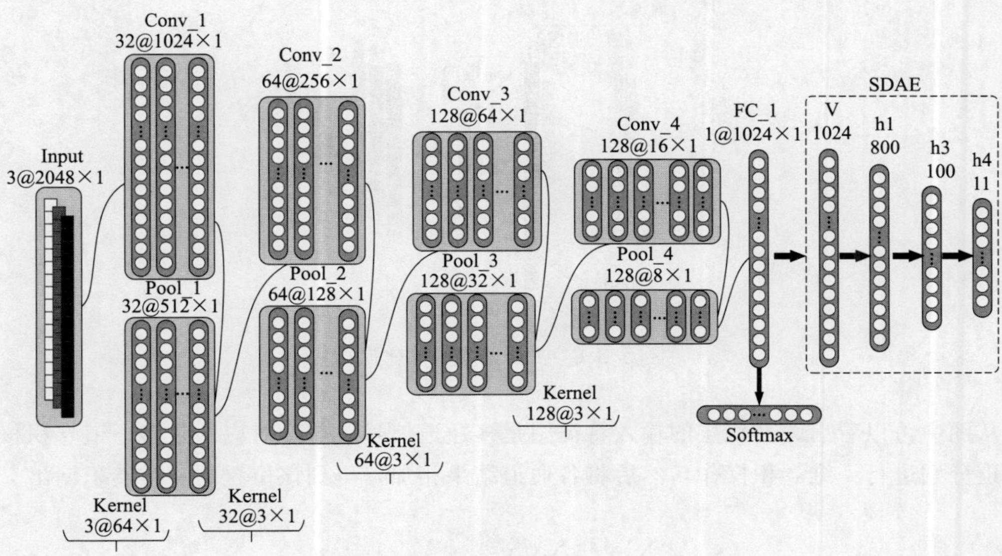

图 5.3.6 M-1DCNN

① 多通道输入层。多通道输入是基于人工设定的样本特征，将不同的有代表性的提取样本输入到特征图的多个通道，使得融合后的特征图可以充分体现图像的有效信息。采用三通道特征图，如图 5.3.7 所示。经过三通道融合的特征图含有丰富的信息，可以为预训练的卷积神经网络提供可靠有效的输入。

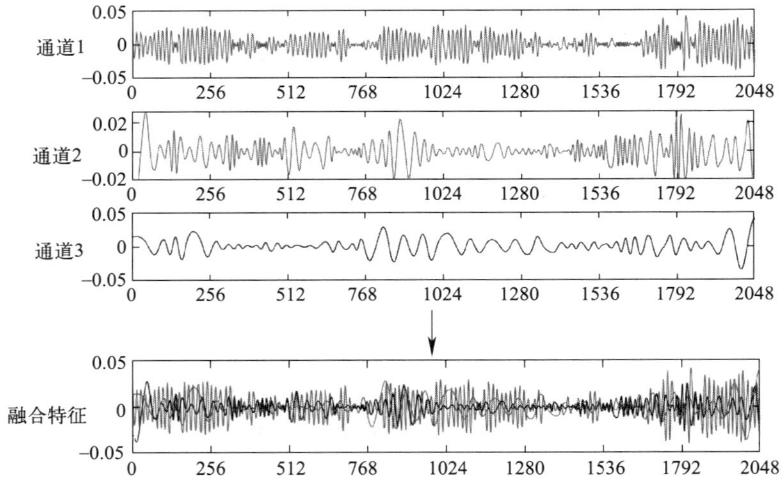

图 5.3.7 三通道信号融合

② 卷积层。CNN 在机器视觉处理方面已取得了较大的成功，与处理 RGB 图像相同，当使用 CNN 处理多通道一维振动信号时，M-1DCNN 的卷积池化操作如图 5.3.8 所示。

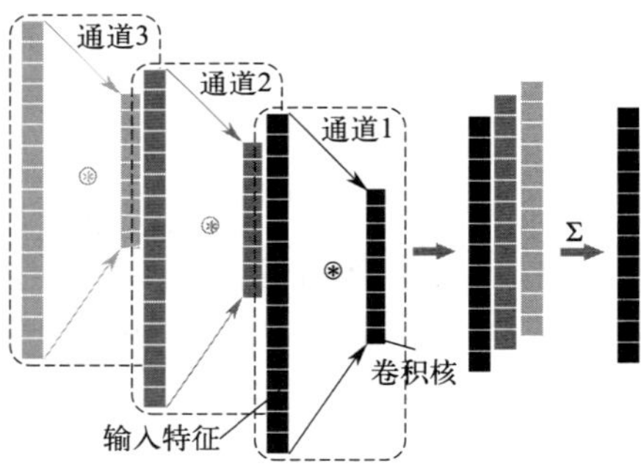

图 5.3.8 多通道卷积池化操作

从图中可以看出，卷积层的输入特征图是多通道信号，与之对应的是多通道卷积核。在各通道分别进行一维卷积操作，然后将各通道结果相加，得到该位置的一维卷积输出。

$$\boldsymbol{X}_i = \sum_{j=1}^{m} f_j \left[\sum_{n=1}^{k} (\boldsymbol{X}_{i-1,j} * \boldsymbol{w}_{ij}) + \boldsymbol{b}_{ij} \right] \tag{5.3.7}$$

式中，$\boldsymbol{X}_i$ 表示第 i 层卷积层的输出；$\boldsymbol{X}_{i-1,j}$ 表示通道 j 第 i 层卷积层的输入；$\boldsymbol{w}_{ij}$ 表示

通道 j 第 i 层的卷积核；$\boldsymbol{b}_{ij}$ 表示通道 j 第 i 层的偏移向量；$f_j(x)$表示通道 j 第 i 层卷积层的激活函数，m 表示通道数。

③ 池化层。对获得的特征图进行降采样操作，其操作过程为

$$\boldsymbol{y}_n=\text{downsample}(\boldsymbol{x},g)[n]=g(\boldsymbol{x}_{(n-1)m+1:nm}) \tag{5.3.8}$$

式中，m 为池化带宽；$\boldsymbol{x}$ 为输入；$\boldsymbol{y}$ 为输出；downsample$(\boldsymbol{x},g)[n]$代表 downsample$(\boldsymbol{x},g)$的第 n 个元素。在这里，我们使用最大池化，所以 $g(\cdot)=\max(\cdot)$。

④ 全连接层。与 Softmax 分类器组合完成 M-1DCNN 预训练和进行特征提取。

⑤ SDAE 层。经过 M-1DCNN 提取的特征，仍然存在高维度及噪声的问题，而 SDAE 可以很好地消除信号中的噪声干扰，获得较高的鲁棒性，所以在全连接层之后采用 SDAE 层进行特征降维和进一步特征提取。SDAE 包含编码和解码部分。经过编码部分，输出为

$$\boldsymbol{h}=f_1(\boldsymbol{w}\widetilde{\boldsymbol{\delta}}+\boldsymbol{b}) \tag{5.3.9}$$

经过解码部分，输出为

$$\boldsymbol{y}=f_2(\boldsymbol{w}'\widetilde{\boldsymbol{h}}+\boldsymbol{b}') \tag{5.3.10}$$

在最后接 Softmax 分类器进行特征分类。

模型的训练包括两部分：M-1DCNN 和 SDAE 训练。首先，利用有标签的数据在线训练 M-1DCNN，随后将其提取的特征携带标签输入到 SDAE 中进行训练。

① 训练 M-1DCNN。分类器损失函数是通过 Softmax 的输出向量与样本的实际标签做交叉熵计算得到的。其损失函数的计算公式为

$$Loss=-\sum_i \boldsymbol{y}_i'\log(\boldsymbol{y}_i) \tag{5.3.11}$$

式中，$\boldsymbol{y}_i'$表示实际标签中第 i 个值，$\boldsymbol{y}_i$ 表示 Softmax 输出向量中第 i 个值。

② 训练 SDAE。SDAE 的训练包括前向无监督训练和反向微调操作。前向无监督训练使用无标签数据对 SDAE 的参数进行调整，反向微调使用有标签的数据对整个网络结构进行微调。

前向无监督训练中，损失函数的具体表达式为

$$Loss=\|\boldsymbol{w}^{\mathrm{T}}\boldsymbol{y}-\boldsymbol{x}\|_2^2+\beta\|\boldsymbol{y}\|_2^2+\|f(\boldsymbol{wx})-\boldsymbol{y}\|_2^2+\lambda\|\boldsymbol{w}\|_2^2 \tag{5.3.12}$$

式中，$\boldsymbol{w}$、$\boldsymbol{w}^{\mathrm{T}}$ 分别为隐含层的编码权重系数和解码权重系数，$\boldsymbol{x}$ 为输入数据，$\boldsymbol{y}$ 为 DAE 的输出，β 为稀疏项衰减系数，λ 是为了防止过拟合设置的参数衰减系数，$f(x)$为激活函数。

反向微调中，在经过无监督训练后，将学习到的网络参数作为有监督训练网络的初始化参数。使用有标签的数据输入，利用 Softmax 分类器层逐步向低层微调网络参数。采用反向传播算法对网络进行微调，利用梯度下降法进行权重更新。

基于 M-1DCNN 的齿轮箱故障诊断模型如图 5.3.9 所示，整个实验包括离线训练和在线检测两部分。离线训练时，利用有标签的数据训练故障诊断模型；在线检测时，利用训练好的网络对输入数据进行分类。

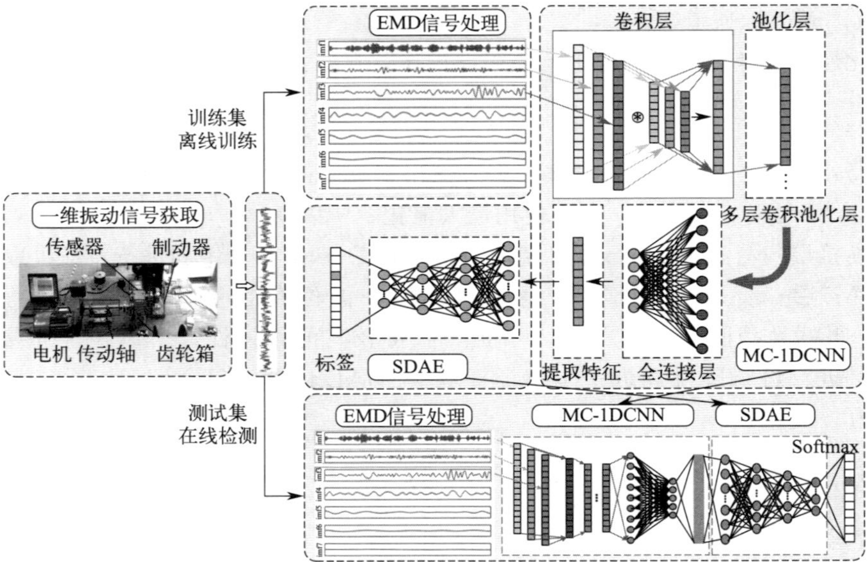

图 5.3.9 基于 M-1DCNN 的齿轮箱故障诊断模型

5.4 基于卷积自编码器的故障诊断方法

5.4.1 卷积自编码器的基本原理

卷积自编码器（convolutional autoencode，CAE）是自编码器的一种网络。[17] CAE 在无监督的 AE 基础上，结合了卷积神经网络（convolutional networks，CNN）的卷积和池化操作，增强 AE 在图像数据上的特征提取和学习能力。近年来，CAE 被广泛应用于目标检索[18]、表情识别[19]、姿态识别[20] 等领域，表现出突出的运算效率和识别精度。

给定 N_{c1} 个特征图 $I=\{I_1, I_2, \cdots, I_{N_{c1}}\}$，经卷积操作，每张图可得到 M 组特征图：

$$\boldsymbol{h}_m(i,j)=a\left(\sum_{u=-k}^{k}\sum_{v=-k}^{k}\boldsymbol{F}_m^{(1)}(u,v)\boldsymbol{I}(i-u,j-v)+\boldsymbol{b}_m^{(1)}\right) \tag{5.4.1}$$

式中，$\boldsymbol{h}_m(i,j)$为第 m 个激活图中像素(i,j)处的激活值，$a(\cdot)$为非线性激活函数，滤波器的大小为 $F_{c2}=2k+1$，$\boldsymbol{F}_m^{(1)}$ 为编码过程中的卷积滤波器的权值，每个滤波器的通道数与输入样本的通道数相同；$\boldsymbol{b}_m^{(1)}$ 是编码器卷积层对应第 m 个激活图的偏置。卷积编码部分的卷积层输出得到大小为$\left(\dfrac{FeaSz1-F_{c2}}{S_{c2}}+1\right)\times\left(\dfrac{FeaSz1-F_{c2}}{S_{c2}}+1\right)\times N_{c2}$ 的特征图，再经过最大池化操作得到编码部分的输出，其中 $FeaSz1=\dfrac{m-F_{c1}+S_{c1}}{S_{c1}F_{p1}}$。

解码过程是从特征激活图中重建出输入图像 $\tilde{\boldsymbol{I}}$。CAE 是全卷积网络，因此解码过程也是反卷积操作。考虑到在编码后得到的激活图大小会比输入图像小，再通过解码过程的转置卷积不能重建出输入图像的大小，因此需要对输入图像进行补零 Padding 操作，以便在解码后可以重构出与原输入图像大小相同的图像。将编码部分的卷积输出作为解码器的输入，然后与卷积滤波器 $\boldsymbol{F}_m^{(2)}$ 做卷积，即可得到重构图像 $\widetilde{\boldsymbol{I}}$。

$$\widetilde{\boldsymbol{I}}=g(\boldsymbol{H}\times\boldsymbol{F}_m^{(2)}+b_m^{(2)}) \tag{5.4.2}$$

式中，$\boldsymbol{H}$ 为编码得到的特征图集合，$b_m^{(2)}$ 是解码器反卷积层对应第 m 个激活图的偏置。损失函数采用均方误差，因此可定义其目标函数为

$$\min[L(\boldsymbol{I},\widetilde{\boldsymbol{I}})]=\min(\sum_{i=1}^{d}\|\boldsymbol{I}-\widetilde{\boldsymbol{I}}\|^2) \tag{5.4.3}$$

5.4.2 卷积自编码器的结构

自编码器在一维卷积自编码网络中以卷积的方式进行堆叠，以无监督方式学习特征表征。与 AE 不同，CAE 通过卷积实现权重共享，卷积结构储存特征相对位置信息[21]。CAE 通过隐编码对一维输入数据进行重构，以分层训练的方式优化网络参数。1D-CAE 训练过程分为两步，即无监督卷积自编码器预训练和有监督微调。在预训练中，自编码器以卷积方式堆叠成 1D-CAE 模型，通过无监督的分层训练方式优化网络参数。输入向量与一维卷积核进行卷积，生成层级特征图。输出特征图作为下一层的输入进一步进行卷积和池化操作，直到最终特征图生成。在微调阶段，最终特征图作为分类层的输入，以少量的类标签信息优化整个网络。一维卷积自编码结构如图 5.4.1 所示。

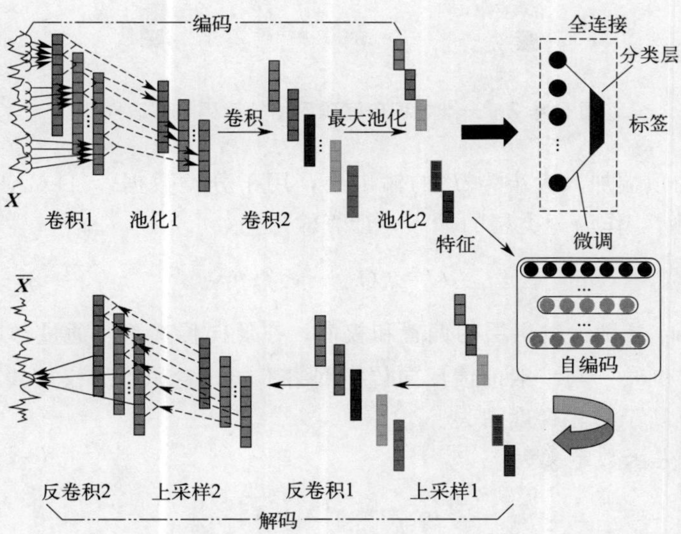

图 5.4.1 一维卷积自编码结构

除共享权重外，1D-CAE 结构与自编码器相似。1D-CAE 用一维卷积核获取输入向量的

局部特征图，通过式(5.4.4)对其进行非线性转换：

$$x_j^l = f(\sum_{i \in M_j} x_i^{l-1} \times k_{ij}^l + b_j^l) \tag{5.4.4}$$

式中，M_j 为输入特征图；l 代表 1D-CAE 中第 l 层网络；k 是大小为 $s \times 1$ 的卷积核；$f(\cdot)$ 为激活函数，通常为双曲正切函数或 Sigmoid 函数；b_j^l 为第 l 层网络的偏置。每个输出特征都由一个特定的卷积核产生。

下采样层从卷积层的输出特征图中进一步提取特征，缩减特征维度。N 个输入映射产生 N 个输出映射，下采样过程如式(5.4.5)所示：

$$x_j^l = f[\beta_j^l \mathrm{down}(x_j^{l-1}) + b_j^l] \tag{5.4.5}$$

式中，down(·)为下采样函数，β 和 b 分别为乘积因子和偏置。多个大小为 $n \times 1$ 的输入特征，经 down(·)函数转换，得到的输出特征大小为原来的$\frac{1}{n}$。

图 5.4.2 展示了 1D-CAE 编码和解码的过程。在自编码阶段，输入特征图与一维卷积核进行卷积，在双曲正切函数的作用下，去除冗余信息获得特征表征。在解码阶段，用特征表征通过反卷积操作重构原始输入向量，达到进一步去除噪声的目的。

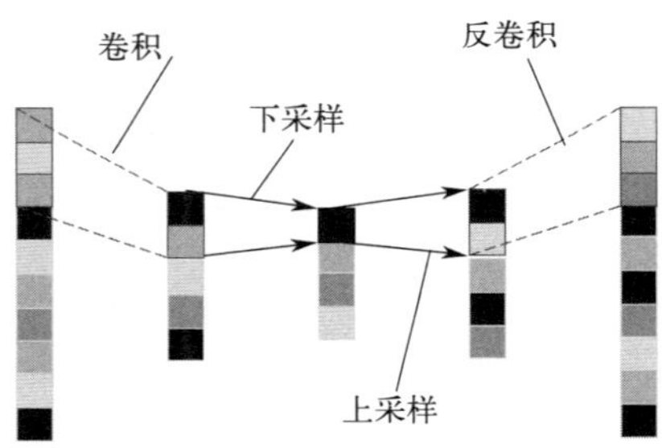

图 5.4.2 一维卷积自编码网络的编码与解码操作

在 1D-CAE 的顶端加入大小为 T 的输出层，用于分类数据。1D-CAE 在特征学习阶段获取的级联特征图 f_v 作为分类层的输入，计算输出为

$$O = f(b_o + w_o f_v) \tag{5.4.6}$$

式中，b_o 和 w_o 分别为输出层的偏置和权值；在反向传播阶段通过梯度下降法优化网络学习参数 k_{ij}^l、b_j^l 和 b_o。与一般前馈反向传播网络不同，卷积层的权重共享在很大程度上减少了网络参数，有利于防止梯度消失。

1D-CAE 的损失函数定义为

$$Loss = \mathrm{avg}|X - \overline{X}|^2 \tag{5.4.7}$$

其中，X 和 $\overline{X}$ 分别为编码器的输入和输出，采用梯度下降法最小化重构误差。网络优化过程如表 5.4.1 所示。首先对 1D-CAE 网络进行权重初始化，然后在无监督预训练和有监督微调阶段分别进行 N 次和 M 次迭代优化权重。

表 5.4.1 1D-CAE 参数优化

输入：输入 $\boldsymbol{X}$，标签 $\boldsymbol{y}$
第一阶段：无监督训练 ①确定卷积层、下采样层、反卷积层和上采样层的超参数和学习率； ②初始化 1D-CAE 网络的权重和偏置参数； For 迭代数 N 输入 $\boldsymbol{X}_i$ 计算卷积层和下采样层的输出特征 $\boldsymbol{f}_v$ 计算上采样层和反卷积层的输出 $\boldsymbol{X}_i'$ 计算重构误差 $\text{avg}\lvert \boldsymbol{X}_i-\boldsymbol{X}_i' \rvert^2$ 计算反卷积层参数的梯度 $\boldsymbol{t}_i$ 更新反卷积层的参数 计算卷积层参数的梯度 $\boldsymbol{d}_i$ 更新卷积层的参数 End For
第二阶段：微调 (1)初始化全连接层的权重和偏置参数 (2)For 迭代数 M 输入 $\boldsymbol{X}_i$ 和标签 $\boldsymbol{y}_i$ 获得卷积层和下采样层的输出特征 $\boldsymbol{f}_v$ 将 $\boldsymbol{f}_v$ 输入全连接层和分类层 预测数据类别 $\boldsymbol{y}_i'$ 通过 $-\sum_x \boldsymbol{y}_i' \log \boldsymbol{y}_i'$ 计算损失 计算全连接层梯度 更新全连接层的权重和偏置参数 End For
输出：具有分类功能的 1D-CAE 模型

5.4.3 一维残差卷积自编码器

从一维振动信号中提取出关键故障特征决定了故障诊断模型的准确性与可靠性。典型的深度神经网络，如卷积神经网络已经在故障诊断中具有良好表现并得到了广泛的应用，但其监督式训练往往需要大量的标签数据，限制了其可应用性。因此，提出了一种新的深度神经网络模型，一维残差卷积自编码器（one-dimension residual convolutional autoencoder，1DRCAE）[22]，并成功地将其应用于振动信号的故障特征无监督的学习与提取，显著地提高了齿轮箱的故障诊断率。首先，提出了一维卷积层与自编码器的有效集成方法，形成了深度一维卷积化自编码器；其次，引入残差学习机制训练一维卷积自编码器，实现对一维振动信号有效的特征提取；最后，基于编码器提取的特征，使用少量标签数据进行分类微调实现齿轮箱故障模式识别。

一维卷积神经网络（1DCNN）的训练需要用到大量的标签数据，获得这些标签数据卷积往往需要耗费很多的时间和费用。1DRCAE 基于自编码器无监督学习的思想，通过卷积和反卷积等运算来提取数据潜在特征，在微调阶段使用少量标签数据训练分类器，网络结构如图 5.4.3 所示。

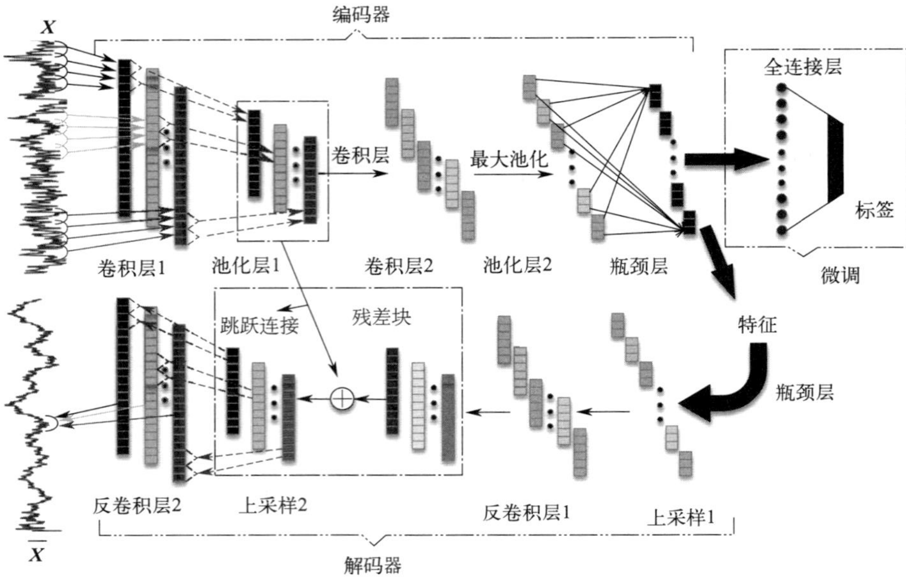

图 5.4.3 一维残差卷积自编码器

1DRCAE 的无监督学习分为编码和解码两个阶段。图 5.4.4 为网络采用的基本计算单元。编码阶段采用卷积和池化对数据进行编码，解码阶段采用了反卷积和上采样对数据进行还原。网络采用一维卷积核作为基本运算单元，可以直接使用一维原始信号；引入残差学习机制改善网络的梯度传导，从而控制重构误差，提高网络特征提取能力。

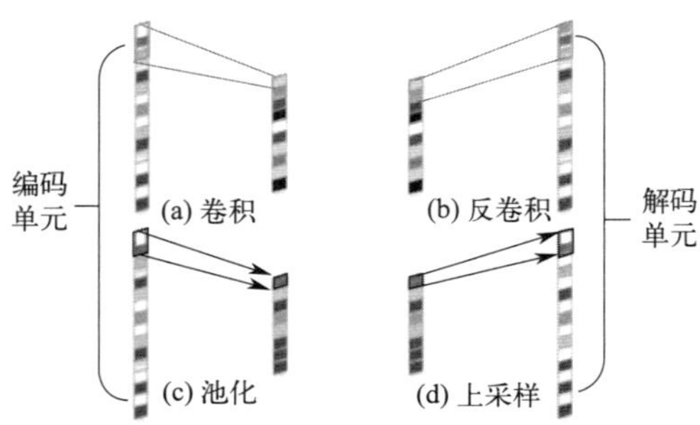

图 5.4.4 网络采用的基本计算单元

① 编码部分由一维卷积层、一维池化层和瓶颈层构成。一维卷积层如图 5.4.4(a) 所示，对第 i 个一维卷积核，其输出为第 i 个通道的特征：

$$C_i = \mathrm{ReLU}(\sum \boldsymbol{X} \odot \boldsymbol{w}_i + \boldsymbol{b}_i) \tag{5.4.8}$$

式中，ReLU 为整流线性单元 (rectified linear unit)[24]，有：

$$\mathrm{ReLU}(x) = \max(0, x) \tag{5.4.9}$$

一维池化层如图 5.4.4(c) 所示，对数据进行降维，对长度为 l 的第 i 个通道的特征，

池化后的输出为

$$\boldsymbol{P}_i(n)=\max_{0\leqslant n\leqslant \frac{l}{S}}\{\boldsymbol{T}_i[n\boldsymbol{W},(n+1)\boldsymbol{W}]\} \tag{5.4.10}$$

其中，池化窗口大小 $W=2$，步幅 $S=2$，池化后每个通道特征的长度变为原来的一半。

瓶颈层的卷积核大小和步幅均为 1，卷积核数量较少的卷积层，这种 1×1 的卷积连接可以进行通道上的降维，且瓶颈层的参数可以学习，瓶颈层可以减少全连接层的神经元，进而降低分类器大小。

② 解码部分主要由反卷积层和上采样层组成，与编码部分的运算相逆。

反卷积层如图 5.4.4(b) 所示，由式(5.4.10) 可反向推导出反卷积层第 i 个通道的输出为

$$D_i=\mathrm{ReLU}(\sum \boldsymbol{X}\otimes\overline{\boldsymbol{w}_i}+\boldsymbol{b}_i) \tag{5.4.11}$$

式中，$\overline{\boldsymbol{w}_i}$ 代表反卷积核，$\otimes$表示反卷积核在输入特征 $\boldsymbol{X}$ 上滑动进行反卷积运算。

上采样层如图 5.4.4(d) 所示，其输出是对上一层输入数据的放大，以恢复池化之后减半的数据维度。对输入的第 i 个特征，其输出为

$$\boldsymbol{U}_k^i=\begin{cases}0,k\neq j_k\\ \boldsymbol{X}^i,k=j_k\end{cases} k\in[t,2t],t=1,2,\cdots,l \tag{5.4.14}$$

式中，l 为特征长度，j_k 为池化时记录的最大值的位置。

③ 残差模块通过跳跃连接传递数据特征，对于残差模块（residual block），上采样层 2（Upsample2）的输入为

$$\boldsymbol{X}_{u2}=D^1(\boldsymbol{X}_{d1})+P^1(\boldsymbol{X}_{p1})=D^1[U^1(\boldsymbol{X}_{u1})]+P^1[C^1(\boldsymbol{X})] \tag{5.4.13}$$

式中，D^1 为反卷积层 1，P^1 为池化层 1，U^1 为上采样层 1，C^1 为卷积层 1，$\boldsymbol{X}$ 为原始输入数据，$\boldsymbol{X}_{d1}$，$\boldsymbol{X}_{p1}$，$\boldsymbol{X}_{u1}$ 为其所在层的输入。

从上式可以看到，$\boldsymbol{X}_{u2}$ 不仅由上一层的反卷积和上采样决定，还保留了原始数据 $\boldsymbol{X}$ 经过卷积和池化后的特征，使得解码器可以更好地重构数据。

对于上采样层 2，其输出为

$$\boldsymbol{y}_{u2}=U^2(\boldsymbol{X}_{u2}) \tag{5.4.14}$$

且 $\boldsymbol{y}_{u2}$ 作为反卷积层 2 的输入，得到输出：

$$\overline{\boldsymbol{X}}=D^2(\boldsymbol{X}_{d2})=D^2(\boldsymbol{y}_{u2}) \tag{5.4.15}$$

从式(5.4.14)～式(5.4.14)中可以看到，1DCNN 网络的输入和输出拥有了一条更短的连接，当使用梯度下降法求解整个网络参数时，这种连接可以避免优化中的梯度问题。对于靠近输入数据的网络第一层，卷积层 1 获得的梯度也由两部分构成，其能够改善编码器的特征提取的训练。

1DRCAE 通过重构输入信号来学习特征，其损失函数为

$$Loss=\mathrm{avg}|\boldsymbol{X}-\overline{\boldsymbol{X}}|^2 \tag{5.4.16}$$

式中，$\boldsymbol{X}$ 和 $\overline{\boldsymbol{X}}$ 分别为编码器的输入和输出。

为了最小化输入和输出的均方误差解码阶段，采用梯度下降法来优化网络参数。

在微调阶段，将编码后的特征输入全连接层和分类器，输出预测标签数据。得到故障分类阶段损失函数为预测标签与真实标签分布的交叉熵：

$$Loss = -\sum_{x} \boldsymbol{p}(x)\log\boldsymbol{q}(x) \tag{5.4.17}$$

式中，$\boldsymbol{q}$ 为真实标签分布，$\boldsymbol{p}$ 为由 Softmax 函数得到预测标签分布。

为了优化该损失函数，首先计算损失函数对 Softmax 函数的梯度：

$$\frac{\partial L}{\partial \boldsymbol{z}^{l+1(j)}} = \sum\nolimits_{k=1}^{m} \boldsymbol{p}_k^j \boldsymbol{q}_k^j - \boldsymbol{p}_k^j \tag{5.4.18}$$

最后再计算全连接层权重 $\boldsymbol{W}$ 和偏差 $\boldsymbol{b}$ 的梯度并更新：

$$\frac{\partial L}{\partial \boldsymbol{W}_{ij}^l} = \frac{\partial L}{\partial \boldsymbol{z}^{l+1(j)}} \times \frac{\partial \boldsymbol{z}^{l+1(j)}}{\partial \boldsymbol{W}_{ij}^l} = \frac{\partial L}{\partial \boldsymbol{z}^{l+1(j)}} \boldsymbol{a}^{l(i)} \tag{5.4.19}$$

$$\frac{\partial L}{\partial \boldsymbol{b}_j^l} = \frac{\partial L}{\partial \boldsymbol{z}^{l+1(j)}} \times \frac{\partial \boldsymbol{z}^{l+1(j)}}{\partial \boldsymbol{b}_j^l} \tag{5.4.20}$$

1DRCAE 的训练和测试过程如表 5.4.2 所示。

表 5.4.2　1DRCAE 的训练和测试过程

输入：训练集 $\boldsymbol{X}$，训练集标签 $\boldsymbol{y}$，测试集 $\tilde{x}$
步骤 1：无监督训练 ① 设定卷积层、池化层、反卷积层、上采样层以及学习率等超参数 ② 随机初始化编码器网络所有权重和偏差 ③ For 训练次数 N ④　　输入 $\boldsymbol{X}_i$ ⑤　　计算卷积、池化输出特征 $\boldsymbol{f}_i$ ⑥　　计算上采样、反卷积输出 $\boldsymbol{X}_i'$ ⑦　　计算误差 $\text{avg}\mid \boldsymbol{X}_i - \boldsymbol{X}_i' \mid^2$ ⑧　　求解反卷积参数梯度 $\boldsymbol{t}_i$ ⑨　　更新反卷积参数 $\boldsymbol{w}^{\mathrm{T}}$、$\boldsymbol{b}^{\mathrm{T}}$ ⑩　　求解卷积梯度参数 $\boldsymbol{d}_i$ ⑪　　更新卷积参数 $\boldsymbol{w}$、$\boldsymbol{b}$ ⑫ End For **步骤 2：**分类微调 ① 初始化全连接层权重和偏差 ② For 训练次数 M ③　　输入 $\boldsymbol{X}_i$、标签 $\boldsymbol{y}_i$ ④　　卷积、池化输出特征 $\boldsymbol{f}_i$ ⑤　　$\boldsymbol{f}_i$ 输入全连接和分类器 ⑥　　输出预测标签 $\boldsymbol{y}_i'$ ⑦　　计算损失 $-\sum_{x} \boldsymbol{y}_i' \log \boldsymbol{y}_i$ ⑧　　求解全连接梯度 ⑨　　更新全连接权重和偏差 ⑩ End For
输出：$\tilde{x}$ 的预测类标签

1DCNN 网络训练使用随机梯度下降方法，使用 Adam 优化算法进行优化，如表 5.4.3 所示。

表 5.4.3 Adam 优化算法

默认参数：$\alpha=0.001,\beta_1=0.9,\beta_2=0.999,\epsilon=10^{-8}$
$m_0 \leftarrow 0$（初始化第 1 个动量参数） $v_0 \leftarrow 0$（初始化第 2 个动量参数） $t \leftarrow 0$（初始化时间步） **while** 网络收敛不满足要求（其中 θ_t 表示网络所有权重和偏置） $t \leftarrow t+1$ $\boldsymbol{g}_t \leftarrow \nabla_\theta f_t(\boldsymbol{\theta}_{t-1})$（计算损失对网络参数的梯度） $\boldsymbol{m}_t \leftarrow \beta_1 \cdot \boldsymbol{m}_{t-1}+(1-\beta_1)\cdot \boldsymbol{g}_t$（更新带有偏差的第 1 动量估计） $\boldsymbol{v}_t \leftarrow \beta_2 \cdot \boldsymbol{v}_{t-1}+(1-\beta_2)\cdot \boldsymbol{g}_t^2$（更新带有偏差的第 2 动量估计） $\hat{\boldsymbol{m}}_t \leftarrow \boldsymbol{m}_t/(1-\beta_1^t)$（计算修正后的第 1 动量估计） $\hat{\boldsymbol{v}}_t \leftarrow \boldsymbol{v}_t/(1-\beta_2^t)$（计算修正后的第 2 动量估计） $\boldsymbol{\theta}_t=\boldsymbol{\theta}_{t-1}-\alpha\times\hat{\boldsymbol{m}}_t/(\sqrt{\hat{\boldsymbol{v}}_t}+\epsilon)$（更新网络参数） **end while**
输出：网络模型参数

5.4.4 基于一维残差卷积自编码器的齿轮箱故障诊断实例

为了验证 1DRCAE 的有效性，使用从行星齿轮箱实验台采集到的振动信号数据进行故障诊断。实验台如图 5.4.5 所示，包含行星齿轮箱（含一个 75 齿太阳齿轮和多个 25 齿行星齿轮）、驱动电机和磁力制动器。诊断信号由固定在变速箱壳体上的加速度传感器收集，采样频率为 30kHz。

图 5.4.5 行星齿轮箱实验台

基于 1DRCAE 的故障诊断流程如图 5.4.6 所示，分为离线训练和在线检测两个部分。离线训练时，使用训练数据训练特征提取器和分类器；在线检测时，网络对输入数据进行分类预测并输出标签。

行星齿轮箱的健康状况为正常、齿牙凹陷、不同程度的齿牙磨损、齿牙裂纹和 3 种模式的轴承缺陷。

实验采集到的振动信号每类有 190 多万个点，我们以 2048 个点作为一个输入样本，得到了含有 6336 个样本的训练集和 3795 个样本的测试集。11 种不同健康状况的振动信号如

图 5.4.7 所示。

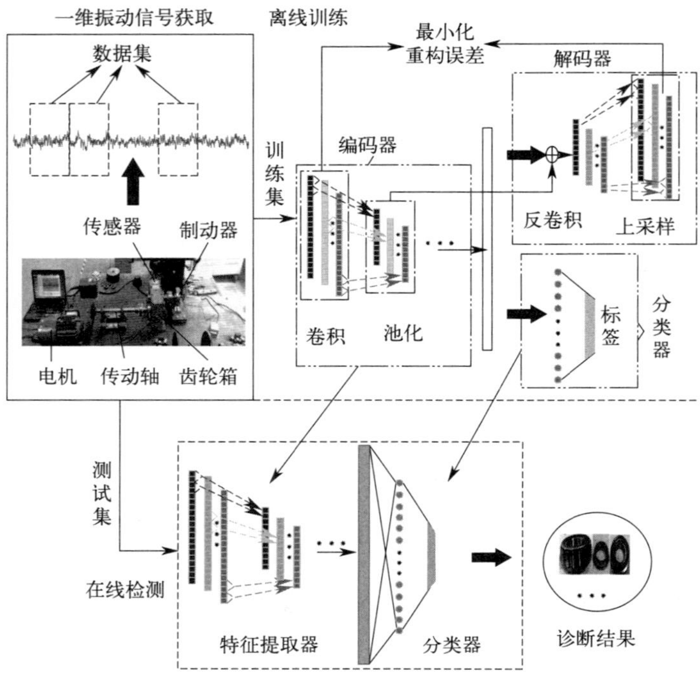

图 5.4.6　基于 1DRCAE 的齿轮箱故障诊断流程

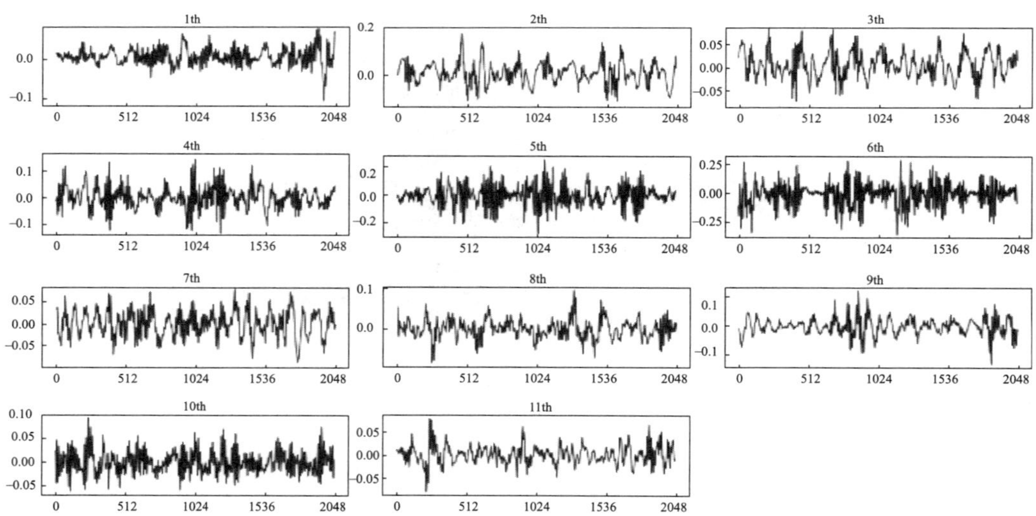

图 5.4.7　11 种齿轮箱状态的振动信号

1DRCAE 的网络参数设定如表 5.4.4 所示，在网络的第一层卷积核中，选用了较宽的卷积核来过滤噪声，同时保持整个网络的对称结构。

表 5.4.4　网络参数

1D-RCAE	参数	值
结构参数	卷积层 1	宽度=64，步长=2
	最大池化层 1	宽度=2，步长=2
	卷积层 2	宽度=4，步长=2
	最大池化层 2	宽度=2，步长=2
	瓶颈层 1&2	宽度=1，步长=1
	上采样 1	宽度=2，步长=2
	反卷积层 1	宽度=4，步长=2
	上采样 2	宽度=2，步长=2
	反卷积层 2	宽度=64，步长=2
超参数	学习率	0.0001
	批次大小	100

训练阶段的损失函数下降如图 5.4.8 所示，无监督训练后，使用 1DRCAE 对几类数据进行了重构，重构输出和原始信号波形图对比如图 5.4.9 所示，可以看到经过编码器重构后的信号其关键特征变得显著，同时噪声得到有效消除，在下节可视化分析中可以看到这种去噪效果来源于第一层充当着滤波器作用的宽卷积核的滤波作用。这个结果充分说明 1DRCAE 具有滤除原始振动信号中噪声，从而提取关键故障特征的能力。

通过无监督学习，比较原始信号输入和 1DRCAE 输出可以看到网络对原始信号的重构较好，证明网络中间层提取到的特征具有较强的代表性。网络训练故障诊断正确率如图 5.4.10 所示。可以看到，当训练次数为 2000 次时，分类正确率就已经超过 80%，随着训练次数的不断增加，1DRCAE 的最终分类正确率在测试集上到达了 96.44%。

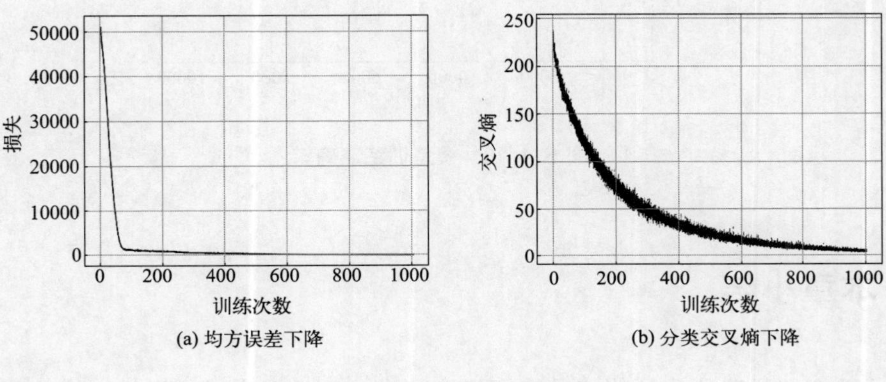

(a) 均方误差下降　　(b) 分类交叉熵下降

图 5.4.8　训练过程损失下降图

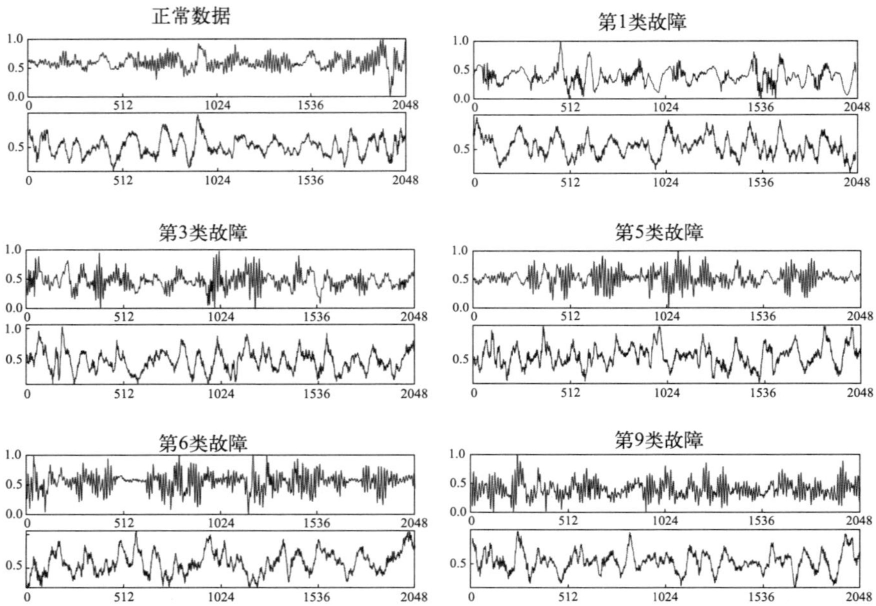

图 5.4.9　几类数据的原始输入和 1DRCAE 重构输出比较

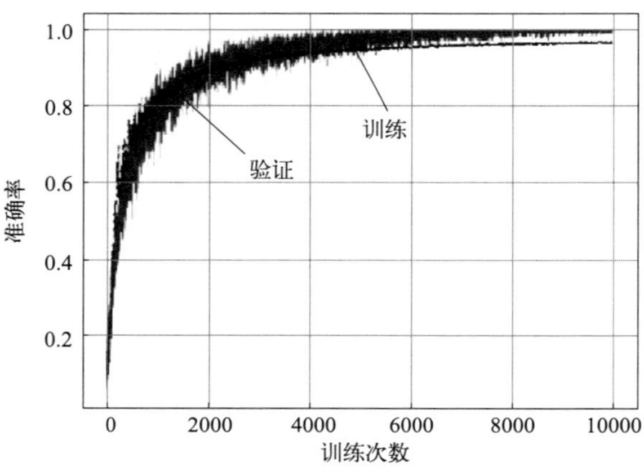

图 5.4.10　模型训练准确率

5.5　本章小结

本章主要介绍了四种典型的信号特征提取技术，包括深度置信网络、堆叠降噪自编码器、卷积神经网络以及卷积自编码器。推导了四种模型的基本原理以及网络结构，同时采用齿轮箱实验台进行模型性能测试，验证了典型深度学习模型在信号特征提取上的有效性，为设备的故障检测、识别故障特征问题提供了解决方法。

参考文献

［1］ Hinton G E，Salakhutdinov R R. Reducing the dimensionality of data with neural networks ［J］. Science，2006，313 (5786)：504-507.

［2］ Vincent P，Larochelle H，Lajoie I，et al. Stacked denoising autoencoders：Learning useful representations in a deep network with a local denoising criterion ［J］. Journal of machine learning research，2010，11 (12)：3371-3408.

［3］ Yu J，Zheng X，Wang S. Stacked denoising autoencoder-based feature learning for out-of-control source recognition in multivariate manufacturing process ［J］. Quality and Reliability Engineering International，2019，35 (1)：204-223.

［4］ Hinton G E，Osindero S，Teh Y W. A fast learning algorithm for deep belief nets ［J］. Neural computation，2006，18 (7)：1527-1554.

［5］ Hinton G E. Training products of experts by minimizing contrastive divergence ［J］. Neural computation，2002，14 (8)：1771-1800.

［6］ Bengio Y，Courville A，Vincent P. Representation learning：A review and new perspectives ［J］. IEEE transactions on pattern analysis and machine intelligence，2013，35 (8)：1798-1828.

［7］ Vincent P，Larochelle H，Lajoie I，et al. Stacked denoising autoencoders：Learning useful representations in a deep network with a local denoising criterion ［J］. Journal of machine learning research，2010，11 (12).

［8］ LeCun Y，Bottou L，Bengio Y，et al. Gradient-based learning applied to document recognition ［J］. Proceedings of the IEEE，2002，86 (11)：2278-2324.

［9］ Graham B. Fractional max-pooling ［J］. arXiv preprint arXiv：1412.6071，2014.

［10］ Lee C Y，Gallagher P W，Tu Z. Generalizing pooling functions in convolutional neural networks：Mixed，gated，and tree ［C］ //Artificial intelligence and statistics. PMLR，2016：464-472.

［11］ Zeiler M D，Fergus R. Stochastic pooling for regularization of deep convolutional neural networks ［J］. arXiv preprint arXiv：1301.3557，2013.

［12］ Shannon C E. A mathematical theory of communication ［J］. The Bell system technical journal，1948，27 (3)：379-423.

［13］ Ranzato M A，Poultney C，Chopra S，et al. Efficient learning of sparse representations with an energy-based model ［J］. Advances in neural information processing systems，2006，19：1137-1144.

［14］ Hinton G E，Salakhutdinov R R. Reducing the dimensionality of data with neural networks ［J］. Science，2006，313 (5786)：504-507.

［15］ Szegedy C，Liu W，Jia Y，et al. Going deeper with convolutions ［C］ //Proceedings of the IEEE conference on computer vision and pattern recognition. 2015：1-9.

［16］ 唐浩，黄伟鹏，李哲媛，等．基于改进的卷积神经网络的负面表情识别方法［J］．华中科技大学学报（自然科学版），2015，43 (S1)：457-460.

［17］ Masci J，Meier U，Cireşan D，et al. Stacked convolutional auto-encoders for hierarchical feature extraction ［J］. International Conference on Artificial Neural Networks，2011，1：52-59.

［18］ Masci J，Meier U，Cireşan D，et al. Stacked Convolutional Auto-Encoders for Hierarchical Feature Extraction ［J］. Lecture Notes in Computer Science，2011，6791：52-59.

［19］ Leng B，Guo S，Zhang X，et al. 3D object retrieval with stacked local convolutional autoencoder ［J］. Signal Processing，2015，112：119-128.

［20］ Hamester D，Barros P，Wermter S. Face expression recognition with a 2-channel convolutional neural network ［C］ //2015 international joint conference on neural networks (IJCNN). IEEE，2015：1-8.

［21］ Holden D，Saito J，Komura T，et al. Learning motion manifolds with convolutional autoencoders ［M］ //SIGGRAPH Asia 2015 technical briefs. 2015：1-4.

［22］ 刘玉驰，蒋玉峰，王树青，等．基于数据融合及残差卷积自编码器的结构损伤识别方法［J］．振动与冲击，2023，42 (04)：194-203.

［23］ Nair V，Hinton G E. Rectified linear units improve restricted boltzmann machines ［C］ //Proceedings of the 27th international conference on machine learning (ICML-10). 2010：807-814.

［24］ King D P，Ba J. Adam：A method for stochastic optimization ［J］. arXiu preprint arXiu：1412.6980，2014.

第6章

基于迁移学习的智能故障诊断技术

近年来，基于数据驱动的机械设备智能故障诊断模型通过传感器获取设备的运行状态基本参数、关联参数和设备的工作状态，充分利用人工智能技术对设备进行检测和分析，为设备的正常工作提供技术支持。以深度学习为代表的机器学习模型能够高效、准确地提取工业信号特征，实现机械设备的故障诊断。迁移学习改变了传统深度学习的故障诊断策略，通过参数迁移、域自适应和知识规则迁移等技术，拓宽了以深度学习方法为基础的机械设备故障诊断系统在现代工业领域的应用前景。本章主要介绍基于迁移学习的智能故障诊断技术，简要介绍迁移学习的基本理论背景，并就基于迁移学习和对抗学习的故障诊断方法展开具体介绍。

6.1 迁移学习的概念

迁移学习是机器学习中的重要研究问题之一，旨在将某个领域或某项任务中学习到的知识或模式应用到不同但相关的领域或问题中。迁移学习与采用半监督学习、有监督学习等方法解决标注数据稀缺问题的本质区别在于，放宽传统机器学习中的两个基本假设：①训练样本与新的测试样本必须满足独立相同分布；②一个好的分类模型必须有足够多的训练样本。其核心思想在于，从相关源领域中迁移知识结构，完成或改进目标领域的学习性能。迁移学习的工作原理如图 6.1.1 所示。

迁移学习涉及域（domain）和任务（task）的概念[1]。域 $\boldsymbol{D}$ 由 m 维的特征空间 $\boldsymbol{X}$ 和特征空间上的边际概率分布 $P(\boldsymbol{x})$ 组成，即 $\boldsymbol{D}=\{\boldsymbol{X}, P(\boldsymbol{x})\}$，$\boldsymbol{x}\in\boldsymbol{X}$。对于给定的领域 $\boldsymbol{D}$，任务 $\boldsymbol{T}$ 由标签空间 $\boldsymbol{Y}$ 和预测模型函数 $f(\boldsymbol{x})$ 构成，$\boldsymbol{T}=\{\boldsymbol{Y}, f(\boldsymbol{x})\}$，$\boldsymbol{y}\in\boldsymbol{Y}$。从统计学角度，预测模型函数 $f(\boldsymbol{x})$ 可解释为条件概率分布，因此 $f(\boldsymbol{x})=P(\boldsymbol{y}|\boldsymbol{x})$。

此处，分别考虑源域（source domain）和目标域（target domain）两个域。对于一个给定的源域，源数据可以定义为 $\boldsymbol{D}_S=\{(\boldsymbol{x}_1^S,\boldsymbol{y}_1^S),(\boldsymbol{x}_2^S,\boldsymbol{y}_2^S),\cdots,(\boldsymbol{x}_n^S,\boldsymbol{y}_n^S)\}$，其中 $\boldsymbol{x}_i^S\in\boldsymbol{X}_S$ 是

数据样本，$\boldsymbol{y}_i^S \in \boldsymbol{Y}_S$ 是与之对应的类别标签数据。类似的，目标域数据可记为 $\boldsymbol{D}_T = \{(\boldsymbol{x}_1^T, \boldsymbol{y}_1^T), (\boldsymbol{x}_2^T, \boldsymbol{y}_2^T), \cdots, (\boldsymbol{x}_n^T, \boldsymbol{y}_n^T)\}$，其中 $\boldsymbol{x}_i^T \in \boldsymbol{X}_S$，$\boldsymbol{y}_i^T \in \boldsymbol{Y}_S$，大多数情况下 $1 \leqslant n_T \ll n_S$。

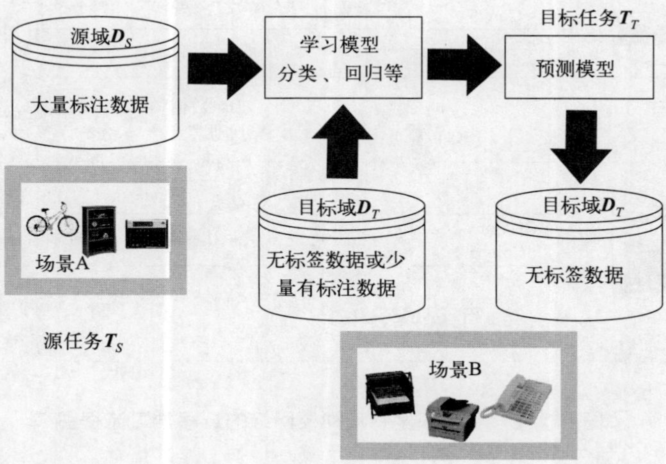

图 6.1.1 迁移学习原理

迁移学习的定义为：给定一个源域 $\boldsymbol{D}_S$ 和对应的源学习任务 $\boldsymbol{T}_S$、一个目标域 $\boldsymbol{D}_T$ 和目标学习任务 $\boldsymbol{T}_T$，迁移学习的目的在于，在 $\boldsymbol{D}_S \neq \boldsymbol{D}_T$，$\boldsymbol{T}_S \neq \boldsymbol{T}_T$ 条件下，利用 $\boldsymbol{D}_S$ 和 $\boldsymbol{T}_S$ 的信息提升目标任务 $\boldsymbol{T}_T$ 的性能与效果，即降低目标域预测模型函数 $f_t(\boldsymbol{x})$ 的泛化误差。

近年来，缺乏有效的标注数据严重制约了深度学习的发展，学术界开始将迁移学习的思想引入深度学习。目前已有众多学者对深度 CNN 模型各层特征做了大量的研究，研究表明：深度 CNN 学习的可迁移特征在新的任务上具有良好的泛化能力。但是，随着网络层数的增加，深度特征由一般特征转为特殊特征，特征在网络高层的可迁移能力急剧下降，极大地增加域间的差异性。其中，Yosinski 等[2] 认为，高层特征更为具体，而较低级的特征更为一般通用，深度网络模型的前几层学习到的是通用的特征，随着网络的加深，后面的网络更偏重于学习特定的特征，因此高层特征更为特定，而底层特征更为低级通用。

深度 CNN 可以从图像中学习到更具有鲁棒性的、泛化能力更好的表达特征，迁移学习利用已有标记的数据去辅助相似未标记数据集的分类等任务。将深度神经网络应用到迁移学习中，充分利用深度神经网络的自主特征学习能力，增强提取特征的表征能力。

目前，常见的基于深度 CNN 的迁移学习是将大规模图像数据集预训练得到的 CNN 特征应用到新的目标任务。即首先利用大量的源数据预训练一个深度 CNN 模型，通过替换该模型的输出层，或者前几层全连接层，使其能够适应新的目标任务输出维度要求，然后随机初始化被替换的部分网络权值，使其余网络层的权重与原预训练好的权重保持一致，最后微调训练目标域数据集，该过程的示意流程如图 6.1.2 所示。

使新的目标图像数据通过预训练好的网络模型，直到被替换的网络层，该过程被看作是对图像特征的提取过程，能够提取更加简洁、更具有表现能力的深度特征。深度网络模型强大的特征提取能力，能够更好地完成新目标任务的知识迁移学习，解决特定领域缺乏有效标注图像样本数据的问题。

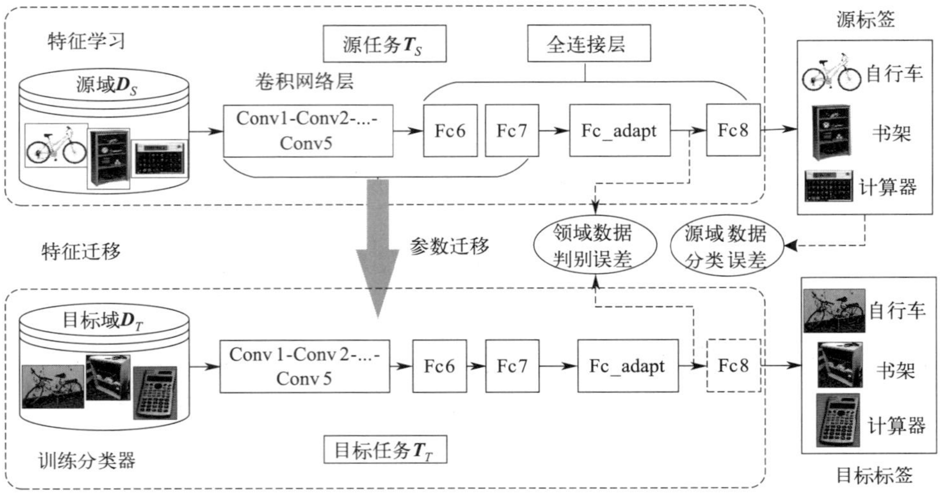

图 6.1.2 基于深度卷积神经网络的迁移学习流程图

6.2 基于迁移学习的域自适应技术

迁移学习在自然语言处理、计算机视觉、模式识别与数据挖掘等领域具有广泛的运用，尤其是在解决目标任务的标注数据稀缺、非平稳泛化误差等问题十分突出的情况下，迁移学习具有很强的现实需求。

根据迁移学习内容的不同，迁移学习方法主要包括基于实例权重的迁移、基于特征表示的迁移、基于结构关系的迁移和基于参数的迁移四种类型[3]。

（1）基于实例权重的迁移学习方法

在迁移学习中，有标签的源领域数据的概率分布 $P_S(\boldsymbol{x})$ 与无标签的目标领域数据的概率分布 $P_T(\boldsymbol{x})$ 是未知的，因此有标签的样本数据并不一定全部有用。基于实例的迁移学习通过度量目标领域与源领域的概率密度比值，即实例权重 $\boldsymbol{w}(\boldsymbol{x})=P_T(\boldsymbol{x})/P_S(\boldsymbol{x})$，以此来重新分配源领域中样本的采样权重。通过调整源领域中的实例权重，提升目标域高密度区域的源领域实例的权重，从而更好地匹配目标领域的数据分布[4]。Huang 等[5] 提出基于核均值匹配（kernel mean matching，KMM）的实例权重估计法，旨在提高加权后源领域数据 $\boldsymbol{D}_S$ 和目标领域数据 $\boldsymbol{D}_T$ 概率分布的相似程度。Jiang 等[6] 提出了最小化分布差异性的风险函数，用以解决自然语言处理任务下的领域适应问题。Dai 等[7] 将集成学习算法扩展到迁移学习中，提出 TrAdaBoost 算法，通过源域数据中有效数据的筛选，过滤无效数据，并且利用集成方法建立权重调整机制，提高有效数据权重，降低无效数据权重。

（2）基于特征表示的迁移学习方法

特征表示法旨在找出原始数据新的特征表示，提高源域和目标领域数据分布的相似性[8]。通过把数据映射到特征空间，得到一个特征向量 $\varphi(x)$，在新的特征空间下加入一些约束，以减少两个域特征之间的分布差异，但只要两个域之间存在一定的相关性，即在特征

空间中存在交集，基于特征的迁移学习方法就能通过上述约束对齐源域和目标域的边缘概率分布，实现知识的转换和重用。换句话说，特征表示迁移方法使得两个域之间的边缘概率分布 $P_S[\varphi(\boldsymbol{x})]$ 和 $P_T[\varphi(\boldsymbol{x})]$ 尽可能相似，同时使得条件概率分布相同，即 $P_S(\boldsymbol{y}|\varphi(\boldsymbol{x}))=P_T(\boldsymbol{y}|\varphi(\boldsymbol{x}))$。

近年来，相继有大量基于特征的迁移学习方法被提出，特别是基于对抗的方法。文献［9］利用最大均值差异准则（maximum mean discrepancy，MMD）度量概率分布差异，并通过最小化该准则，减少两个域特征的差异。在深度域适应网络（deep adaptation network，DAN）[10] 中，将每个域的隐含特征映射到再生希尔伯特空间（reproducing kernel Hilbert space，RKHS）中，再利用 MMD 方法匹配特征分布。在联合域适应网络（joint adaptation network，JAN）[11] 中，基于联合 MMD 方法对齐两个域中的多个特征层的联合分布。深度领域混淆 DDC[12] 采用最小化最大均值差异（MMD），在源域与目标域的数据概率分布差异最小化的同时，最小化图像分类误差，从而学习到更多不同域间的共享特征。域适应神经网络（domain adversarial neural network，DANN）[13] 通过向两个域的隐含特征引入最小最大对抗方法，使得最终产生的两个域的特征差异最小。

（3）基于结构关系的迁移学习方法

由于在实例层面上，源域和目标域数据不具有相似性，难以通过映射两个域的数据到一个公共子空间来减小两者之间的差异，因此基于结构关系的迁移学习方法并不常用。基于结构关系的迁移学习方法要求源域和目标域共享相同的结构关系，并利用结构关系进行知识的转移和重用[14]。

（4）基于参数的迁移学习方法

基于参数的迁移学习方法假设源域和目标域共享一些参数或者先验分布，并利用这些模型参数或者先验分布实现迁移学习。

6.2.1 最大均值差异（MMD）

通过最大均值差异[15] 来对特征引导，使两域的特征分布更加接近。在迁移学习的过程中，最大均值差异往往被用来衡量两个不同但相关的分布的差异，MMD 定义为

$$\mathrm{MMD}(\boldsymbol{X},\boldsymbol{Y})=\left\|\frac{1}{n}\sum_{i=1}^{n}\phi(\boldsymbol{x}_i)-\frac{1}{m}\sum_{j=1}^{m}\phi(\boldsymbol{y}_j)\right\|_H^2 \tag{6.2.1}$$

式中，$\boldsymbol{X}$，$\boldsymbol{Y}$ 代表两个分布；$\boldsymbol{H}$ 表示这个距离是在再生希尔伯特空间中进行度量；ϕ 表示映射核函数。

6.2.2 相关对齐（CORAL）

CORAL[16] 是一种无监督的特征对齐度量，用于计算二阶统计量中源域和目标域的差异。CORAL 可以学习非线性变换以实现深度特征对齐。CORAL 是衡量源域和目标域之间差异的度量标准，其函数表达式为

$$\mathrm{CORAL}(\boldsymbol{D}_S,\boldsymbol{D}_T)=\frac{1}{4d^2}\|\boldsymbol{C}_S-\boldsymbol{C}_T\|_F^2 \tag{6.2.2}$$

式中，$\boldsymbol{D}_S$ 和 $\boldsymbol{D}_T$ 分别为源域数据集和目标域数据集；$\boldsymbol{C}_S$ 和 $\boldsymbol{C}_T$ 分别为源域和目标域信

号数据的特征协方差矩阵，$\|\cdot\|_F^2$ 为平方矩阵的 Frobenius 范数。$\boldsymbol{C}_S$ 和 $\boldsymbol{C}_T$ 的定义为

$$\begin{aligned}\boldsymbol{C}_S&=\frac{1}{n_S-1}\left[\boldsymbol{D}_S^{\mathrm{T}}\boldsymbol{D}_S-\frac{1}{n_S}(\boldsymbol{1}^{\mathrm{T}}\boldsymbol{D}_S)^{\mathrm{T}}(\boldsymbol{1}^{\mathrm{T}}\boldsymbol{D}_S)\right]\\\boldsymbol{C}_T&=\frac{1}{n_T-1}\left[\boldsymbol{D}_T^{\mathrm{T}}\boldsymbol{D}_T-\frac{1}{n_T}(\boldsymbol{1}^{\mathrm{T}}\boldsymbol{D}_T)^{\mathrm{T}}(\boldsymbol{1}^{\mathrm{T}}\boldsymbol{D}_T)\right]\end{aligned}\tag{6.2.3}$$

式中，n_S 和 n_T 分别是源数据和目标数据的数量，并且 **1** 是列向量，其中所有元素均等于 1。

6.2.3 对抗学习

对于对抗网络，它由特征生成器和域鉴别器组成[17]。特征生成器用于为域鉴别器提供公共特征，而域鉴别器用于区分它们是来自源域还是目标域。因此，以对抗的方式使用特征生成器和域鉴别器。训练特征生成器来欺骗域鉴别器。因此，对抗式学习方式的目标可以为

$$\min_{f_G}\max_{f_D}L(f_D,f_G)=-\frac{1}{m}\sum_{i}^{m}(D_i\log f_D[f_G(\boldsymbol{x}_i)]+(1-D_i)\log(1-f_D[f_G(\boldsymbol{x}_i)]))\tag{6.2.4}$$

式中，$f_G(\cdot)$ 表示特征生成器的函数映射，$f_D(\cdot)$ 表示由两个完全连接的层组成的域鉴别器的函数映射。需要注意的是，特征生成器的目标函数被期望最小化，而域鉴别器的目标函数被训练为最大化。因此，通过不断的对抗性训练，最终可以获得领域不变的特征。

6.3 基于迁移学习的特征提取与故障诊断技术

如图 6.3.1 所示，本节提出了一种基于迁移学习的 DenseNet-SDAE 故障诊断模型[12]。通过将大型数据集 ImageNet 上预训练完成的 DenseNet 权重参数迁移到目标模型，并重新设计最终的全连接分类层，可有效地提取振动信号图像的高维抽象特征。SDAE 嵌入在完全连接的层之后，可以进一步减小特征的尺寸并提取代表性特征。

(1) 基于迁移学习的 DenseNet 网络

DenseNet 通常由多个密集连接模块和过渡层组成，本节选取网络深度为 169 的密集连接神经网络作为故障诊断系统的特征抽取模型，DenseNet169 中，前 4 个密集连接模块的权重参数是从 ImageNet 上预训练好的模型中迁移得到，作为新模型的初始权重参数。

图 6.3.2 展示了齿轮箱故障诊断任务中 DenseNet169 的网络结构。从中可知，点划线区域是基于迁移学习的特征提取模块，虚线区域是依据本节数据特征重新设计的分类层，结构表中的参数 k 代表每个卷积层滤波器的数量，在每个密集连接模块中交替使用 1×1 和 3×3 卷积运算，在分类层中使用 Softmax 函数将神经元输出转换为概率：

$$\mathrm{Softmax}([\boldsymbol{x}_1,\cdots,\boldsymbol{x}_n]^{\mathrm{T}})=\left[\frac{\exp(\boldsymbol{x}_1)}{\sum\limits_{i=1}^{n}\exp(\boldsymbol{x}_i)},\cdots,\frac{\exp(\boldsymbol{x}_n)}{\sum\limits_{i=1}^{n}\exp(\boldsymbol{x}_i)}\right]^{\mathrm{T}}\tag{6.3.1}$$

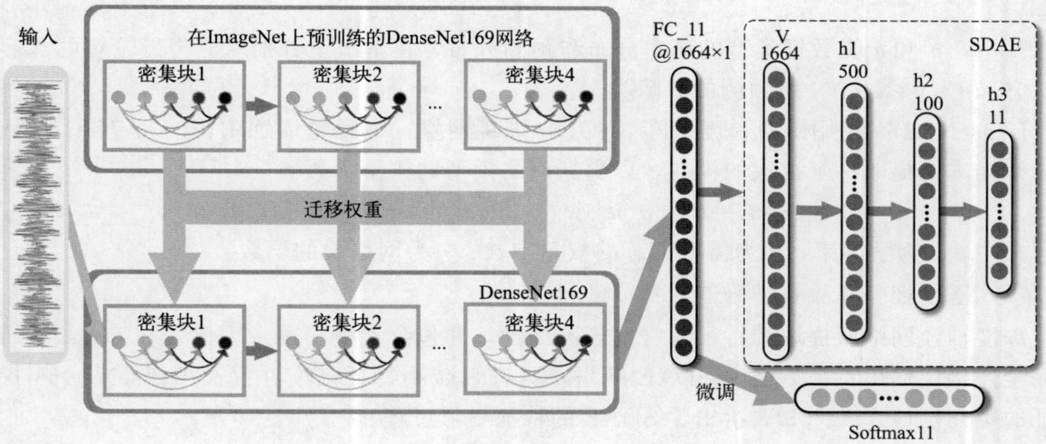

图 6.3.1　基于迁移学习的 DenseNet-SDAE 模型

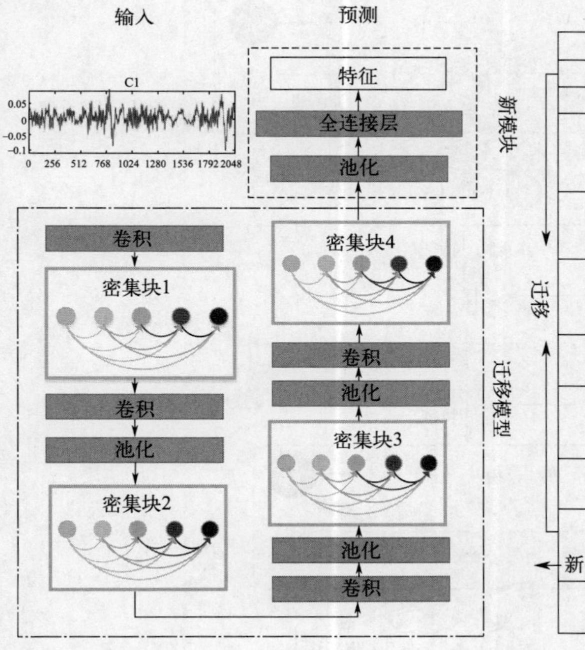

层	DenseNet169(增长率k=32)
卷积	7×7 卷积，步长为 2
池化	3×3 卷积，步长 为2
密集块1	[1×1 卷积]×6 [3×3 卷积]×6
过渡层	1×1 卷积 2×2平均池化，步长为2
密集块2	[1×1 卷积]×12 [3×3 卷积]×12
过渡层	1×1 卷积 2×2平均池化，步长为2
密集块3	[1×1 卷积]×32 [3×3 卷积]×32
过渡层	1×1 卷积 2×2平均池化，步长为2
密集块4	[1×1 卷积]×32 [3×3 卷积]×32
分类层	7×7 全局平均池化 11维全连接,Softmax(激活函数)

图 6.3.2　基于迁移学习的 DenseNet

式中，$\boldsymbol{x}_1$，…，$\boldsymbol{x}_n$ 为完全连接层的输出值。全连接层通过 Softmax 函数将对应的值映射到 0～1 的区间中，并将预测值转换为可能事件的概率分布。由于本节任务中齿轮箱共有 11 种故障状态，因此，齿轮箱故障诊断模型将全连接层的神经元数设置为 11。

DenseNet169 使用交叉熵损失作为目标函数来衡量识别预测结果与真实结果之间的差异，交叉熵损失函数为

$$H(p,q) = -\sum_x p(x)\log q(x) \tag{6.3.2}$$

式中，p 和 q 为数据类型的真实分布和预测分布，在本节里分别对应为齿轮箱的真实故障状态和 DenseNet169 所预测的故障类型。

DenseNet169 使用随机梯度下降（SGD）训练网络。在每轮训练中，DenseNet169 从所有训练样本中提取一个批次的样本，以更新网络模型的权重参数：

$$\boldsymbol{\theta}_i = \boldsymbol{\theta}_i - \alpha[\boldsymbol{h}_\theta(\boldsymbol{x}_0^{(j)}, \cdots, \boldsymbol{x}_n^{(j)}) - \boldsymbol{y}_j]\boldsymbol{x}_i^{(j)} \tag{6.3.3}$$

式中，α 为学习率，$\boldsymbol{\theta}$ 为需要训练的权重参数；j 为网络层的层数。

（2）基于堆叠降噪自编码器的特征学习

深度神经网络所提取的特征通常呈现高维性，并包含大量噪声。因此，在 DenseNet169 的完全连接层输出特征后嵌入 SDAE 网络，可有效减小特征维度并提高 DenseNet169 提取特征的类判别性。图 6.3.3 给出了 SDAE 的特征学习过程。

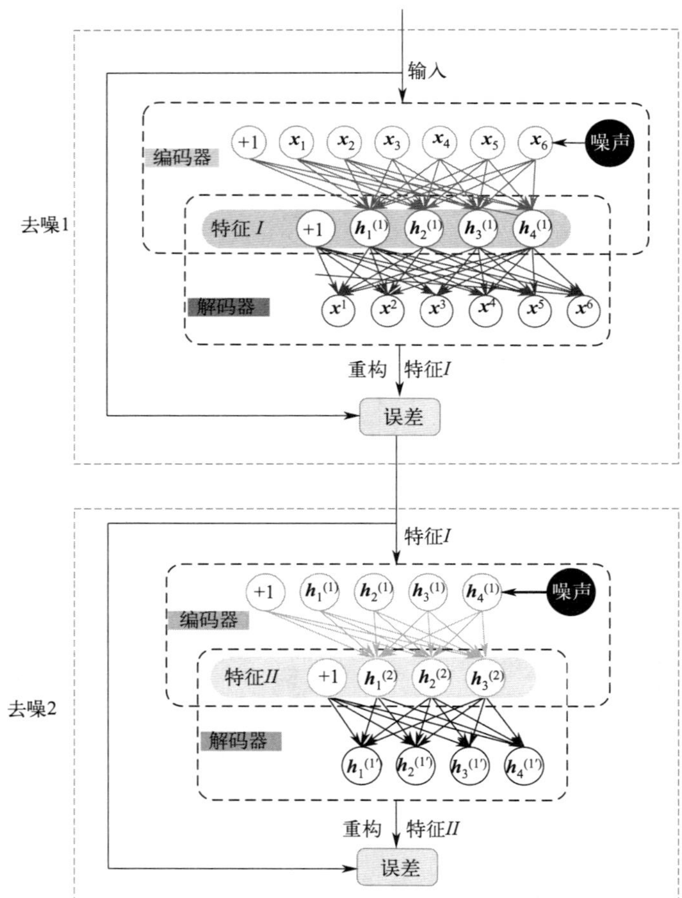

图 6.3.3　SDAE 的特征学习过程

（3）实验数据分析

如图 6.3.4 所示，本节以综合了各种缺陷类别的行星齿轮箱试验台为基础，验证所提出的故障诊断方法的有效性。该试验台包含一个行星齿轮箱（带有一个 75 齿中心齿轮和多个 25 齿行星齿轮）、一个驱动电机和一个电磁制动器。振动数据通过固定在变速箱壳体上的加速度计收集。本实验平台中，加速度传感器的采样频率为 20kHz，数据长度为 8192 点。

图 6.3.5 显示了齿轮箱的缺陷状态。实验测试由齿轮箱的 12 种健康状况组成的齿轮故障：正常，点蚀齿，六个缺陷等级的磨损齿，裂纹齿，轴承内圈缺陷，轴承滚动体缺陷和保持架缺陷。这些不同故障状态下振动能够有效代表变速箱性能在整个生命周期中的变化。

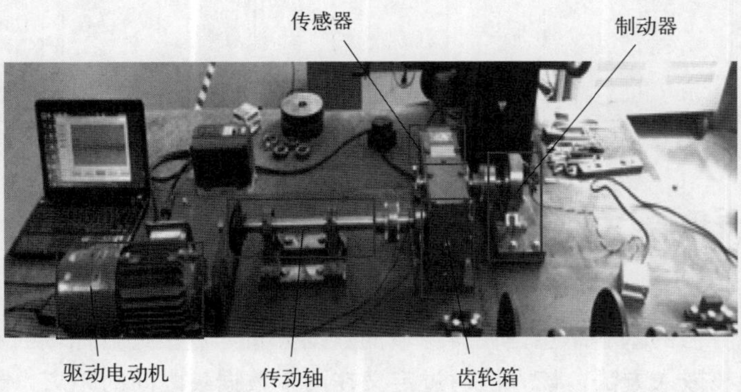

图 6.3.4 齿轮箱工作台

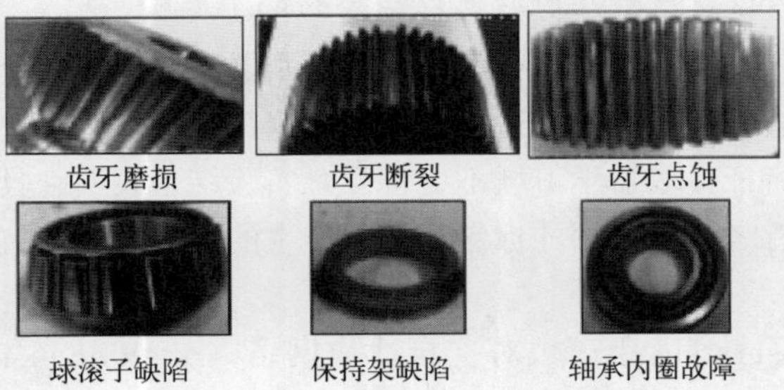

看彩图

图 6.3.5 齿轮箱的缺陷状态

（4）DenseNet-SDAE 识别性能分析

表 6.3.1 展示了基于 DenseNet-SDAE 的齿轮箱故障诊断任务识别率的混淆矩阵。DenseNet-SDAE 在测试数据集上的正确率为 99.9%。这表明 DenseNet-SDAE 可以有效地从振动信号图像中学习特征。尤其是缺陷类别 C2～C7，它们属于连续磨损变化，并通常显示出相似的图案特征，不易区别。但 DenseNet-SDAE 依旧可以非常有效地识别这类故障诊断类别，因为可以通过迁移学习，利用深入的 DenseNet 和 SDAE 有效地学习这些功能。

表 6.3.1 基于 DenseNet-SDAE 的齿轮箱故障诊断结果混淆矩阵

缺陷类别	C1	C2	C3	C4	C5	C6	C7	C8	C9	C10	C11
C1	100	0	0	0	0	0	0	0	0	0	0
C2	0	100	0	0	0	0	0	0	0	0	0
C3	0	0	100	0	0	0	0	0	0	0	0
C4	0	0	0	99.5	0.5	0	0	0	0	0	0
C5	0	0	0	0	100	0	0	0	0	0	0
C6	0	0	0	0	0.5	99.5	0	0	0	0	0
C7	0	0	0	0	0	0	100	0	0	0	0
C8	0	0	0	0	0	0	0	100	0	0	0
C9	0	0	0	0	0	0	0	0	100	0	0
C10	0	0	0	0	0	0	0	0	0	100	0
C11	0	0	0	0	0	0	0	0	0	0	100

6.4 基于对抗学习的特征提取与故障诊断技术

目前迁移学习方法的基本思想是使得源域的数据分布尽量接近目标域的数据分布，主要有两种方法。一种是核嵌入方法，该方法通过定义在两个数据集之间的距离，最小化该距离，此时即可以将源域的模型迁移到目标域上。代表性的工作是龙明盛提出的深度领域混淆 DDC[18] 和深度域适应网络（DAN）[10]。DDC 和 DAN 作为深度迁移学习的代表性方法，充分利用了深度网络的可迁移特性，同时把统计学习中的最大化均值差异距离（MMD）引入，取得了较好的效果，然而 MMD 具有选择核方法以及选择核参数的不便性。另一种方法是基于对抗学习，在源域和目标域之间加入一个判别器进行学习，若判别器不能区分两个域的特征分布，则可以做迁移学习的特征。代表性的工作是域适应神经网络（DANN）[11]，DANN 通过引入对抗学习方法，使得域分类器和特征提取器学习域不变特征，实验结果表明它具有比其他迁移学习更好的效果。然而，由于没有考虑到数据的标签信息，产生的特征虽然具有良好的域不变特性，却不具备类区分性。

本节使用一维 Wasserstein 距离域对抗自适应网络（one-dimension Wasserstein domain adversarial network，1DWDAN）[12] 完成实验室仿真数据知识到实际轴承数据的故障诊断，1DWDAN 的整体网络系统如图 6.4.1 所示。本节提出的 1DWDAN 由三个模块组成：①一维残差特征生成器 $G=f_g(\boldsymbol{x})$；②域自适应器 $D=f_d(\boldsymbol{z},\boldsymbol{y})$；③全连接特征分类器 $C=f_c(\boldsymbol{z})$。首先，特征生成模块 G 能够通过一维残差卷积神经网络自动地根据原始输入信号生成各个缺陷模式下的深度特征，其残差模块提取整个网络中的浅层特征和深层特征，增强了模型的特征分析能力，能够优化深度学习的梯度消失问题，使整个模型易于收敛。特征生成器通过权重参数共享的方法将源域中的知识规则迁移至目标域，辅助目标域网络进行特征提取。其次，域自适应器 D 由特征分布差异目标函数和域判别器组成，该模块通过对比分析从源域和目标域的原始信号中生成特征的分布差异，辅助特征生成模块生成源域和目标域通用的无差别特征。域判别器综合对比特征生成器所提取的两域特征，基于 MMD 和 Wasserstein 距离的域判别器对所提取的特征进行打分，并将相关信息反馈回特征生成器，当所生成的通用特征已经能成功地混淆域判别器时，则可认为该模型具有域自适应能力。最后，分

类模块 C 将所提取的特征输入至全连接层和 Softmax 分类器中，得到最后的分类结果。

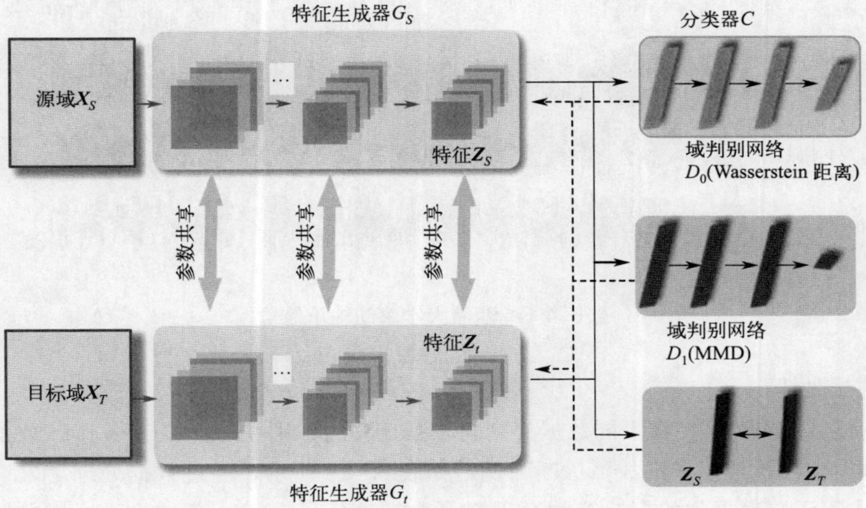

图 6.4.1 1DWDAN 网络模型

（1）IMS 数据

为了验证所提出方法的有效性，本节通过测试近似数据集之间的相互迁移任务，分析 1DWDAN 的鲁棒性。IMS 轴承数据集由智能维护系统组织（Intelligent maintenance systems，IMS）从轴承实验平台上收集[16]，如图 6.4.2 所示。实验平台共安装了四个双列轴承，轴承座上安装了加速度计以获取振动信号。实验过程中，轴承在长时间运行后逐渐失效，三个轴承分别发生了外圈失效、内圈失效和滚动体失效三种故障。

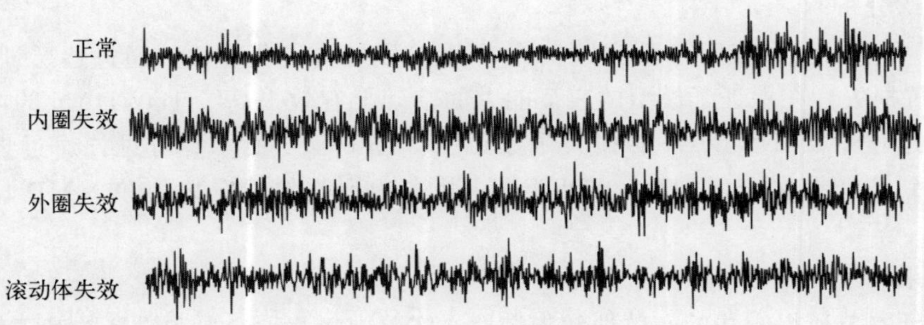

图 6.4.2 IMS 滚动轴承信号

（2）西储数据

西储大学（Case Western Reserve University，CWRU）轴承数据集（图 6.4.3）采集于真实的实验平台。该实验通过加速度传感器采集轴承上的振动信号。该实验共采集到正常、内圈缺陷、外圈缺陷和滚动体缺陷共四种状态下的轴承信号。

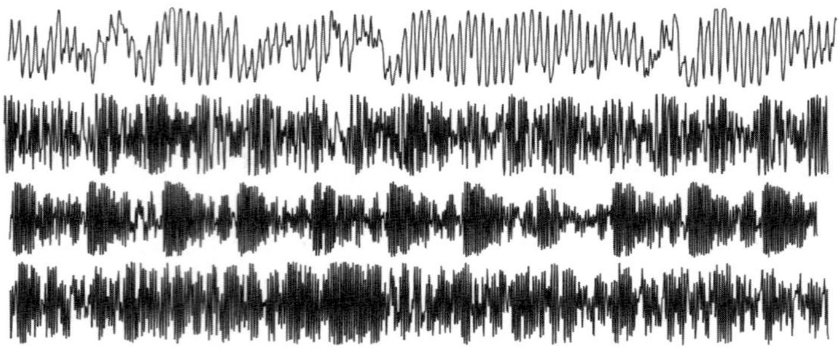

图 6.4.3 西储大学滚动轴承信号

(3) 数据处理

本节测试了 1DWDAN 在不同数据集之间相互迁移的识别性能。以迁移 IMS 数据集知识信息辅助西储大学轴承数据集的故障诊断为例，如表 6.4.1 所示，经过数据处理后，训练集共包含 1000 条作为源域数据集的有标签的 IMS 轴承数据集信号，1000 条作为目标域数据集的无标签西储大学轴承数据集信号，测试集中包含 1000 条无标签数据。

表 6.4.1 训练任务相关数据集

类标签	缺陷位置	源域训练集：有标签 IMS 轴承数据集信号	目标域训练集：西储大学轴承数据集无标签数据	测试集：西储大学轴承数据集信号
0	正常	1000×1200	1000×1200	1000×1200
1	内圆	1000×1200	1000×1200	1000×1200
2	外圆	1000×1200	1000×1200	1000×1200
3	滚动体	1000×1200	1000×1200	1000×1200

(4) 训练分析

本节采用全新的深度迁移对抗网络架构和多阶段对抗优化算法，通过逐层训练交叉熵、MMD 和对抗损失，在保证了模型的表征能力的基础上有效提高了 1DWDAN 的域自适应能力。在训练过程中，1DWDAN 的损失函数记录如图 6.4.4 所示。可见，通过迁移学习方法，经过不到 200 批次迭代训练，1DWDAN 基本达到收敛，交叉熵和 MMD 均处于较低水平。

(5) 结果比较

为了验证本节所提方法的有效性和先进性，实验中将几种经典和最新的基于特征的迁移学习识别方法作为 1DWDAN 的比较对象。

DaNN[19]、DAN[10]、DANN[13]、CORAL[15]、DCTLN[20] 为近几年提出的典型深度迁移学习算法，并在各类滚动轴承数据集上取得了较好的实验效果。为了避免网络结构的差异，本节将所有算法的神经网络模型都统一设置为相同结构的一维残差卷积神经网络。各类算法所提出的迁移学习方法如表 6.4.2 所示。其中，DaNN 算法在深度神经网络中引入了 MMD 损失，缩小两域的特征分布差异。DAN 在神经网络中的多个特征表示层中都引入了 MMD 损失，综合考虑了不同域中的深层特征和浅层特征的分布差异。DANN 将域判别器加入模型，对神经网络生成的特征进行对抗训练，得到无差别通用特征。CORAL 将二阶统计量作为衡量两域特征差异的函数。DCTLN 综合了传统对抗损失和 MMD。本节所提出的 WDA 方法将 Wasserstein 损失引入生成对抗模型；而 1DWDAN 综合了 Wasserstein 损失和 MMD 损失，并重新设计了训练框架，生成得到了通用特征，对不同故障类型进行了有效诊断。

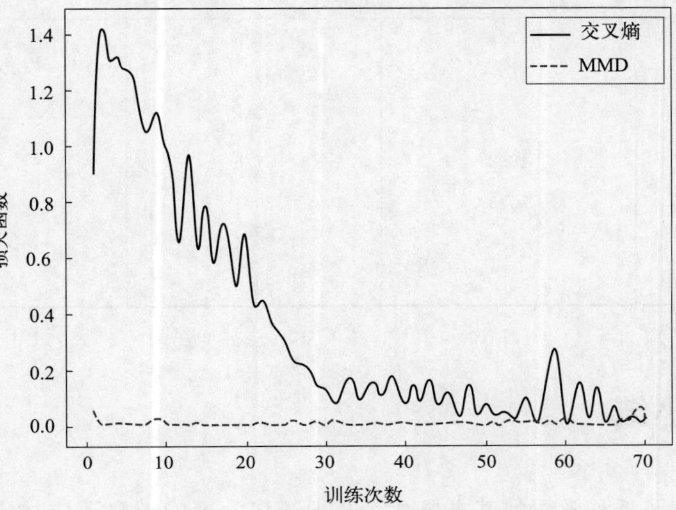

图 6.4.4　1DWDAN 训练过程损失函数

表 6.4.2　不同迁移方法

方法	特征	迁移方法
DaNN	深度学习特征	MMD
DAN	深度学习特征	MK-MMD
DANN	深度学习特征	Adversarial
CORAL	深度学习特征	二阶统计量
DCTLN	深度学习特征	Adversarial Loss & MMD
WDA	深度学习特征	Wasserstein loss
1DWDAN	深度学习特征	Wasserstein & MMD

本实验采用 F1-SCORE 来衡量模型的识别性能，F1 为预测准确率和召回率的调和平均数，该数值更加能够综合体现模型识别性能的稳定性。其中，预测准确率是表示预测为正的样本中有多少是真正的正样本，召回率是指样本中的正例有多少被预测正确。各模型的综合识别率如表 6.4.3 所示，从中可见 1DWDAN 算法在不同数据之间相互迁移的实验任务中识别性能优异，具有最高的识别 F1 值，该指标高达 86.1%。此外，实验结果表明了基于域对抗的深度神经网络模型（如 DANN、DCTLN、WDA、1DWDAN）的识别准确率明显优于其他传统的迁移学习实验模型。在这些深度对抗神经网络模型中，对比 DCTLN 和 1DWDAN 两者的综合识别性能，可以得出结论，相比于传统域对抗模型，基于 Wasserstein 距离的深度神经网络和多阶段优化算法框架能够进一步提升模型的域自适应能力和识别性

能。而通过对比 WDA 和 1DWDAN 的识别性能，实验结果表明，相比于单一 Wasserstein 距离，融合了 MMD 和 Wasserstein 距离的域自适应模块能够有效提高模型在目标域的识别性能和识别稳定性。

表 6.4.3 CWRU 和 IMS 轴承数据集相互迁移的 F1-SCORE 识别率　　单位：%

实验方法	I→C	C→I	平均值
DaNN	47.4	27.5	37.5
DAN	40.5	32.5	36.5
DANN	70.9	68.3	69.6
CORAL	48.3	57.6	53.0
DCTLN	75.3	80.4	77.9
WDA	64.8	75.5	70.2
1DWDAN	92.5	79.6	86.1

6.5 本章小结

本章主要介绍了迁移学习的基本概念，基于迁移学习的域自适应技术和基于迁移学习、对抗学习的特征提取和故障诊断方法。并结合滚动轴承的故障诊断试验的案例，对基于迁移学习的故障诊断技术的有效性进行了验证。迁移学习方法为解决多工况条件下的故障诊断问题提供了有效的解决方法。

参考文献

[1] Pan S J, Yang Q. A survey on transfer learning [J]. IEEE Transactions on Knowledge and Data Engineering, 2010, 22 (10): 1345-1359.

[2] Yosinski J, Clune J, Bengio Y, et al. How transferable are features in deep neural networks [C] //Advances in Neural Information Processing Systems. 2014: 3320-3328.

[3] LeCun Y, Bengio Y, Hinton G. Deep learning [J]. Nature, 2015, 521 (7553): 436.

[4] DaiW Y Q, YangQ X G R. Boostingfortransfer learning [J]. Proceedings of the 24th international conferenceonmachinelearning, 2007, 193: 200.

[5] Huang J, Gretton A, Borgwardt K M, et al. Correcting sample selection bias by unlabeled data [C] //Advances in Neural Information Processing Systems. 2007: 601-608.

[6] Jiang J, Zhai C X. Instance weighting for domain adaptation in NLP [C] //Proceedings of the 45th Annual Meeting of the Association of Computational Linguistics. 2007: 264-271.

[7] Dai W, Yang Q, Xue G R, et al. Boosting for transfer learning [C] //International Conference on Machine Learning. 2007.

[8] Pan S J, Tsang I W, Kwok J T, et al. Domain adaptation via transfer component analysis [J]. IEEE Transactions on Neural Networks, 2011, 22 (2): 199-210.

[9] Duan L, Xu D, Tsang I W, et al. Visual event recognition in videos by learning from Web data [J]. IEEE Transactions on Pattern Analysis and Machine Intelligence, 2012, 34 (9): 1667-1680.

[10] Long M, Cao Y, Wang J, et al. Learning transferable features with deep adaptation networks [C] //International conference on machine learning. PMLR, 2015: 97-105.

[11] Long M, Wang J, Ding G, et al. Transfer feature learning with joint distribution adaptation [C] //Proceedings of the IEEE International Conference on Computer Vision. 2013: 2200-2207.
[12] Tzeng E, Hoffman J, Zhang N, et al. Deep domain confusion: Maximizing for domain invariance [J] . arXiv preprint arXiv: 1412.3474, 2014.
[13] Ganin Y, Lempitsky V. Unsupervised Domain Adaptation by Backpropagation [J] . stat, 2014, 1050: 26.
[14] Blitzer J, McDonald R, Pereira F. Domain adaptation with structural correspondence learning [C] //Proceedings of the 2006 conference on empirical methods in natural language processing. 2006: 120-128.
[15] Sun B, Saenko K. Deep coral: Correlation alignment for deep domain adaptation [C] //European conference on computer vision. Cham: Springer International Publishing, 2016: 443-450.
[16] 沈宗礼．基于迁移学习的机械设备智能故障诊断 [D]．同济大学，2021.
[17] Tzeng E, Hoffman J, Zhang N, et al. Deep domain confusion: Maximizing for domain invariance [J] . arXiv preprint arXiv: 1412.3474, 2014.
[18] Qiu H, Lee J, Lin J, et al. Wavelet filter-based weak signature detection method and its application on rolling element bearing prognostics [J] . Journal of Sound and Vibration, 2006, 289 (4-5): 1066-1090.
[19] Ghifary M, Kleijn W B, Zhang M. Domain adaptive neural networks for object recognition [C] //Pacific Rim International Conference on Artificial Intelligence (PRICAI), Gold Coast, Australia: Springer, 2014: 898-904.
[20] Guo L, Lei Y, Xing S, et al. Deep convolutional transfer learning network: a new method for intelligent fault diagnosis of machines with unlabeled data [J] . IEEE Transactions on Industrial Electronics, 2019, 66 (9): 7316-7325.

第7章

基于增量学习的机械故障诊断技术

近两年深度学习技术在故障诊断等领域得到广泛应用，在一定条件下甚至可以赶超人类的认知水平，但是众多深度学习方法需要大量数据及计算资源作为支撑，以此来训练深度学习模型。此外，目前用于故障诊断的深度学习模型对于训练过程中未曾见过的故障类别很难识别准确，模型参数的更新大多依赖当前训练数据，且更新后的参数对于过去的任务很难适用。因此，为解决上述问题，众多学者开展增量学习的研究，该方法可以在有限的计算资源及数据存储能力的条件下，实现持续学习，即不断地从新数据学习新知识，同时保留过去学习到的知识，使模型具有一定的可塑性及稳定性。本章主要从增量学习的概念、基于生成对抗网络的增量学习及基于增量学习的机械故障诊断等方面简单讲述增量学习及其在机械故障诊断领域的应用。

7.1 增量学习的概念

（1）增量学习的定义

增量学习是指在学习新知识的同时能够很好地保留旧知识的一种学习模式。增量学习与人类自身的成长非常相似，人自身在成长过程中逐步学习新的知识，同时对于过往学到的旧知识并不会完全忘记。增量学习[1] 的定义主要包括：

① 可以从新数据中获取新知识；

② 能够更新和识别新的类别；

③ 在保留以前所学知识的同时，逐渐学习新的知识；

④ 模型在训练前没有所有训练样本的先验知识。

（2）增量学习的起因

在深度学习领域，传统的深度神经网络无法满足在给定时间内处理随时间变化的数据变化的要求，导致未处理的数据越来越多。传统的深度学习对数据进行批量处理，所有对象的类别都是预先知道的，所有训练数据都可以以任意顺序同时访问。然而，经过训练的深度学习模型在学习新类别的知识时，往往会忘记之前学过的所有知识，这种现象被称为灾难性遗忘[2,3]。如果训练网络模型并将其应用于特定类别的数据，然后再用网络模型学习新的类别数据，网络模型对前一个类别的性能明显降低，对当前类别的性能更好。为了克服灾难性遗忘，我们希望模型可以有效地从新数据中提取有效信息（可塑性），同时防止新数据对已有知识的干扰（稳定性）。因此，增量学习产生的原因就是在计算能力及数据存储能力有限的情况下，在可塑性与稳定性之间寻求平衡。

（3）增量学习的特点

增量学习一般有如下几个特点：

① 模型在学习新知识的同时会保留旧知识；

② 模型不依赖以往的数据，即完成该任务的学习后，该任务的数据会逐渐从存储内存中删除；

③ 模型可以从新数据中持续学习，即具有可训练性。

7.2 基于生成对抗网络的增量学习

增量学习可以有效解决灾难性遗忘问题，使得模型具有更强的可塑性与稳定性。目前主流的增量学习包括两类：基于生成式对抗网络（generative adversarial network，GAN）的方法和基于代表性样本的方法。基于 GAN 的方法在模型学习后将旧数据删除，通过 GAN 来生成各个类别的旧数据，并与新数据共同参与训练，因而该方法可以有效避免大量数据的存储问题。基于代表性样本的方法则是从以往数据中保存一定数量的具有代表性的样本，并将这些样本与新数据混合参与模型训练更新。本节主要介绍基于 GAN 的增量学习方法。

7.2.1 生成式对抗网络

近年来，GAN 因其强大的数据增广能力，在图像和视觉领域得到了广泛应用[4]。此外，GAN 已经开始被逐渐应用于工业故障识别中：如模拟失效轴承故障信号[5]、缓解生产过程中的样本损失[6] 等。GAN 的对抗学习思想启发自博弈论中的纳什平衡。模型中博弈双方分别由生成器（Generator，G）和判别器（Discriminator，D）来实现。G 主要负责通过随机隐变量 z 生成服从真实数据分布的样本 $G(z)$，D 负责识别输入的数据样本为 G 生成的假样本 $G(z)$ 还是真实数据 x，通过两者之间的对抗学习实现对真实数据分布的拟合，同时根据该分布生成新的样本数据，其网络模型如图 7.2.1 所示。

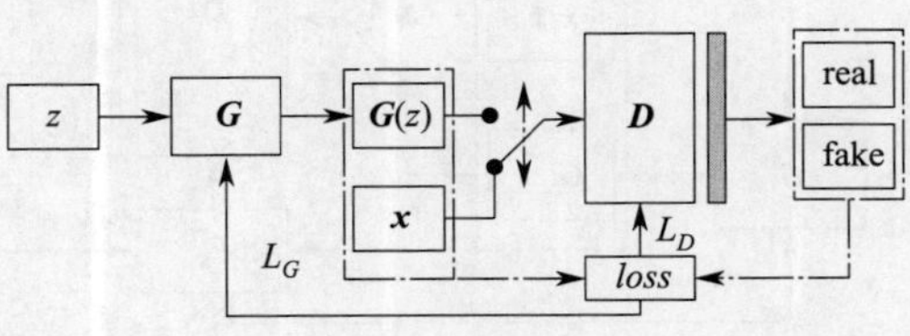

图 7.2.1 生成式对抗网络

GAN 优化的目标可定义为 **G** 和 **D** 的零和博弈：

$$\max_{D}\ \min_{G}(\boldsymbol{\theta}_G,\boldsymbol{\theta}_D)=E_{x\sim p_{\text{data}}(x)}[\log D(\boldsymbol{x})]+E_{x\sim p_z(x)}[1-\log(D[G(z)])] \tag{7.2.1}$$

（1）条件式生成式对抗网络

原始的 GAN 的生成器只能根据随机噪声生成数据，生成数据的具体模式是完全自由无监督的，导致单个生成数据可能混合了几个模式的区分性特征。为了解决上述问题，条件式生成式对抗网络（conditional generative adversarial network，CGAN）构建了一种带条件约束的 GAN，首次将 GAN 应用于有监督学习。在 CGAN 的生成器模型中，条件变量 **y** 作为一个额外的输入层（additional input layer），与随机噪声组合形成了一个联合的隐层表达。

如图 7.2.2 所示，CGAN 在 **G** 和 **D** 中分别引入条件变量 **y** 作为输入层的一部分，从而利用表征信息指导数据生成，其目标函数可表示为

$$\max_{D}\ \min_{G}V(\boldsymbol{\theta}_G,\boldsymbol{\theta}_D)=E_{x\sim p_{\text{data}}(x)}[\log D(\boldsymbol{x}\mid\boldsymbol{y})]+E_{z\sim p_z(z)}[1-\log(D[G(z\mid\boldsymbol{y})])] \tag{7.2.2}$$

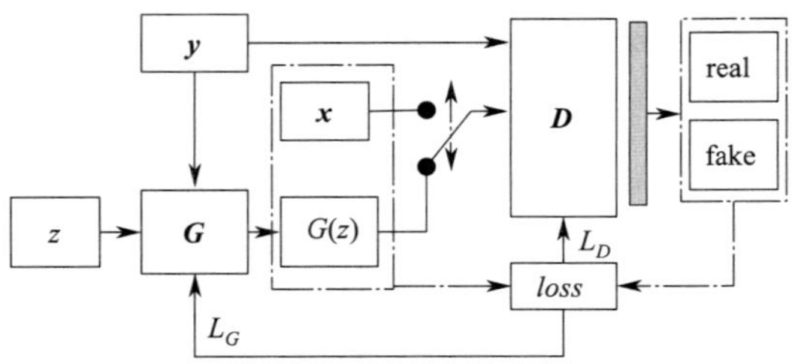

图 7.2.2　条件式生成式对抗网络

（2）辅助分类生成式对抗网络

辅助分类生成式对抗网络（auxiliary classier GAN，ACGAN）在 CGAN 的基础上进一步改进，并结合了 InfoGAN 中最大互信息的思想。如图 7.2.3 所示，条件变量 **y** 不直接输入 **D**，仅在 **G** 的输入层引导数据生成。同时，在 **D** 的输出层添加了一个辅助分类器用于判别输入样本的类别，实现了在对标签信息辅助生成器优化的同时对标签信息的重建。

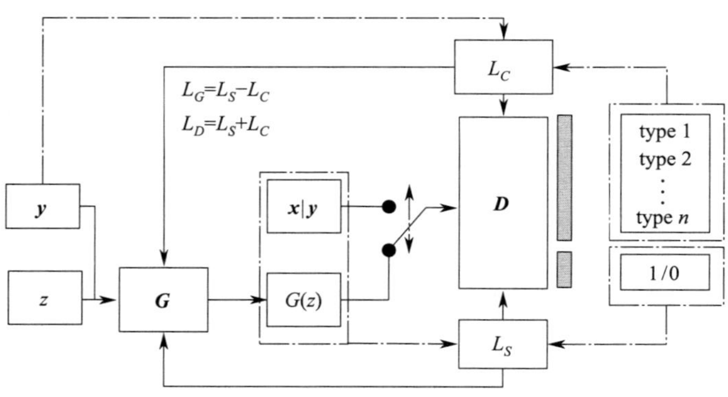

图 7.2.3　辅助分类生成式对抗网络

ACGAN 的损失函数包含正确数据源的似然函数 L_S 和正确类别的似然函数 L_C，可分别表示为

$$L_S=E[\log P(S=1|\boldsymbol{x})]+E(\log P[S=0|G(z|\boldsymbol{y})]) \tag{7.2.3}$$

$$L_C=E[\log P(\boldsymbol{C}=\boldsymbol{c}|\boldsymbol{x})]+E(\log P[\boldsymbol{C}=\boldsymbol{c}|G(z|\boldsymbol{y})]) \tag{7.2.4}$$

式中，S 表示数据来源，取值为 0 或 1；$\boldsymbol{C}$ 表示数据标签，取值为 $1\sim N$，N 为标签类别数。

训练 $\boldsymbol{D}$，使 $L_D=L_S+L_C$ 最大化；训练 $\boldsymbol{G}$，使 $L_G=L_C-L_S$ 最大化。与原始 GAN 相比，ACGAN 的损失函数中增加了已知的样本标签和网络预测的后验概率估计值之间的交叉熵。通过扩展损失函数，ACGAN 进一步增强了网络的特征学习和数据生成能力。

7.2.2 基于 GAN 的增量学习

将 GAN 应用于增量学习，其难点在于生成器在模型逐渐更新的同时，如何保留生成旧数据的能力。本节以深度生成记忆网络（deep generative memory，DGM）[7] 为例，简要介绍 GAN 在增量学习中的使用。

基于 GAN 的增量学习流程如图 7.2.4 所示。传统的深度神经网络（deep neural network，DNN）在当前数据上接受训练时，会调整其参数，使其仅在当前任务的标签上表现良好，而忽略之前的任务。为了克服这个问题，DGM 引入了生成内存组件，它的任务是记忆之前看到的数据分布。如图 7.2.4 所示，生成器合成了之前看到的类的样本，并在增量学习的每一步重放给辨别器 D，以保持生成器在学习生成新数据的同时能够保留生成旧数据的能力。此外，相较于传统的 GAN，DGM 对每一层的权重学习掩码，通过该掩码来限制生成器每次迭代可更新的权重，并保留部分模型参数，以此来避免灾难性遗忘。

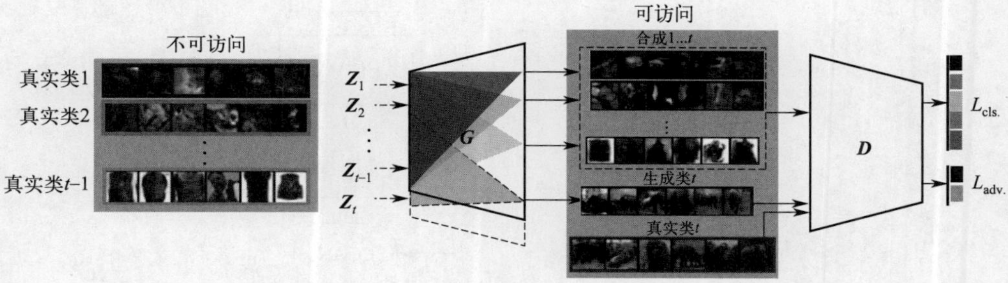

图 7.2.4 基于 GAN 的增量学习

7.3 基于增量学习的机械故障诊断

设备实际运转过程中，由于各种故障发生的频率不一，导致不同故障类型的数据存在着严重的类不平衡问题，直接影响故障模式识别方法的识别性能[8]。针对上述问题，本节将 CGAN（conditional generative adversarial network，CGAN）[9] 应用于机械设备故障的数据

增强和识别。

基于 CGAN 的设备智能故障诊断流程如图 7.3.1 所示，包含离线建模和在线监测两个阶段。离线建模主要包括数据增量和离线训练两个阶段。首先以小规模振动数据作为输入，微调已完成预训练的深度神经网络，并将该完成微调的深度神经网络作为特征提取器，对设备振动信号进行特征学习提取；然后，训练一个基于 CGAN 的故障识别网络，将提取的各小类特征作为辅助信息 $\boldsymbol{y}$ 逆向输入生成器各指定层，融合对应层随机噪声生成特征，合并生成对应各模式信号，从而解决类不平衡问题，对抗训练整个网络直至生成和识别任务实现平衡，得到最终网络，该网络可直接用于模式分类或用于增强数据集。在线识别阶段，基于 CGAN 的故障识别模型对实时采集的振动信号进行增强和识别，并输出分类结果。利用生成器的生成机制增强实时采集的不均衡信号，基于识别结果对故障部件及时进行调整。

（1）实验与结果分析

实验部分使用从行星齿轮箱实验台采集到的振动信号数据进行数据增量及故障诊断。实验台如图 7.3.2 所示，包含行星齿轮箱（含一个 75 齿太阳齿轮和多个 25 齿行星齿轮）、驱动电机和磁力制动器、传感器和传动轴。诊断信号由固定在变速箱壳体上的加速度传感器收集，采样频率为 30kHz。行星齿轮箱的健康状况为正常、齿牙凹陷、不同程度的齿牙磨损、齿牙裂纹和 3 种模式的轴承缺陷等共 11 种健康状态。11 种不同健康状况的振动信号如图 7.3.3 所示。齿轮箱数据集中各类别样本数量存在较大差异，具有典型的类不平衡特点，这为准确故障诊断带来了巨大挑战。

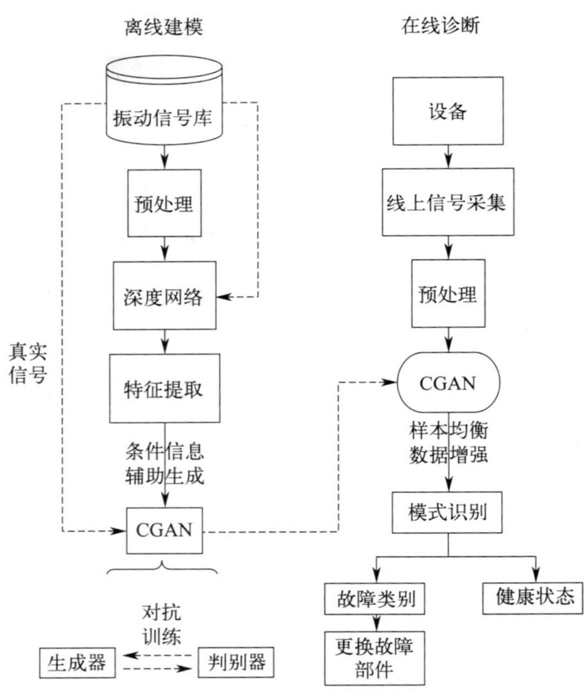

图 7.3.1 基于 CGAN 的设备故障智能诊断流程

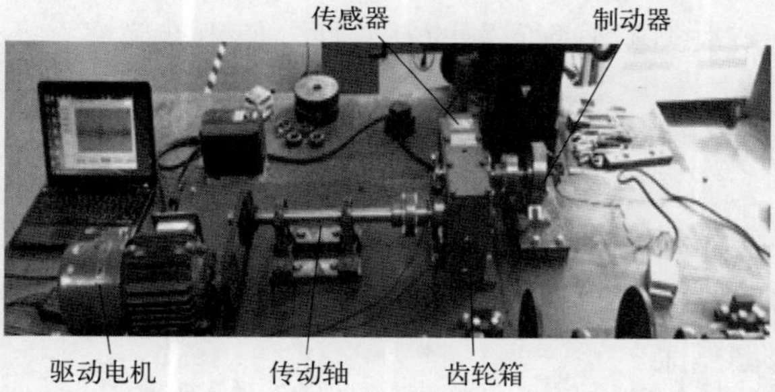

图 7.3.2　行星齿轮箱实验台

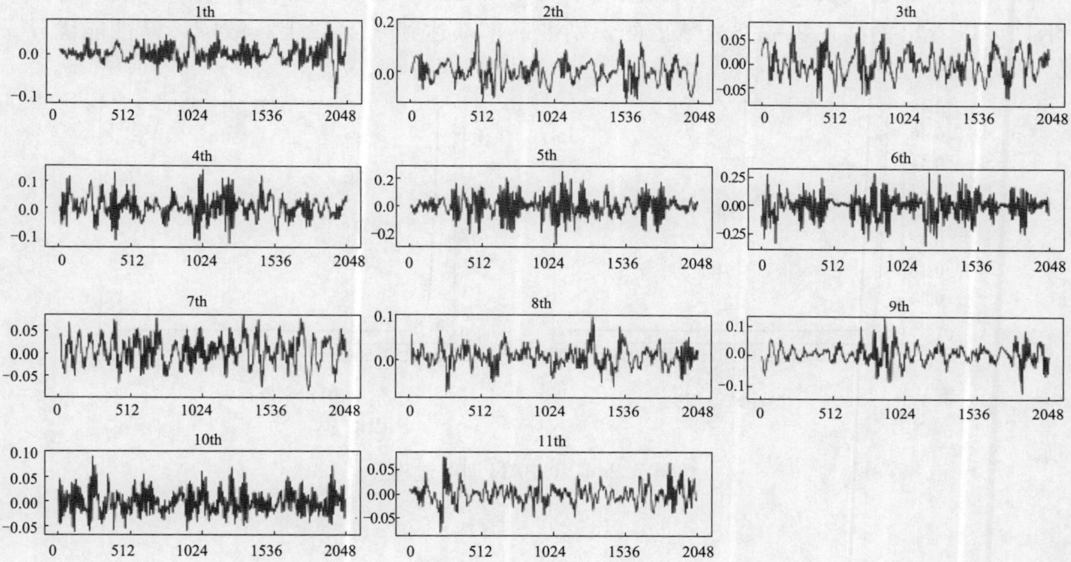

图 7.3.3　11 种齿轮箱状态的振动信号

本章将数据集按 6∶2∶2 的比例分为训练集 T_{r_1}、验证集 V_{l_1} 和测试集 T_{s_1}，T_{r_1} 用于优化 CGAN 网络参数，T_{s_1} 用于评估辅助分类器的识别性能，V_{l_1} 用于网络参数调优。基于 CGAN 对振动数据增强的具体方式为：在几个小类模式上生成振动信号，同时从大类模式中随机抽取信号样本，使得每个类别的样本数量为 2000，共同组成包含 11 个模式、每类模式包含 2000 个样本的增强数据集。将增强的振动数据集按 6∶4 分为微调集 T_{r_2} 和测试集 T_{s_2}，T_{r_2} 用于微调预训练网络参数，T_{s_2} 用于测试网络模型基于增强数据集的识别性能。

实验使用批量为 50、大小为 2048×1 的输入信号，共进行 2000 次迭代训练。为保证对抗训练过程的平衡，D 和 G 的迭代比设置为 1∶2，即 D 迭代一次，G 迭代两次，然后交替训练。使用学习率 η 为 0.0001、γ 为 0.9 的 RMSprop 算法对网络进行训练。

（2）性能评价指标

为了评估本章方法解决类不平衡问题的有效性，使用准确率（accuracy）作为诊断性能评估指标。

$$AC=\frac{TP+TN}{TP+FN+TN+FP} \tag{7.3.1}$$

式中，TP 为每类的真正样本数，TN 为每类的真负样本数，FP 为每类的假正样本数，FN 为每类的假负样本数。

（3）数据生成及诊断结果

CGAN 的训练过程如图 7.3.4 所示，可以看出在训练开始阶段，生成器与辨别器损失均迅速下降，在迭代至 250 次左右时基本收敛，模型训练较为容易且稳定。以齿牙磨损程度 3 和程度 4 两种故障模式为例，模型生成的振动信号如图 7.3.5 所示，其中上半部分代表生成信号，下半部分代表真实信号。模型的最终诊断性能以混淆矩阵的形式展示，如图 7.3.6 所示，可以看出模型在每一类故障上的识别准确率都达到 95%以上，故障诊断性能优异。

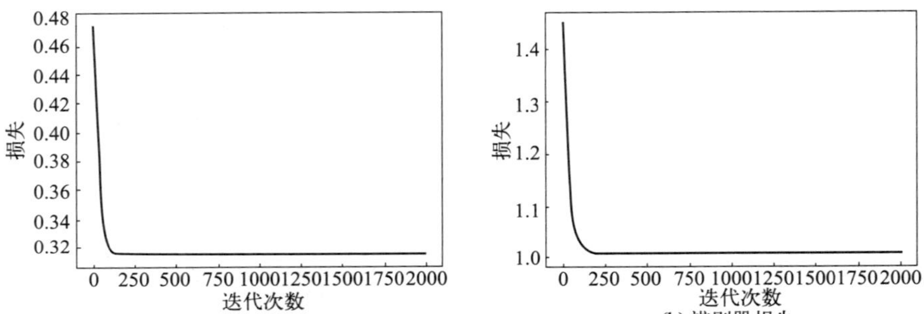

(a) 生成器损失　(b) 辨别器损失

图 7.3.4　CGAN 训练过程

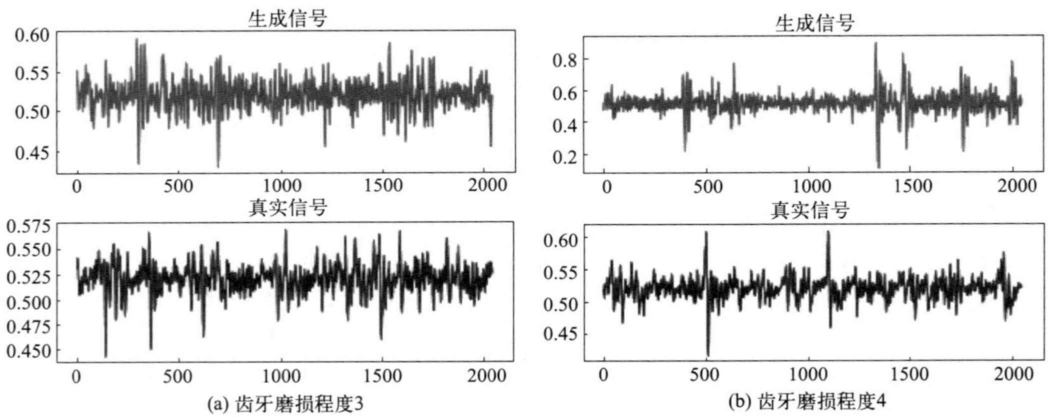

(a) 齿牙磨损程度3　(b) 齿牙磨损程度4

图 7.3.5　生成振动信号对比

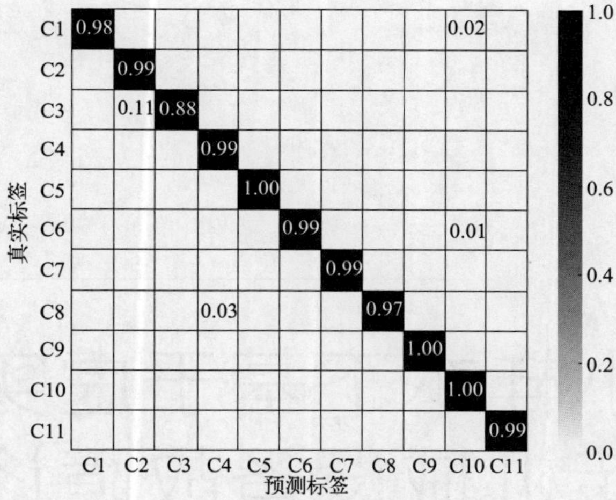

图 7.3.6 故障诊断结果

7.4 本章小结

本章主要介绍了增量学习的基本概念、基于生成式对抗网络的增量学习方法以及基于增量学习的故障诊断方法。并结合齿轮箱故障诊断案例，对基于生成式对抗网络的故障诊断技术的有效性进行了验证，该方法为解决数据类不平衡下的故障诊断问题提供了有效的解决方法。

参考文献

[1] Polikar R, Byorick J, Krause S, et al. Learn++: A classifier independent incremental learning algorithm for supervised neural networks [C] //Proceedings of the 2002 International Joint Conference on Neural Networks. IJCNN'02 (Cat. No. 02CH37290). IEEE, 2002, 2: 1742-1747.

[2] McCloskey M, Cohen N J. Catastrophic interference in connectionist networks: The sequential learning problem [M] //Psychology of learning and motivation. Academic Press, 1989, 24: 109-165.

[3] Kirkpatrick J, Pascanu R, Rabinowitz N, et al. Overcoming catastrophic forgetting in neural networks [J]. Proceedings of the national academy of sciences, 2017, 114 (13): 3521-3526.

[4] 郑文博，王坤峰，王飞跃．基于贝叶斯生成对抗网络的背景消减算法［J］．自动化学报，2018，44（05）：878-890.

[5] Lee Y O, Jo J, Hwang J. Application of deep neural network and generative adversarial network to industrial maintenance: A case study of induction motor fault detection [C] //2017 IEEE international conference on big data (big data). IEEE, 2017: 3248-3253.

[6] Wang Y, Li K, Gan S, et al. Data augmentation for intelligent manufacturing with generative adversarial framework [C] //2019 1st International Conference on Industrial Artificial Intelligence (IAI). IEEE, 2019: 1-6.

[7] Ostapenko O, Puscas M, Klein T, et al. Learning to remember: A synaptic plasticity driven framework for continual learning [C] //Proceedings of the IEEE/CVF conference on computer vision and pattern recognition. 2019: 11321-11329.

[8] Yu J, Liu J. Multiple granularities generative adversarial network for recognition of wafer map defects [J]. IEEE Transactions on Industrial Informatics, 2021, 18 (3): 1674-1683.

[9] Mirza M, Osindero S. Conditional generative adversarial nets [J]. arXiv preprint arXiv: 1411.1784, 2014.

第8章

小样本下基于虚实融合的旋转机械设备故障诊断方法

在实际工业场景中，受到维护成本、人力资源和采集设备的限制，难以获取充足的样本数据。基于信号处理的方法在某些情况下可能会遇到挑战，尤其是面临缺乏标签数据或者变化的工况条件时。这种情况下，智能机械设备故障诊断模型的泛化能力可能会受到限制，因为它们往往依赖于大量带标签的数据进行训练。针对这一挑战，本章介绍了一种基于仿真数据-真实数据融合的迁移学习故障诊断方法，以提高模型在变化工况下的适应能力和泛化能力。这种方法借鉴了迁移学习的理念，通过利用源域数据和目标域数据之间的关系，构建了一个鲁棒性更强的齿轮箱故障诊断模型。最后，在小样本行星齿轮箱故障诊断案例上验证了提出方法的有效性。

8.1 小样本下旋转机械设备故障诊断

在工业应用场景中，一旦旋转机械发生缺陷，现场工作人员会及时停止机器设备，对关键部件进行维修或者更换，以避免出现更大的损失，因此没有足够的时间收集充足的故障样本数据。此外，由于工作人员能力不足或者传感器、存储设备失效的问题，也会造成目标工况的缺陷样本缺失或者类不平衡的情况。典型的小样本场景如图 8.1.1 所示。基于小样本数据集开发的故障诊断模型往往存在过拟合和表征能力差的问题，进而影响模型的泛化性能。因此，研究小样本下的故障诊断问题是非常必要的。

常见的小样本下故障诊断方法主要包括：数据增强、迁移学习、元学习和主动学习方法。数据增强方法是基于样本过采样技术、生成模型（如 GAN 和扩散模型等）和物理仿真模型（如有限元模型或者故障频率方程等），根据数据分布或者运行机理对有限数据扩充，如图 8.1.2 所示。通过数据增强可以扩充目标工况下的有限数据集的样本量，保障模型的训练过程，进而提高故障诊断模型的泛化性。与物理仿真模型相比，基于生成对抗网络的数据增强方法训练困难，实用性比较差。物理仿真模型基于运行机理驱动，可以通过构建的仿真模型模拟真实工况，从而扩充有限数据集。

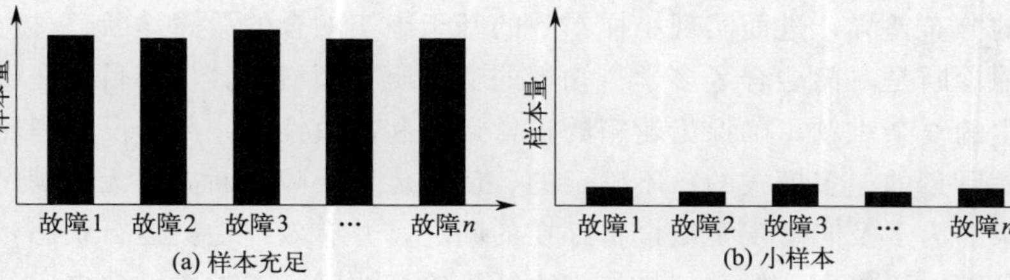

图 8.1.1 样本充足和小样本场景

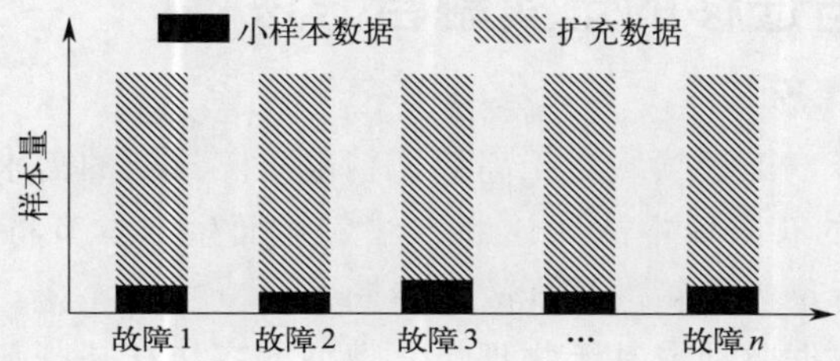

图 8.1.2 基于数据增强的小样本数据扩充

迁移学习方法利用参数迁移、特征迁移和对抗学习的方法从源域充足的样本数据中学习到可迁移特征，基于小样本数据微调预训练模型，从而实现小样本目标工况的故障诊断，如图 8.1.3 所示。但是在微调过程中依然基于小样本数据集，存在过分依赖学习器表现和辅助任务设计合理性的问题，并且该方法是以真实故障数据为基础，仅能实现已有类型的故障样本的特征增强。

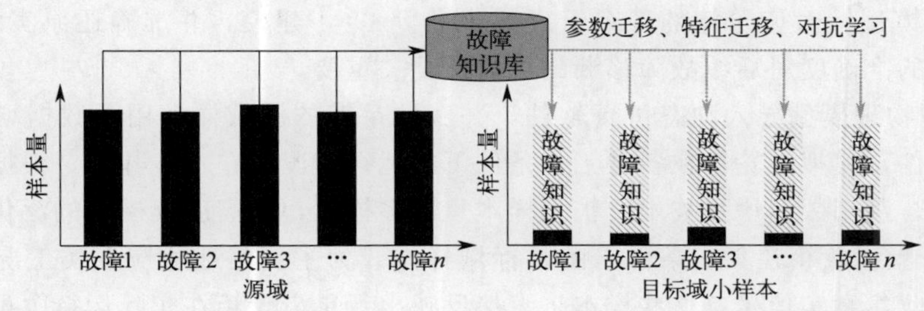

图 8.1.3 基于迁移学习的小样本迁移特征学习

元学习和主动学习属于小样本学习（few-shot learning）的范畴。元学习方法通过在多个相关任务上的训练，学习如何高效地从以往的经验中迁移知识，以加速新任务的学习过程。主动学习通过智能选择信息量大或者不确定高的样本进行标注，通过较小的样本获得模型最优的性能。但是元学习和主动学习对计算资源的要求较高，并且对数据的多样性也有一定的要求。

由于机械结构和随机因素的复杂干扰，利用物理仿真模型生成的仿真信号和真实信号之间不可避免地存在分布差异。这种分布差异可能会导致在仿真信号上训练的模型在真实信号上性能下降。因此，在本章中基于迁移学习将仿真信号的故障信息迁移到真实信号中，能够缩小两者之间的分布差异，进而实现小样本下的基于虚实融合的故障诊断。

齿轮箱故障诊断是一门融合了多学科知识的交叉研究领域，其核心目的在于解决工程实践中因故障产生的复杂难题，确保齿轮箱的正常运行和高效性能。由于反映齿轮箱运行机制和状态的数据是巨量的、多模式的、不确定的，使得传统故障诊断方法无法满足新时期工业的故障诊断需求。为了及时发现机械设备存在的问题，并有效评估其运行状态，需深入探究齿轮箱的结构及其故障机理。振动信号作为表征齿轮箱故障状态的关键数据，其分析对于解决高噪声、多冗余条件下的故障诊断问题具有重要意义。

8.2 基于仿真与迁移的虚实融合方法

随着科技的不断进步，工程领域对于高效、精准故障诊断的需求逐渐增加。在这一背景下，基于物理-数据融合的有限样本故障诊断方法应运而生。本节将详细介绍这一方法的应用流程，以实现对目标行星齿轮箱的精准故障诊断。

本节针对基于传统数据驱动或基于物理仿真模型的方法在某些缺乏标注数据或工况环境频繁变化情况下可能存在力不从心的问题，提出物理仿真和真实信号融合的方法模型。通过生成的大量数据作为源域数据，将实际工况下的无标签数据作为目标域数据，通过迁移学习域自适应网络帮助模型适应实际工况，在小样本情况下完成故障诊断模型的训练，并提高模型在变化工况下的泛化能力。基于仿真与迁移的虚实融合方法流程如下。

① 获取目标行星齿轮箱的物理特性参数。了解目标行星齿轮箱的物理特性参数，包括齿轮箱的结构、材料、工作条件等。在对设备进行故障诊断之前，通过物理参数的获取，建立起对系统的基础认识，为后续的虚拟模型构建提供重要依据。

② 构建物理仿真模型。基于步骤①获取的物理特性参数，构建目标行星齿轮箱的虚拟仿真模型。该模型针对齿轮箱的各个组成部分进行 1∶1 建模，并准确还原实际工作状态。物理仿真模型的准确度对后续故障诊断的可靠性至关重要。

③ 将虚拟物理模型导入动态仿真软件，并获取足够的源域样本用于数据增强。通过导入动态仿真软件，模拟齿轮箱在各种工作条件下的运行情况。在本步骤中，根据获取的大量仿真信号样本，利用数据增强技术，扩大样本集的多样性，提高后续模型的泛化能力。

④ 收集行星齿轮箱在真实条件下的目标域样本。为了更好地适应真实工况，需要在实际工程环境中收集真实信号。这些样本将直接反映出行星齿轮箱在实际运行中可能面临的各种故障。

⑤ 利用充足的仿真数据和真实的样本数据训练迁移学习模型，用来学习与故障相关的特征。在这一步骤中，使用步骤③和步骤④获取的虚拟数据和真实数据，通过提取的故障相关的特征，弥补了有限样本问题，提高了模型的鲁棒性和准确性。

⑥ 将未标记的目标样本输入迁移学习的模型，以执行真实条件下的故障诊断。通过这一步骤，对目标行星齿轮箱在实际工作中可能出现的故障实现快速而准确的诊断。

8.3 基于虚实融合的旋转机械设备故障诊断方法

针对小样本下故障诊断模型泛化性差的问题，本节提出了基于虚实融合的旋转机械设备故障诊断方法，如图 8.3.1 所示。首先，基于有限元分析和赫兹接触理论构建物理仿真模型[1]。根据历史故障信息，生成故障样本实现数据增强。其次，为消除仿真数据和真实数据之间的分布差异，构建基于 ALDAN 的域自适应网络，该网络采用局部最大均值差异(local maximum mean discrepancy，LMMD)[2] 在类别子空间缩小类级分布差异，采用域判别器引导特征生成器提供域无偏特征。随后，构建了基于动态卷积的特征生成器，实现输入信号的特征学习。最后，采用小样本数据微调分类器，实现小样本下的旋转机械设备故障诊断。

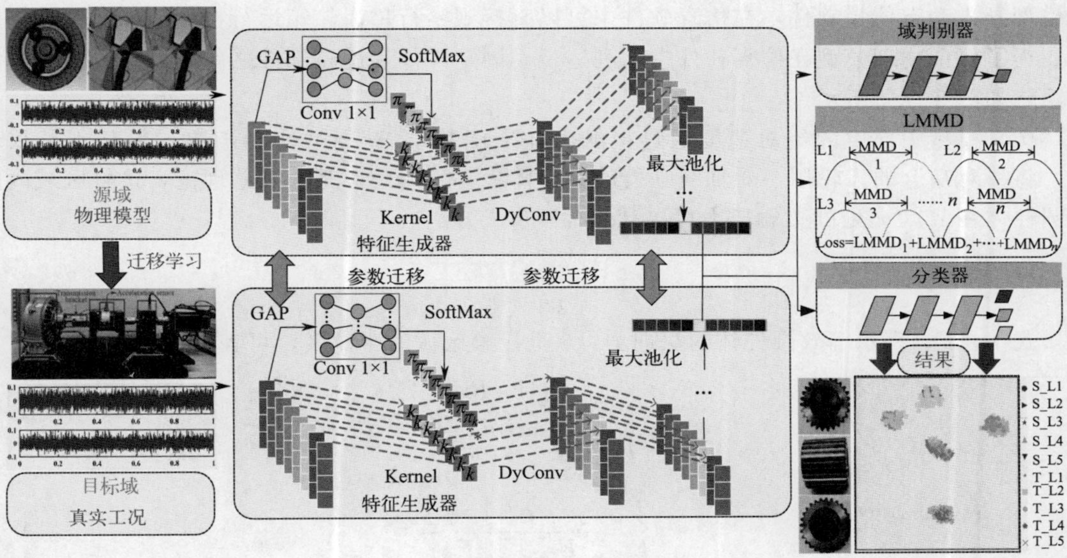

图 8.3.1 基于虚实融合的旋转机械设备故障诊断方法

看彩图

8.3.1 齿轮箱物理模型构建

行星齿轮箱主要由行星齿轮、齿圈、太阳轮和行星架组成。行星齿轮系统啮合频率可计算为

$$f_m = Z_r \frac{n_H}{60} = Z_p \frac{n_p + n_H}{60} = Z_s \frac{n_s - n_H}{60} \tag{8.3.1}$$

式中，Z_s、Z_p 和 Z_r 分别为太阳轮、行星齿轮和齿圈的齿数，n_p 为行星齿轮转速，n_H 为行星架转速，n_s 为太阳轮转速。

太阳轮、行星轮和齿圈的局部故障特征频率（f_s、f_p、f_r）可以分别计算为

$$f_s=\frac{f_m}{Z_s}N \tag{8.3.2}$$

$$f_p=\frac{f_m}{Z_p}N \tag{8.3.3}$$

$$f_r=\frac{f_m}{Z_r}N \tag{8.3.4}$$

式中，N 为行星轮数量。

图 8.3.2 展示了行星齿轮箱的物理模型建模过程[3]。首先，需要统计测量行星齿轮箱实体模型的物理参数，例如齿轮齿数、模量和其他可以表征行星齿轮箱物理特性的参数。然后，使用这些物理参数在三维建模软件中复制仿真对象，根据行星齿轮箱的物理特性参数，构建三维模型并进行装配和干涉检查，以确保系统中每个组件的操作不会导致零件发生碰撞。干涉检查后，将物理模型导入有限元分析软件，以验证所建物理模型的有效性。最后，将模型导入动态仿真软件，在仿真软件中可以直接观察行星齿轮箱运行机制，如图 8.3.3 所示。为了保证物理模型在仿真软件中顺利运行，固定部件和旋转部件之间配置了单独的运动关系，如图 8.3.4 所示。

仿真模型中部件的绝对速度通过接触力冲击函数[4] 获得。冲击函数一般基于赫兹理论，将一对啮合的齿轮用一对轴线平行的圆柱体代替。因此，基于赫兹理论，接触区域内两个圆柱体在节点 x 处的接触压力可以计算为

$$p(x)=\frac{2F_N}{\pi b^2}\sqrt{b^2-x^2} \tag{8.3.5}$$

式中，F_N 表示等效圆柱体的法向力，b 是接触区域的半宽度，可表示为

$$b=\sqrt{\frac{4F_N R}{\pi BE}} \tag{8.3.6}$$

式中，

$$\frac{1}{E}=\frac{1-\mu_1^2}{E_1}+\frac{1-\mu_2^2}{E_2} \tag{8.3.7}$$

$$\frac{1}{R}=\frac{1}{R_1}+\frac{1}{R_2} \tag{8.3.8}$$

式中，R_1 和 R_2 分别是两个等效圆柱体接触点处的曲率半径，μ_1 和 μ_2 分别表示两个圆柱体材料的泊松比，E_1 和 E_2 是弹性模量，B 是圆柱体长度。当两个轮齿啮合时，法向力 F_N 和变形量 δ 之间的关系可以表示为

$$F_N=K\delta^{\frac{3}{2}} \tag{8.3.9}$$

式中，K 是齿轮的啮合接触刚度，可以表示为

$$K=\frac{4}{3}R^{\frac{1}{2}}E \tag{8.3.10}$$

最终，在不同的工况和故障模式下，将输入轴上的旋转运动设置为与实际实验相同的旋转运动，通过动力学仿真生成行星齿轮箱的仿真信号。为了提高仿真模型的精度，将进行多次计算，直到仿真信号和真实信号之间的误差足够小，这确保了仿真模型和真实模型之间的一致性。

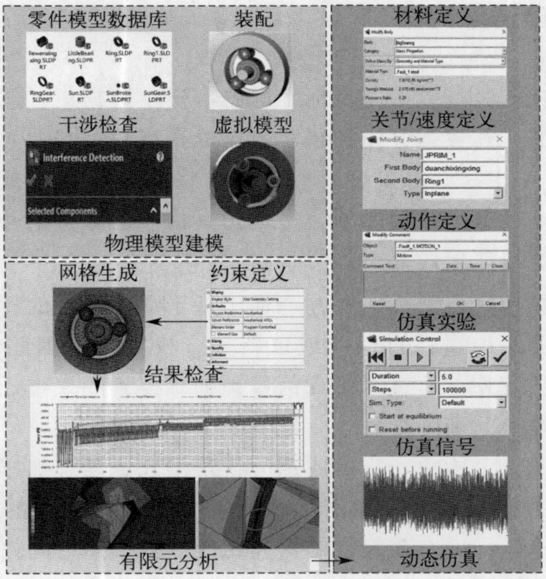

图 8.3.2　行星齿轮箱物理模型建模过程

看彩图

图 8.3.3　动态仿真模型

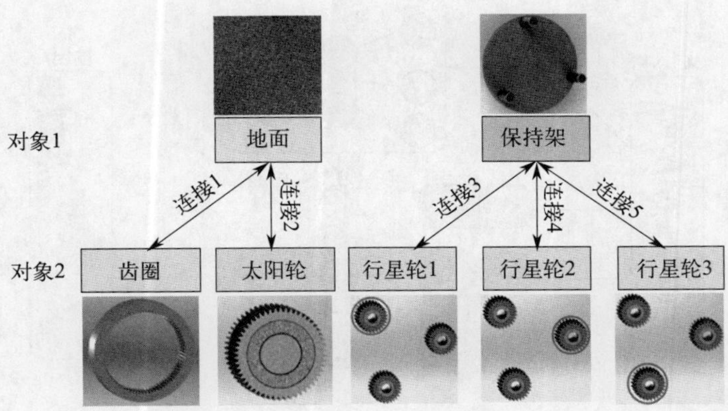

图 8.3.4　行星齿轮箱约束和关节关系

8.3.2 对抗局部域自适应网络

物理模型生成的仿真信号可以扩充目标工况的小样本数据集。然而，由于仿真信号是在相对理想的条件下生成的，其数据分布和真实数据分布难免存在差异。为了缩小两者之间的分布差异，构建了基于 ALDAN 的知识迁移方法。将物理模型生成的仿真信号作为源域，真实工况下收集的小样本数据作为目标域，实现仿真信号向真实信号的故障知识迁移。

（1）基于动态卷积的特征生成器

针对振动信号非平稳和噪声干扰的问题，提出基于动态卷积的特征生成器。在动态卷积层中，可以根据输入特征图的属性自适应地更新聚合权重[5]。因此，动态卷积可以增强小样本信号中的故障特征。此外，通过将仿真信号预训练得到的权重迁移到真实信号，可以显著降低模型在小样本信号上的训练难度。

动态卷积运算如图 8.3.5 所示，它由注意力权重生成、动态加权聚合和卷积计算三部分组成。注意力权重是使用 1×1 卷积运算和 SoftMax 激活函数生成的。动态加权聚合采用注意力机制聚合多个卷积核。最后，在聚合的核和相应的特征图之间执行卷积运算实现动态卷积。具体的动态卷积的计算过程为

$$
\begin{gathered}
C=f\left[\sum \widetilde{\boldsymbol{W}}^{T}(\boldsymbol{x})^{*} \boldsymbol{x}+\widetilde{\boldsymbol{b}}(\boldsymbol{x})\right] \\
\widetilde{\boldsymbol{W}}(x)=\sum\nolimits_{k=1}^{K} \pi_{k}(\boldsymbol{x}) \widetilde{\boldsymbol{W}}_{k}, \widetilde{b}(x)=\sum\nolimits_{k=1}^{K} \pi_{k}(\boldsymbol{x}) \widetilde{\boldsymbol{b}}_{k} \\
0 \leqslant \pi_{k} \leqslant 1, \sum\nolimits_{k=1}^{K} \pi_{k}=1
\end{gathered} \tag{8.3.11}
$$

式中，$\widetilde{\boldsymbol{W}}_k$ 和 $\widetilde{\boldsymbol{b}}_k$ 分别是第 k 个卷积核和偏差，π_k（$\boldsymbol{x}$）是第 k 个卷积核的聚合权重，可以按如下方式计算：

$$
\boldsymbol{z}=\frac{1}{L} \sum_{l=1}^{L} x(l) ; \boldsymbol{z}'=\boldsymbol{w}^{\mathrm{T}} \boldsymbol{z}+\boldsymbol{b} ; \pi_{k}=\frac{\exp \left(\boldsymbol{w}_{k}{}^{\mathrm{T}} \boldsymbol{z}'+\boldsymbol{b}_{k}\right)}{\sum\nolimits_{i=1}^{K} \exp \left(\boldsymbol{w}_{i}{}^{\mathrm{T}} \boldsymbol{z}'+\boldsymbol{b}_{i}\right)} \tag{8.3.12}
$$

式中，$\boldsymbol{w}_i$ 表示第 i 个卷积核，$\boldsymbol{b}_i$ 表示第 i 个卷积核的偏差。

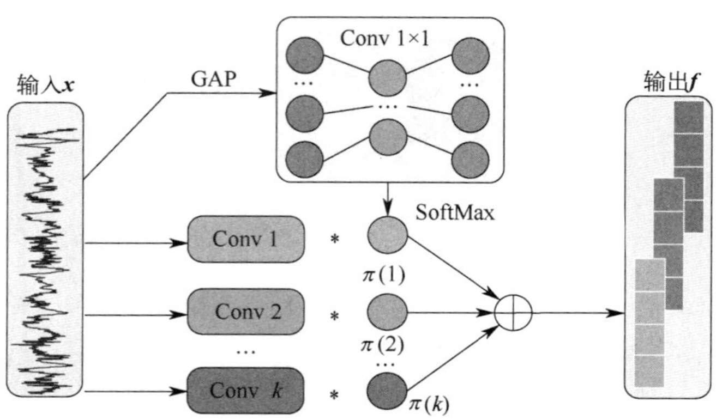

看彩图

图 8.3.5 动态卷积运算

(2) 基于局部特征对齐和对抗学习的虚实融合方法

针对仿真信号和真实信号之间域偏移问题，提出了基于 ALDAN 的知识迁移方法。ALDAN 采用 LMMD 计算仿真信号和真实信号的分布差异。相比于 MMD，LMMD 同时考虑了仿真信号和真实信号之间的全局和局部关系，更充分地利用有限样本信息。仿真信号和真实信号之间的 LMMD 可计算为

$$\begin{aligned}\hat{d}_{\mathrm{H}}(p,q)=\frac{1}{C}\sum\nolimits_{c=1}^{C}\Big[&\sum\nolimits_{i=1}^{n_s}\sum\nolimits_{j=1}^{n_s}w_i^{sc}w_j^{sc}k(\boldsymbol{F}_i^s,\boldsymbol{F}_j^s)\\&+\sum\nolimits_{i=1}^{n_t}\sum\nolimits_{j=1}^{n_t}w_i^{tc}w_j^{tc}k(\boldsymbol{F}_i^t,\boldsymbol{F}_j^t)\\&-2\sum\nolimits_{i=1}^{n_s}\sum\nolimits_{j=1}^{n_t}w_i^{sc}w_j^{tc}k(\boldsymbol{F}_i^s,\boldsymbol{F}_j^t)\Big]\end{aligned} \tag{8.3.13}$$

$$w_i^c=\frac{\boldsymbol{y}_{ic}}{\sum\nolimits_{(x_j,y_j)\in D}\boldsymbol{y}_{jc}} \tag{8.3.14}$$

式中，C 表示故障类型的数目，n_s 和 n_t 分别表示源域和目标域的样本数，w^{sc} 和 w^{tc} 分别表示源域和目标域第 c 个故障类型的权重，$\boldsymbol{F}^s$ 和 $\boldsymbol{F}^t$ 分别为源域和目标域的提取特征。

进一步，基于对抗学习引导特征生成器和域判别器以对抗博弈的方式训练。当域判别器无法分辨输入的特征来自源域还是目标域时，则说明特征生成器达到欺骗域判别器的效果，可以提供域无偏特征。对抗训练的损失函数可以表示为：

$$\min_{\hat{W}_G,\hat{W}_Y} E_G(\boldsymbol{W}_G,\hat{\boldsymbol{W}}_D,\boldsymbol{W}_Y)=\frac{1}{n_s+n_t}\sum_{x_i\in D_s\cup D_t}[L_G(f_Y[f_G(\boldsymbol{x}_i)],\boldsymbol{y}_i)] \tag{8.3.15}$$

$$\begin{aligned}&\max_{\hat{W}_D}E_D(\hat{\boldsymbol{W}}_G,\boldsymbol{W}_D,\hat{\boldsymbol{W}}_Y)\\&=\frac{1}{n_t}\sum_{i}^{n_t}D_i\log f_D[f_G(x_i)]-\frac{1}{n_t}\sum_{i}^{n_t}(1-D_i)\log\{1-f_D[f_G(\boldsymbol{x}_i)]\}\end{aligned} \tag{8.3.16}$$

式中，E_G 表示特征生成器的损失函数，以优化特征生成器和分类器的参数 $\boldsymbol{W}_G$ 和 $\boldsymbol{W}_Y$，E_D 表示域判别器的损失函数，以优化判别器的参数 $\boldsymbol{W}_D$。$f(\cdot)$ 表示相应部件的特征映射，L_G 表示故障识别损失。

8.3.3 小样本下数据增强和故障诊断流程

如图 8.3.6 所示，小样本下基于虚实融合的旋转机械故障诊断流程如下。

① 步骤 1：获取旋转机械关键部件的物理特性参数，如材料、尺寸、结构等。

② 步骤 2：采用三维建模软件构建仿真模型。

③ 步骤 3：将仿真模型导入动态仿真软件模拟目标部件的各种运行工况，并获得足够的仿真数据作为源域样本。

④ 步骤 4：在实际工况下尽可能地收集目标工况的故障样本。

⑤ 步骤 5（离线训练）：基于 ALDAN 模型，将仿真数据和真实数据分别作为源域和目标域数据输入到 ALDAN 中。通过离线训练缩小两域之间的分布差异，并训练分类器识别

故障模式。

⑥ 步骤 6（在线测试）：将目标域的测试样本输入到 ALDAN，实现目标域小样本的故障诊断。

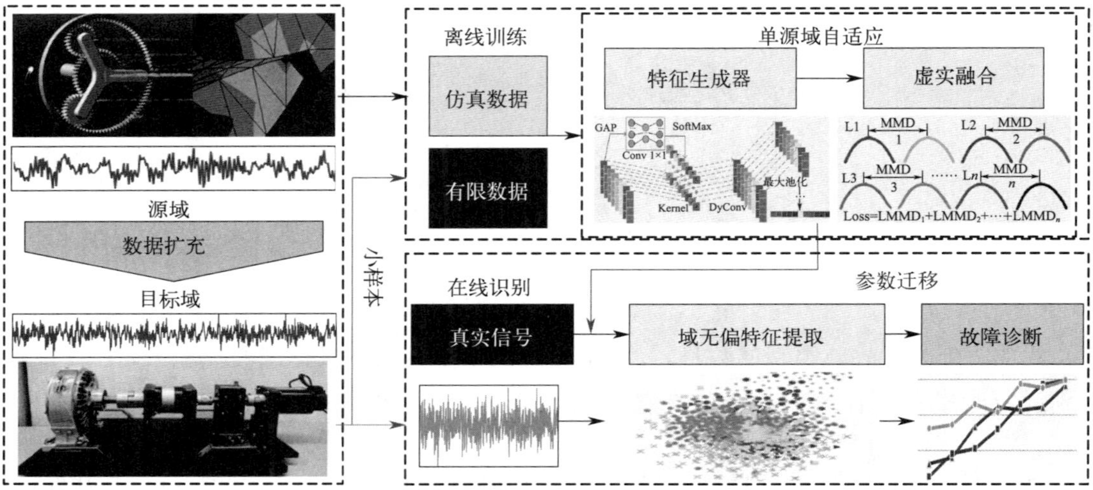

图 8.3.6　小样本下基于虚实融合的旋转机械故障诊断流程

8.4　实验分析

为了验证所提方法的有效性，本节在一个行星齿轮箱实验台上进行测试。行星齿轮箱实验台如图 8.4.1 所示，主要包括伺服电机、行星齿轮箱和制动器等部件。行星齿轮箱模数为 0.6，减速比为 3。太阳齿轮的齿数为 54，行星齿轮的齿数为 27。在行星齿轮箱外壳的水平和垂直方向上分别安装了加速度传感器，采样频率设置为 20kHz。工况和齿轮健康状态的详细信息如表 8.4.1 所示，共设置了 3 种不同转速的工况和 5 类不同的健康状态。带有不同缺陷的齿轮如图 8.4.2 所示。此外，不同缺陷类型的振动信号如图 8.4.3 所示，其中复合故障为太阳轮、行星轮均断齿。可以看到，振动信号呈周期性。

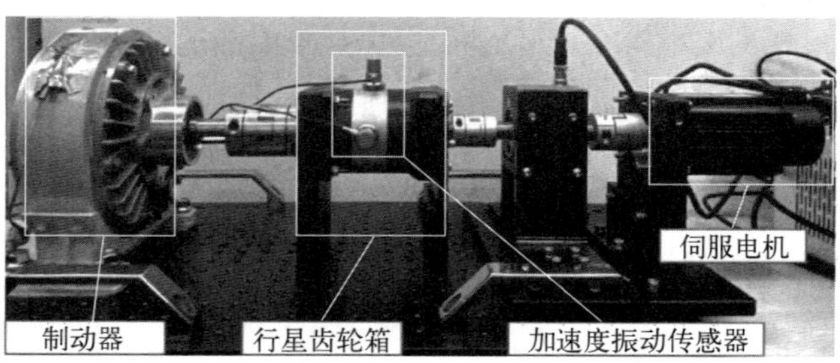

图 8.4.1　齿轮箱实验台

表 8.4.1　数据说明

工况	标签	健康类型
1：1200r/min 2：1500r/min 3：1800r/min	L1	健康
	L2	复合故障
	L3	齿牙断裂
	L4	齿牙点蚀
	L5	齿牙开裂

图 8.4.2　不同缺陷类型的齿轮

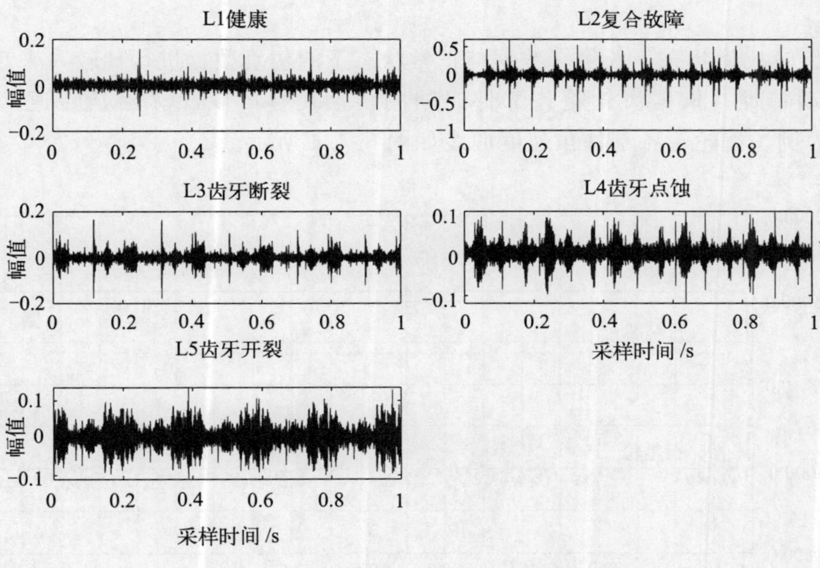

图 8.4.3　不同缺陷类型振动信号

8.4.1　参数设置

ALDAN 的网络参数设置如表 8.4.2 所示，K 表示卷积核宽度，C 表示输出通道的数量，S 表示步长。特征生成器包含三个动态卷积层（dynamic convolution，DyConv）和三个最大池化层。特征对齐层采用LMMD计算仿真信号和真实信号之间的分布差异。域判别器通过对抗学习引导特征生成器提供域无偏特征。

表 8.4.2　ALDAN参数设置

结构		参数
输入		信号
特征生成器	DyConv 1	$K=3,C=32,S=2$
	最大池化层 1	$S=2$
	DyConv 2	$K=3,C=64,S=2$
	最大池化层 2	$S=2$
	DyConv 3	$K=3,C=128,S=2$
	最大池化层 3	$S=2$
特征对齐层		2048-1024
域判别器		1024-2
分类器		1024-5
批量:100,学习率:0.001		

8.4.2　仿真信号分析

将行星齿轮故障状态下的仿真数据与正常状态下的仿真数据进行比较，来观察齿轮箱不同状态的运动特性。依据齿轮箱各部件之间的传动比，可以计算出其转速信息。以转速1200r/min为例，齿轮箱各部件角速度曲线如图8.4.4所示。

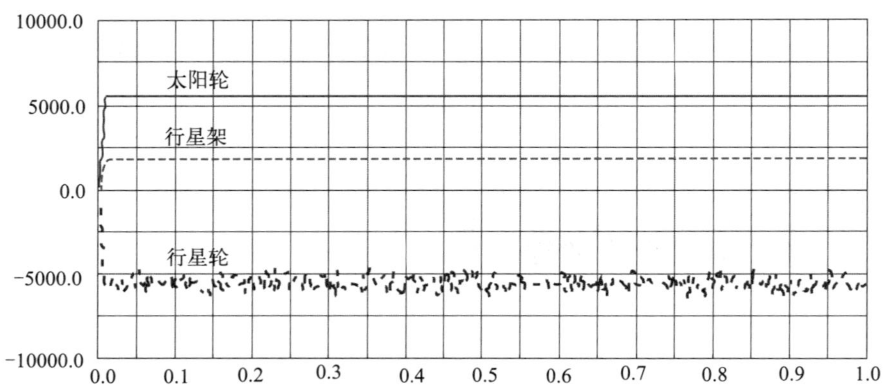

图 8.4.4　齿轮箱不同零部件角速度曲线

与在健康状态下运行的齿轮系统相比，当行星齿轮处于故障状态时，太阳轮、行星轮和行星架的三条速度曲线均出现明显波动，且波动具有同步性。其中，行星齿轮的波动趋势尤为显著，如图8.4.5所示。

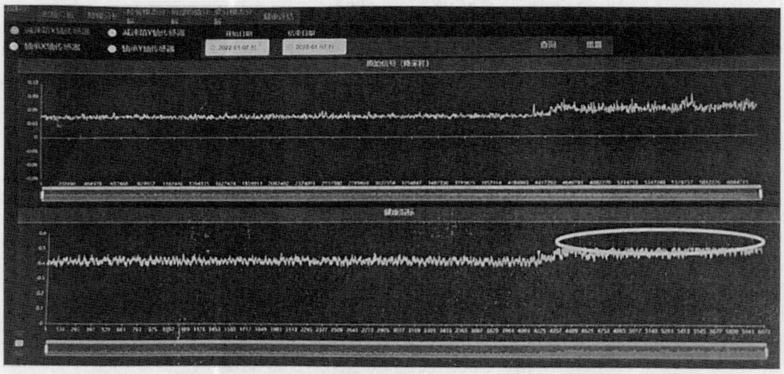

图 8.4.5 Kmeans 健康评估模型界面

8.4.3 齿轮箱故障诊断

为了验证基于虚实融合的旋转机械设备故障诊断方法的有效性，本节进行了三种工况下的小样本故障诊断测试，每种故障类型仅有 10 个数据样本参与训练。故障诊断的混淆矩阵如图 8.4.6 所示。虽然只使用了有限的标记样本，但 ALDAN 在不同的工作条件下都获得了不错的识别性能。通过混淆矩阵可以发现，在三种不同的工况中，故障类型 L4 和 L5 最容易混淆。L4 表示齿牙点蚀，L5 表示齿牙开裂。两种类型均为齿牙缺陷，只是缺陷程度不同。在实际应用中，由于都是齿牙缺陷，对现场工作人员的维修或者替换工作不会产生很大影响，所以这种分类误差在工业级应用中是可接受的。

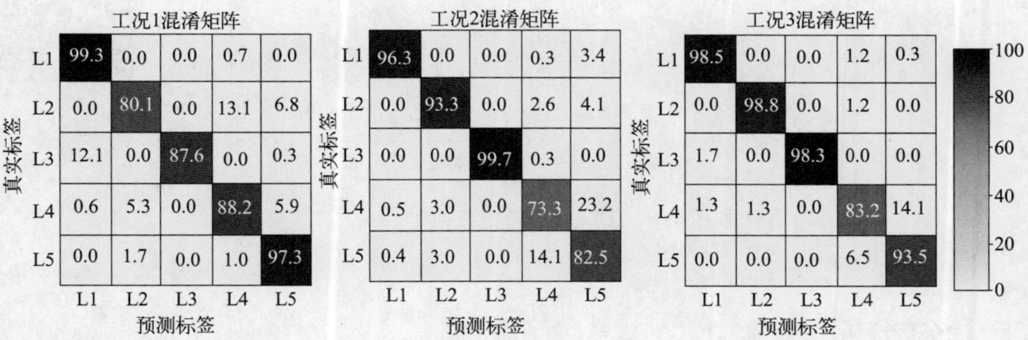

图 8.4.6 混淆矩阵（单位：%）

为了验证数据增强的有效性，本节进一步进行了有无数据增强的对比分析，结果如图 8.4.7 所示，可以看到，当不使用数据增强时，三种工况下的故障诊断精度仅有 80％左右。在经过数据增强后，故障诊断精度显著提高，表明经过数据增强后，可以提供更充分、更丰富的故障特征细节，弥补小样本数据集特征表达不完善的问题，使故障分类器更深入地理解不同故障类型的判别性特征，从而提升分类器在小样本数据集上的诊断性能。对比结果说明了小样本下基于虚实融合的故障诊断是有效并且可行的。

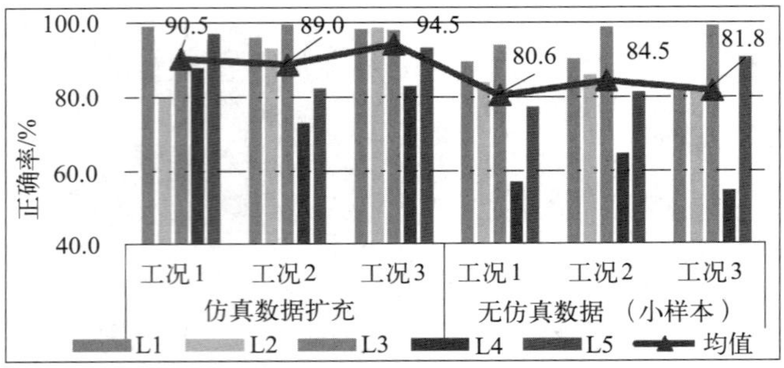

看彩图

图 8.4.7 有无数据增强的故障诊断结果

8.4.4 特征可视化

为了探究 ALDAN 特征学习的内在过程，本节使用 t-SNE 对各层特征可视化分析。从图 8.4.8(a) 可以看出，不同健康类型的原始信号在最初混合在一起。随后，如图 8.4.8(b) 所示，经过特征生成器提取特征后，不同故障类型的信号逐渐聚类为一簇。最后，如图 8.4.8(c) 所示，提取特征已经表现出了明显的可分性。且在经过 LMMD 处理后，仿真数据和真实数据的相同类型的特征聚在一簇，说明仿真信号和真实信号在子类空间对齐，从而可精准识别具体故障模式。

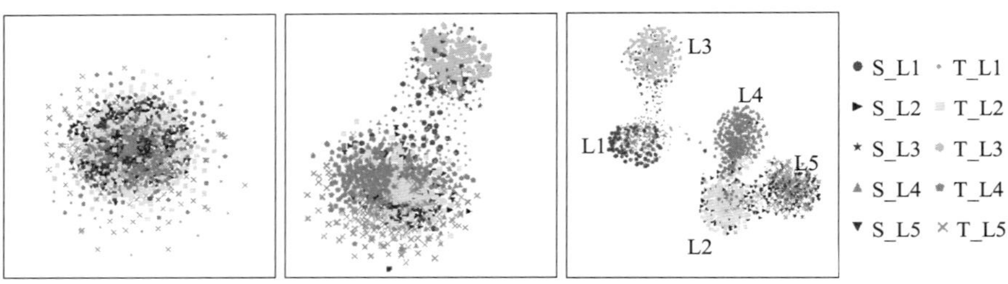

(a) 原始信号　(b) 动态卷积层　(c) 特征自适应层

看彩图

图 8.4.8 工况 1 下特征可视化

8.4.5 比较分析

（1）与生成模型对比

前文已经提到，解决小样本下的旋转机械设备故障诊断问题的数据增强方法包括两种：生成模型和物理仿真模型。两者都可以使有限的数据集更加全面、丰富。在本节中，为了说明物理仿真模型相较于生成模型的优势，将所提方法与其他生成模型，包括辅助分类器生成对抗网络（auxiliary classifier generative adversarial networks，ACGAN）[6] 和梯度惩罚 Wasserstein 生成对抗网络（Wasserstein generative adversarial network with gradient penalty，WGAN-GP）[7] 进行比较。基于生成模型的方法采用 GAN 生成数据，构建扩充数据集，输入到 ALDAN 中实现故障诊断。比较结果如表 8.4.3 所示，物理仿真模型获得了更佳的故障诊断性能。因为小样本数据集只能提供有限的故障信息，导致生成模型无法充分训练，产生的数据包含干扰特征。因此，基于生成模型的数据增强效果不理想。结果证明了基于物理仿真模型的数据增强方法在小样本下旋转机械故障诊断的有效性。

表 8.4.3 与生成模型的对比结果 单位：%

方法	1	2	3	均值
WGAN	76.5	80.5	62.5	73.2
ACGAN	85.5	89.8	91.6	89.0
物理模型	90.5	89.0	94.5	91.3

(2) 与其他迁移学习方法对比

为了进一步说明 ALDAN 的有效性，本节将其与其他迁移学习方法，如 DaNN[8]、DAN[9]、DANN[10]、深度域混淆（deep domain confusion，DDC）[11] 和 CORAL[12] 进行比较。对比结果如图 8.4.9 所示，在工况 1 中，ALDAN 的故障诊断性能最好。其他工况下与不同方法的比较结果如表 8.4.4 所示，可以发现 ALDAN 仍然表现出较好的识别结果。这表明 ALDAN 可以对小样本数据增强并提高故障诊断性能。进一步采用 t-SNE 将不同迁移学习方法提取的特征分别投影到二维空间，如图 8.4.10 所示。ALDAN 提取的特征具有明显的可分性，而其他方法不能有效地识别故障类型。

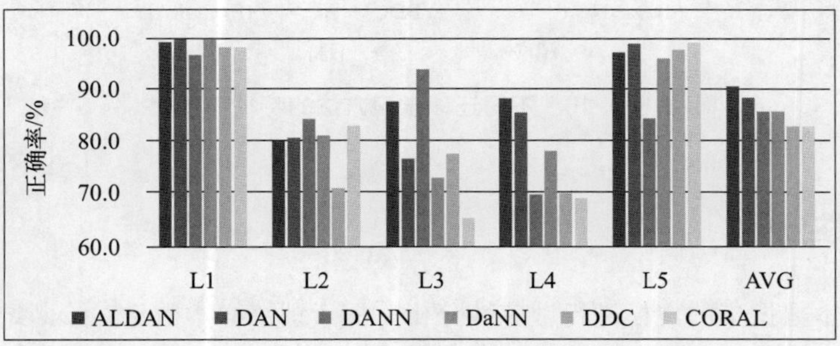

看彩图

图 8.4.9 ALDAN 与不同方法在工况 1 下故障诊断比较结果

表 8.4.4 ALDAN 与不同方法的比较结果 单位：%

方法	工况	L1	L2	L3	L4	L5	均值
ALDAN	1	99.3	80.1	87.6	88.2	97.3	90.5
	2	96.3	93.3	99.7	73.3	82.5	89.0
	3	98.5	98.8	98.3	83.2	93.5	94.5
DAN	1	100.0	80.8	76.7	85.5	99.1	88.4
	2	91.4	91.4	100.0	87.9	76.1	89.3
	3	97.8	87.2	95.2	71.8	96.3	89.7
DANN	1	96.7	84.4	93.9	69.7	84.5	85.8
	2	97.9	91.1	98.8	64.7	87.9	88.1
	3	100.0	100.0	96.9	69.1	80.6	89.3
DaNN	1	100.0	69.6	86.5	71.0	98.4	85.1
	2	97.4	88.4	98.6	63.7	92.7	88.1
	3	100.0	86.4	99.7	71.0	98.4	91.1

续表

方法	工况	L1	L2	L3	L4	L5	均值
DDC	1	98.3	71.0	77.6	70.0	97.8	82.9
	2	92.1	97.1	100.0	77.4	77.3	88.8
	3	96.2	85.6	100.0	75.8	90.0	89.5
CORAL	1	98.1	82.9	65.3	69.2	99.1	82.9
	2	92.0	94.3	100.0	79.5	84.9	90.1
	3	100.0	89.7	100.0	85.3	87.0	92.4

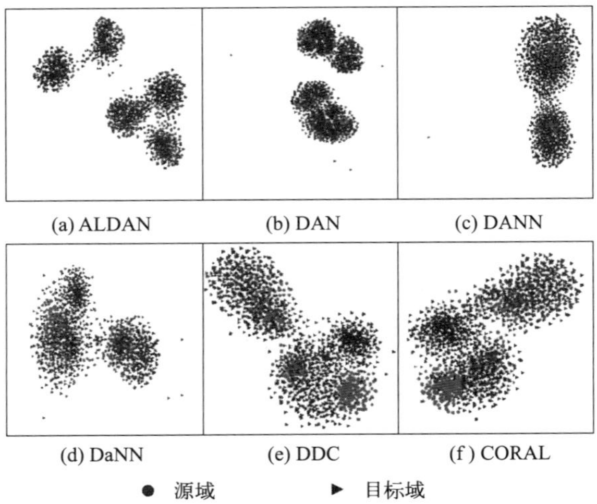

看彩图

图 8.4.10 不同迁移学习方法的特征可视化

8.4.6 敏感性分析

本节对小样本数据集的规模进行敏感性分析，探索训练样本数量对诊断结果的影响。在该测试中，每个类别使用不同数量的目标样本（即 10、15、20、25、30、50、100）分别测试。如图 8.4.11 所示，当每类故障仅有 10 个样本时，ALDAN 可实现 90%以上的识别精度。随着样本数量的增加，ALDAN 的识别精度也在提高。当目标样本的数量为 100 时，可以获得比较精确的故障诊断结果。结果表明，仿真信号可以提供有效的故障知识。通过仿真信号的数据增强，ALDAN 可以在小样本下学习到故障相关的判别特征，并显著提高故障诊断性能。

看彩图

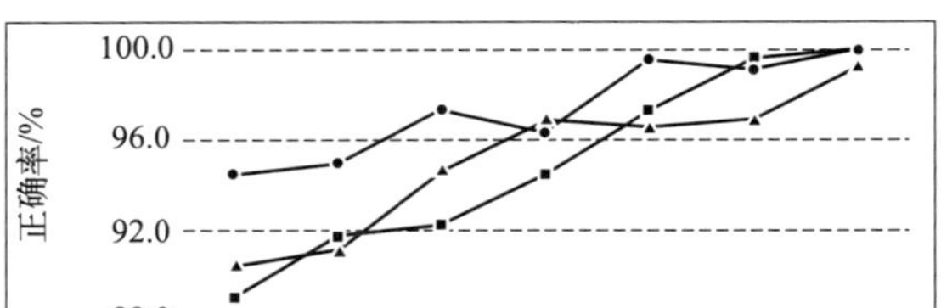

	10	15	20	25	30	50	100
—▲— C1	90.5	91.2	94.7	96.9	96.6	96.9	99.4
—■— C2	89.0	91.7	92.2	94.4	97.3	99.5	99.9
—●— C3	94.5	94.9	97.2	96.3	99.5	99.1	99.9

目标小样本每类故障的数据量

图 8.4.11 敏感性分析结果

8.5 本章小结

在本章介绍的方法中，首先利用仿真技术模拟不同工况和故障，生成大量源域数据作为训练起点。其次，采集实际工况下的无标签数据作为目标域数据，虽然缺乏故障标签，但可通过迁移学习辅助模型适应实际工况。最后结合源域和目标域数据，运用迁移学习技术调整模型参数，使其适应实际数据分布，训练出泛化能力强的故障诊断模型。这种基于仿真-数据融合的迁移故障诊断方法，通过引入物理仿真模型生成的振动数据，有效增加了训练数据的数量，丰富了其多样性，使网络模型的泛化能力得到显著提升。通过迁移学习可以利用目标域数据的信息调整模型，从而提高模型在实际工况下的适应能力。实践证明，这种方法可以在小样本情况下完成模型训练，为解决齿轮箱故障诊断模型在缺乏标签数据和变工况条件下的泛化能力不足提供了一种新的思路和方法。

参考文献

[1] Yu J, Wang S, Wang L, et al. Gearbox fault diagnosis based on a fusion model of virtual physical model and data-driven method [J]. Mechanical Systems and Signal Processing, 2023, 188: 109980.

[2] Zhu Y, Zhuang F, Wang J, et al. Deep subdomain adaptation network for image classification [J]. IEEE Transactions on Neural Networks and Learning Systems, 2020, 32 (4): 1713-1722.

[3] 王思远. 基于仿真 - 数据融合的齿轮箱故障诊断 [D]. 上海：同济大学，2024.

[4] Ahn K Y, Ryu B. A modeling of impact dynamics and its application to impact force prediction [J]. Journal of Mechanical Science and Technology, 2005, 19 (Suppl 1): 422-428.

[5] Chen Y, Dai X, Liu M, et al. Dynamic convolution: Attention over convolution kernels [C] //Proceedings of the IEEE/CVF Conference on Computer Vision and Pattern Recognition. 2020: 11030-11039.

[6] Li W, Zhong X, Shao H, et al. Multi-mode data augmentation and fault diagnosis of rotating machinery using modified ACGAN designed with new framework [J]. Advanced Engineering Informatics, 2022, 52: 101552.

[7] Yu Y, Guo L, Gao H, et al. PCWGAN-GP: A new method for imbalanced fault diagnosis of machines [J]. IEEE Transactions on Instrumentation and Measurement, 2022, 71: 1-11.

[8] Ghifary M, Kleijn W B, Zhang M. Domain adaptive neural networks for object recognition [C] //Pacific Rim International Conference on Artificial Intelligence. Cham: Springer International Publishing, 2014: 898-904.

[9] Long M, Cao Y, Wang J, et al. Learning transferable features with deep adaptation networks [C] //International Conference on Machine Learning. PMLR, 2015: 97-105.

[10] Ganin Y, Lempitsky V. Unsupervised domain adaptation by backpropagation [C] //International Conference on Machine Learning. PMLR, 2015: 1180-1189.

[11] Tzeng E, Hoffman J, Zhang N, et al. Deep domain confusion: Maximizing for domain invariance [J]. arXiv preprint arXiv: 1412. 3474, 2014.

[12] Sun B, Saenko K, Deep coral: Correlation alignment for deep domain adaptation [C] //European Conference on Computer Vision. Cham: Springer International Publishing, 2016: 443-450.

第 9 章

典型旋转机械设备故障智能诊断

本章对典型旋转机械的智能诊断进行介绍。并对滚动轴承、齿轮箱、转子、电机及轧辊磨床的故障模式、失效机理以及常用诊断方法分别进行介绍。从失效模式类别入手，深入浅出，对失效的具体机械机理进行分析，并针对各种失效模式及机理，对相应的故障诊断方法技术进行介绍。

9.1 滚动轴承故障及其诊断方法

9.1.1 滚动轴承的失效形式

滚动轴承作为旋转器械的主要组成零部件，被广泛应用于航空航天、海运陆运载具、现代化生产制造设备以及发电设施设备等领域。滚动轴承需要在各种恶劣环境及工况条件下高强度连续工作，且需要保持长期、高精度地运行，承受外部冲击以及部件内部自劣化等因素干扰。如图 9.1.1 所示，滚动轴承主要由内圈、外圈、滚动体以及保持架 4 部分组件构成，相应地，在工程实际生产生活中，滚动轴承的故障也主要集中在内圈故障、外圈故障、滚动体故障以及保持架故障 4 种故障定位形式。且故障又可进一步分为磨损故障以及表面损伤故障，磨损故障是指滚动轴承在工作的过程中，轴承表面表现出的粗糙、不规则以及面积条件的退化。表面损伤故障又包含裂纹、点蚀、空洞以及脱落等。

以下对滚动轴承主要失效以及其形成原因进行简要介绍[1]。

(1) 疲劳脱落（点蚀）

滚动轴承工作时，滚动体和滚道之间为点接触或线接触，由于在交变载荷的作用下，其表面间存在着极大的循环接触应力，容易在接触处形成疲劳源，由疲劳源生成微裂纹，微裂纹因材质硬度高、脆性大，难以向纵深发展，便呈小颗粒状剥落，使滚动轴承表面出现细小的麻点，这就是疲劳点蚀。严重时，表面呈片状剥落，形成凹坑；若轴承继续运转，将形成大面积的剥落。疲劳点蚀会造成运转中的冲击载荷，使设备的振动和噪声加剧。然而，疲劳点蚀是滚动轴承正常的、不可避免的失效形式。轴承寿命指的就是出现第一个疲劳剥落点之前运转的总转数，轴承的额定寿命就是指 90%的轴承不发生疲劳点蚀的寿命。

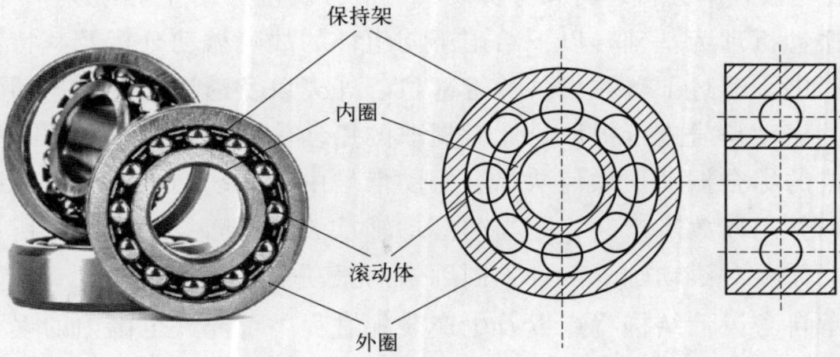

图 9.1.1　滚动轴承结构

（2）磨损

润滑不良、外界尘粒等异物侵入、装配不当等原因，都会加剧滚动轴承表面之间的磨损。磨损的程度严重时，轴承游隙增大，表面粗糙度增加，不仅降低了轴承的运转精度，而且设备的振动和噪声也会随之增大，但磨损是个长期的过程，不会表现出异常明显的故障信号及特征。

（3）胶合

胶合是一个金属表面黏附到另一个表面上去的现象。其产生的主要原因是缺油、缺脂下的润滑不足，以及重载、高速、高温，滚动体与滚道在接触处发生了局部高温下的金属熔焊现象。通常，轻度的胶合又称为划痕，重度的胶合又称为烧轴承。胶合为严重故障，发生后立即会导致振动和噪声急剧增大，多数情况下使设备难以继续运转。

（4）断裂（裂纹）

轴承零件的断裂和裂纹是最危险的一种故障形式，这主要是由轴承材料有缺陷、热处理不当以及严重超负荷运行引起的；此外，装配过盈量太大、轴承组合设计不当，以及缺油、断油下的润滑丧失也都会引起断裂和裂纹。

（5）锈蚀

锈蚀的发生原因有：外界的水分带入轴承中；设备停用时，轴承温度在露点以下，空气中的水分凝结成水滴吸附在轴承表面上；或者，设备在腐蚀性介质中工作，轴承密封不严，从而引起化学腐蚀。锈蚀产生的锈斑使轴承表面产生早期剥落，同时也加剧了磨损。

（6）保持架损坏

润滑不良会使保持架与滚动体或座圈发生磨损、碰撞。装配不当造成的保持架变形，会使保持架与滚动体或座圈之间产生卡阻，从而加速保持架的磨损。保持架磨损后，间隙变大，与滚动体之间的撞击力增大，以致使保持架断裂。

9.1.2　滚动轴承的失效机理及其特性

本节对滚动轴承的失效机理及其特性进行简要介绍，由于滚动轴承故障失效形式较多，且故障发生点位不一，常使用振动信号分析方法对故障类型及故障点位进行勘别。对于滚动轴承而言，早期故障的发生理论上均能通过振动信号进行表征，但早期故障发生时，由于故障严重程度不高，给滚动轴承各组件带来的影响程度也相对不大，其微弱的异常振动特征极易淹没在工况的噪声和固有振动中。随着故障点位组件的进一步劣化，故障逐渐表现出明显的故障信号及特征，此时通过一般频率分析、时频分析及其他信号及特征分析方法方可识别出故障类别。

以滚动轴承振动机理为基础，以下给出不同组件的故障振动分析及其特性。

实际诊断过程中，通过部署在设备关键部位、外壳以及适当位置的振动信号传感器对滚动轴承及其设备的振动信号进行提取，此时提取的振动信号实际为设备固有振动及滚动轴承内部劣化混合形成的综合振动。如何从综合振动信号中将滚动轴承及其设备自身故障产生的振动信号有效分离并用以故障诊断，是当前滚动轴承故障诊断技术的关键所在。为有效地提取目标振动信号，需要对滚动轴承两种不同因素的振动信号进行研究[2]。

（1）滚动轴承自身设计结构特点以及生产装配过程中可允许范围内的误差引起的振动

当滚动轴承运转时，滚动体在轴承内部、滚道上转动。由于滚动体在轴承不同位置时受力大小不一且其滚动体数目不同，导致了承载刚度的变化，引起轴承整体振动。当转速一定时，这些信号呈现一定的周期性。由于实际机理上的构成因素较为复杂，且各因素之间不存在特别的关系，因此这种振动信号一般具有多种成分且具有较大的随机性。

（2）滚动轴承故障引起的振动

① 磨损故障。一般情况下，磨损故障是个相对长期的过程，为渐变性故障，短时间内没有明显异于当前振动信号的故障信号特征。轴承表面磨损后产生的振动与正常情况下的振动具有相似的性质，两者均为无规则、强随机性的波形，但磨损后的轴承内部由于具有了更大的振动空间，因此振动幅值明显高于正常轴承。相比于这类故障，工程实际中更加关注表面损伤故障。

② 损伤故障。其一为轴承元件的工作表面损伤点在运行过程中反复与其接触的其他元件表面碰撞产生低频的振动信号，且由于损伤点相对于轴承位置相对固定，因此这类故障信号是有发生规律的，通常特征频率在 1kHz 以下。其二为损伤冲击作用造成的轴承系统发生的高频变化。

滚动轴承表面损伤故障发生的振动产生机理如图 9.1.2 所示。

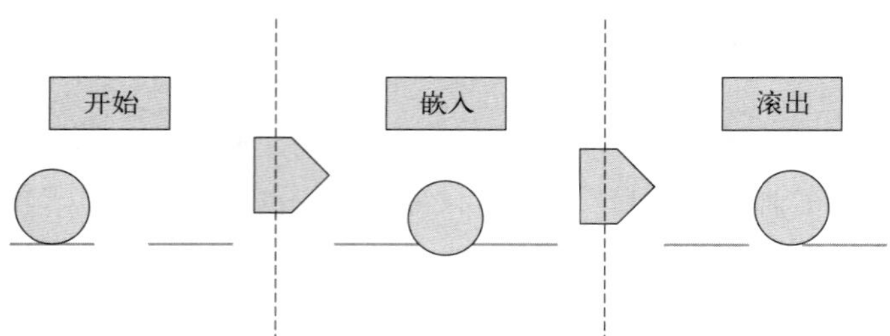

图 9.1.2　滚动轴承表面损伤振动产生机理

假定轴承外圈存在一个表面损伤，当滚动体经过损伤处时即会产生一个冲击振动信号，如图 9.1.2 中“嵌入”所示，而一个表面损伤具有至少两个边界，当滚动体离开损伤区域与正常的外圈组件边界碰撞，则会产生另一个振动信号，如图 9.1.2“滚出”所示。当两个振动信号叠加在一起，便会在时序上产生多个振动峰值，理论上运用峰值之间的时间差便可计算损伤的宽度，但通常情况下，实际的工况条件更加复杂，很难直接从时域上分析出故障的类别及严重程度。

理论上，当轴承以一定的频率旋转，轴承各组件在转动之间的理论振动频率可由式(9.1.1)表示[3]：

$$
\begin{aligned}
&\text{外圈频率}=\frac{nf_{\mathrm{r}}}{2}\left(1-\frac{d}{D}\cos\phi\right)\\
&\text{内圈频率}=\frac{nf_{\mathrm{r}}}{2}\left(1+\frac{d}{D}\cos\phi\right)\\
&\text{保持架频率}=\frac{f_{\mathrm{r}}}{2}\left(1-\frac{d}{D}\cos\phi\right)\\
&\text{滚动体频率}=\frac{Df_{\mathrm{r}}}{2d}\left[1-\left(\frac{d}{D}\cos\phi\right)^{2}\right]
\end{aligned}
\tag{9.1.1}
$$

式中，d，D 分别表示滚动体直径以及节圆直径；f_{r} 表示轴转速；ϕ 表示接触角；n 表示滚动体数量。

9.1.3 滚动轴承的故障诊断方法

在迄今为止的研究中，针对不同故障情况和工况，发展出了多种不同的故障诊断方法，大致可分为以下几类。

① 振动分析法。通过安装在轴承及其设备外壳或关键位置上的振动传感器接收的振动信号来提取特征，并结合相关机器学习、深度学习的方法来实现对轴承的故障诊断[4]。

② 声波发射法。通过向被测设备发射声波，再利用声波探伤原理对设备内部的特性进行勘察，进而获得轴承及其设备故障的种类以及严重程度。此种方法适用于滚动轴承早期的故障识别，但设备昂贵且实施复杂，且受设备运行状态影响较大[5]。

③ 温度监测法。通过温度热成像方法对待检轴承及其设备进行分析，从而确定大致的故障位置，但这种方法难以鉴别故障类别，且受环境影响较大[6]。

④ 油液检测法。通过对轴承润滑用油的状态的监测间接地确定轴承及其设备的状态。通常的做法是对废油进行污染程度的判定，分析废油中的颗粒成分及数量，间接推导轴承状态。该方法多用于评定轴承及其设备的整体状态，不适用于具体故障类别的分类和故障位置的定位，且容易受到关联设备的影响。

本节将基于上述方法中的振动分析法，结合前述章节的神经网络模型，对典型旋转机械中的滚动轴承故障进行诊断，并给出具体的实例。

(1) 实验台设计

为给出滚动轴承的故障诊断方法示例，本节采用从第 5.4.4 节中行星齿轮箱实验台中采集的振动信号对齿轮箱中的轴承进行故障诊断，分别对轴承的 4 种健康状态进行识别（健康、轴承内圈缺陷、滚动体缺陷以及轴承保持架缺陷）。实验台如图 5.4.5 所示，齿轮箱轴承 4 种健康状态振动信号如图 9.1.3 所示。

(2) 基于神经网络的滚动轴承故障诊断模型

本节将采用基于卷积神经网络的故障诊断模型实现对行星齿轮箱实验台轴承故障类型的识别，使用的卷积神经网络结构同 4.3.4 节。针对各故障类型的原始振动信号，使用经验模

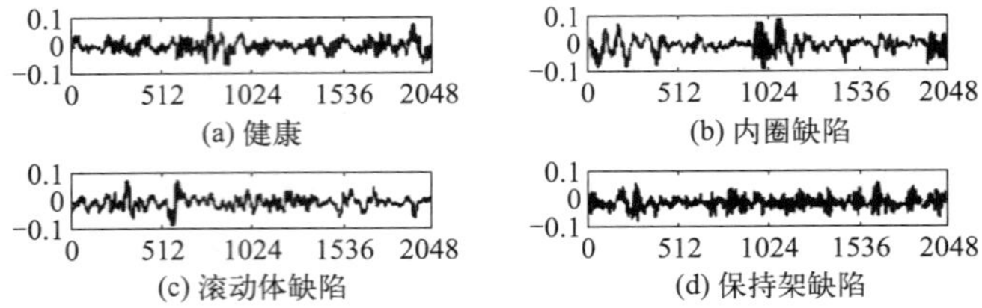

图 9.1.3　滚动轴承体 4 种健康状态振动信号

态分解方法将原始振动信号分解为若干个 IMF 分量，随后取得蕴含较多故障特征信息的前三个 IMF 分量作为卷积神经网络的输入。在多通道输入的前提下，卷积神经网络的前三个卷积池化层对原始信号的 IMF 分量进行进一步的高维变换，以提取故障特征。之后，将故障特征送入由 3 层全连接层组成的分类器对故障特征进行分类。卷积神经网络的训练损失和精度如图 9.1.4 所示，模型对滚动轴承四种健康状态的识别结果混淆矩阵如图 9.1.5 所示。

（3）识别结果

验证所用卷积神经网络对滚动轴承故障的平均识别率达 98.3%，其中各健康状态识别率分别为 98%，97%，100%以及 98%，可以看出，原始振动信号经过经验模态分解初步提取故障特征后，输入进卷积神经网络，能够有效地对滚动轴承的故障进行识别。

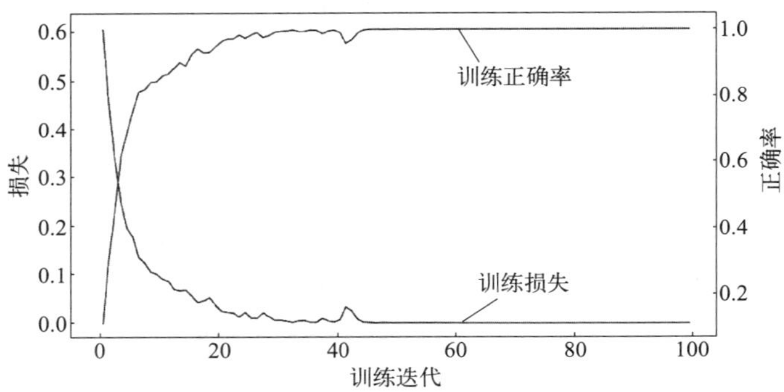

图 9.1.4　网络训练损失和精度

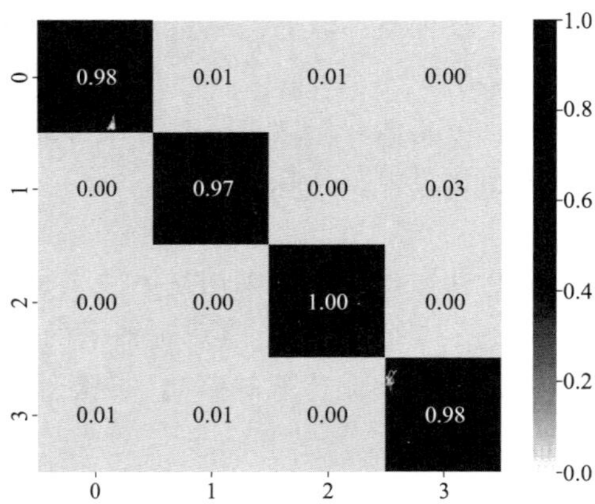

图 9.1.5　滚动轴承 4 种健康状态诊断混淆矩阵

9.2 齿轮箱故障及其诊断方法

9.2.1 齿轮箱的失效形式

齿轮传动作为一种较为常用的机械传动方式，应用十分广泛。其中，齿轮箱作为其中的关键部件（图 9.2.1），具有传动比大、承载能力强、体积小等诸多优点，被广泛应用于风力发电、工程机械、直升机等领域[7]。

图 9.2.1 齿轮箱内部结构图

然而，由于齿轮在使用过程中，其一般都处于高速运转状态，长期在冲击力大的工作环境下，齿轮容易产生很多故障。其关键部件（齿轮、轴和轴承）会受到严重磨损和冲击损坏，特别是断齿故障的发生可能会造成整机工作不平稳甚至停机，从而造成难以估量的损失。因此，针对行星齿轮变速箱的实际运行状态进行实时监控，制定有针对性的检测方案，在最大程度上保证设备的稳定安全运转，有着重要的意义。如图 9.2.2 所示，本节选取了 5 种典型的齿轮失效形式（磨损、裂纹、点蚀、胶合、断齿）并分析了其形成原因。

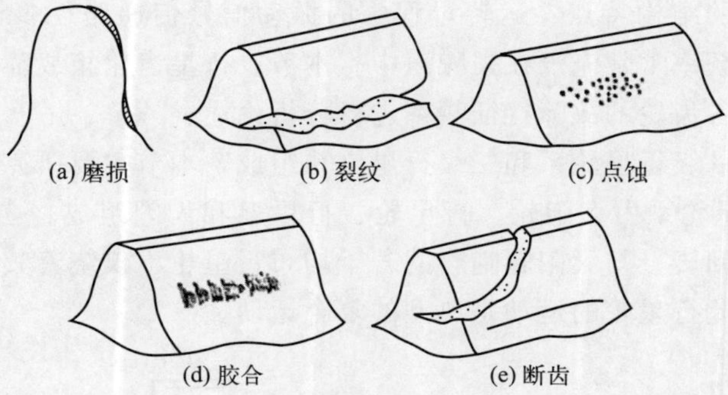

图 9.2.2 齿轮的五种失效形式

（1）磨损

齿轮运行过程中，一方面，金属微粒、沙粒、尘埃等杂质会进入到工作表面，或者润滑不良、齿面不良会造成齿轮磨损；另一方面，轴系的不对中、磨损会在啮合面引起较大的扭矩变化，也将加速齿面的磨损。

磨损出现后，齿面厚度变薄，齿距变大，齿廓变形，动态载荷增大，最终加大振动和噪声，甚至导致断齿。如图 9.2.2(a) 所示。

(2) 裂纹

当主动轮进入啮合，从动轮脱离啮合时，主动轮与从动轮的啮合点位于齿顶，此时在齿根处就会产生应力集中，逐渐地形成裂纹。随着时间推移，裂纹逐渐沿着齿根纵向扩展，最终在含有裂纹的轮齿无法承受啮合产生的弯曲应力时导致断齿。如图 9.2.2(b) 所示。

(3) 点蚀

作为闭式齿轮传动中常见的故障形式，点蚀现象通常出现在靠近节线的齿根表面，当齿面脉动循环接触应力超出材料的应力极限，长此以往齿面便会产生疲劳裂纹。随着裂纹的不断延伸，齿面表层金属最终会脱落形成麻坑，即点蚀。硬齿面齿轮中，当点蚀出现后，因为齿面脆性大，凹坑的边缘不会被碾平而是继续破碎，直至齿面损坏。如图 9.2.2(c) 所示。

(4) 胶合

当处在齿轮箱润滑油黏度较低、油液温度较高、齿间相对滑动过快、单位齿面载荷过大、啮合面积过小、转速较低（润滑油难以成膜）等情况下时，齿面啮合相对滑动油膜破裂，齿面间直接接触，两者间的压力及摩擦力作用导致接触面产生瞬间高温，使金属表面发生局部熔焊胶着在一起并剥离的损伤。胶合现象发生后将加速齿面的磨损，影响传动质量。如图 9.2.2(d) 所示。

(5) 断齿

作为最常见的齿轮故障，断齿一般发生在齿根，其原因是根部弯曲应力最大，应力集中所致。断齿的常见形式有疲劳断齿、过载断齿、局部断齿。其中，过载断齿是由于严重过载或受到冲击载荷作用，应力超过承受极限而产生的断齿现象。局部断齿则由于偏载等造成局部接触，应力过大而产生的断齿现象，通常发生在齿轮的端部。如图 9.2.2(e) 所示。

9.2.2 齿轮箱的失效机理及其特性

由于齿轮箱自身的结构特点、运转过程中的振动信号传递路径多样，导致信号成分复杂，振动信号的特征频率常常淹没在强噪声中。本节以行星齿轮箱故障为主要研究对象，针对系统的啮合频率、各齿轮的故障特征频率进行分析论述。

行星轮系主要由一级行星轮系和二级行星轮系组成，本节主要研究一级行星轮系。如图 9.2.3 所示，一级行星轮系由太阳轮、行星轮、行星架和齿圈组成。当行星齿轮箱运转时，太阳轮绕其固定轴线回转，与太阳轮啮合的若干均布行星轮不仅绕着其自身轴线自转，还要绕着太阳轮公转，因此行星轮的运动是典型的复合运动。

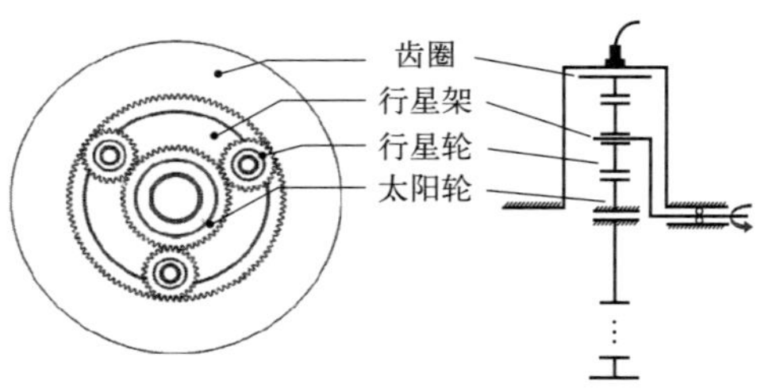

图 9.2.3 行星齿轮内部结构图

当两个齿轮啮合时，啮合齿面载荷以及刚度的变化导致振动的发生。在一级行星齿轮箱中，输入轴的转速为 n_1（单位为 r/min），齿数为 Z_1，输出轴的转速为 n_2（单位为 r/min），齿数为 Z_2，则啮合频率为

$$f_z=f_1Z_1=f_2Z_2=\frac{n_1Z_1}{60}=\frac{n_2Z_2}{60} \tag{9.2.1}$$

在正常运转情况下，齿轮振动信号幅值较小，频谱中主要为齿轮的啮合频率及其谐波成分，且啮合频率与谐波相比较小且幅值稳定，振动信号的形式为

$$x(t)=\sum_{m=0}^{n}A_m\cos(2\pi f_z t+\varphi_m) \tag{9.2.2}$$

式中，A_m 为幅值，φ_m 为相位，n 为最大谐波次数。

太阳轮齿轮轴与驱动电机相连作为整个箱体动力输入。由电机提供的驱动转速 n，通过一对定轴齿轮箱输入行星齿轮箱。行星齿轮系统啮合频率为

$$\begin{aligned}f_m&=Z_rf_H=Z_p(f_p+f_H)=Z_s(f_s-f_H)=Z_r\frac{n_H}{60}=Z_p\frac{n_p+n_H}{60}\\&=Z_s\frac{n_s-n_H}{60}\end{aligned} \tag{9.2.3}$$

式中，f_m 是齿轮箱啮合频率；Z_s 是太阳轮齿数；Z_p 是行星轮齿数；Z_r 是齿圈齿数；f_H 是行星架转频；f_s 是太阳轮转频；f_p 是行星轮转频；n_p 是行星轮转速；n_H 是行星架转速。

行星轮局部故障特征频率为

$$f_p=\frac{f_m}{Z_p}N \tag{9.2.4}$$

太阳轮局部故障特征频率为

$$f_s=\frac{f_m}{Z_s}N \tag{9.2.5}$$

式中，N 为行星轮的个数。

齿圈局部故障特征频率为

$$f_r=\frac{f_m}{Z_r}N \tag{9.2.6}$$

行星架局部故障特征频率为

$$f_c=\frac{f_m}{Z_r}N \tag{9.2.7}$$

振动信号频谱中，常见到啮合频率附近存在一些等间距的频率成分，这些频率成分称为“边频带”。边频带反映振动信号的调制特征，调制信号为边频带间距。在某种程度上，边频带的增多能够解释齿轮故障的发生，边频的距离则反映故障的来源[8]。振动信号的调制分为幅值调制和频率调制。

通常在系统无故障的情况下，普通定轴齿轮的振动信号也难免会出现幅值调制的现象。这种情况反映到行星齿轮箱上则更为复杂。当有局部故障发生时，局部故障也会引起幅值调制效果。在齿轮振动信号中，载波通常为啮合频率成分，调制波通常为齿轮轴的旋转频率成分。幅值调制时，载波信号的幅值随调制信号的变化，振动波形呈现相同规律变化。齿轮加工误差、偏心或者受到变化载荷等因素均会导致振动信号幅值发生调制。幅值调制信号的数学描述可表示为

$$x(t)=\sum_{m=0}^{n}\frac{A_m\cos(2\pi f_z+\varphi_m)}{[1+\alpha\cos(2\pi f_m t)]} \tag{9.2.8}$$

式中，α 为调制系数；f_z 为载波频率；f_m 为调制频率，一般情况下，调制频率为齿轮所在轴的转频。

齿轮的速度波动，或者齿面的压力波动造成的扭矩波动所导致的角速度波动会引起齿轮箱的频率调制。频率调制时，载波信号的频率随调制信号的变化，使振动波形呈现相同规律变化。齿轮加工误差、故障引起的齿轮轴相位变化同样会导致频率调制，在频谱图上同样是在啮合频率两侧出现边频带。由于相位调制和频率调制具有相同的调制效果，因此，可以将相位调制和频率调制进行等效处理。

9.2.3 齿轮箱的故障诊断方法

齿轮箱故障诊断技术结合传感器技术、数据采集、信号处理、计算机科学、智能算法等众多学科，逐渐成为一种多领域的综合学科。随着计算机科学的不断发展，每个领域的研究也在不断创新，这些众多领域的科技进步又推动了故障诊断技术的发展，并且将新理论不断地融合其中，使得故障诊断技术不断完善，不断前进。以下是三种常见的齿轮箱故障诊断方法。

(1) 故障诊断机理相关研究

齿轮箱故障诊断技术最初从动力学角度结合摩擦学、材料学等相关学科对机械系统进行故障诊断机理的研究，根据不同的机械故障参数建立数学模型，研究不同模型与故障之间的规律。通过对齿轮箱振动机理的分析，得出齿轮箱故障诊断机理可以根据齿轮传动误差、传递功率和齿轮啮合过程中的非线性函数关系来描述。

中国工程院高金吉院士对旋转机械进行了深入研究，通过理论分析与现场实践相结合，得出齿轮箱故障诊断机理和与之对应的故障之间的识别方法[9]。可以看出，通过对齿轮箱振动机理的研究可以建立相关振动模型，分析不同故障对应的振动特征。因此，在故障诊断中对齿轮箱振动机理和振动模型的研究具有重大意义。

(2) 故障特征提取及信号处理

齿轮箱在运转过程中，当齿轮、轴承等部件发生故障时许多参数会发生变化，很难存在稳定的运行状态。其产生的振动信号往往具有非平稳特征，且其中含有大量噪声成分[10]，因此需要对采集的齿轮箱振动信号的状态特征进行提取。在齿轮箱工作中，其振动特征会随着不同故障的发生而发生变化，对于某些局部故障，一些无量纲参数可以表示齿轮箱的运行状态，如脉冲指标、峰值因子、峭度等[11]。

时频特征分析是结合时域和频域的分析方法。时频特征分析的目的是建立一种能在时间域和频率域上同时表示信号能量的分布情况的方法，时间信息可以反映故障分布，而频域信息可以反映故障的发生部位，将时域信息与频域信息进行结合可以准确地进行故障定位。

(3) 智能诊断方法

在进行了信号的故障特征提取及相关处理后，引入相关智能算法，将提取的特征作为训练数据，训练齿轮箱故障智能诊断模型，并对训练好的模型进行测试和验证。提取的特征中包含着齿轮箱运行状态的有效信息，最终达到要求的模型可完成对齿轮箱故障的诊断。

人工神经网络是起源于生物学中对人脑组织结构和思考方式的研究的一种处理和解决现实问

题的智能化网络系统。在处理非线性问题时，其根据所要解决的问题特征构造非线性映射模型，建立输入样本与输出之间的对应关系。作为人工智能的重要分支，人工神经网络在处理非线性控制系统和一些模式识别问题，如语言识别、图像处理、系统分类等时应用广泛，而且在数据预测、拟合回归、智能控制等方面具有极大的施展空间[12]。

如图 9.2.4 所示，实验台通过变频器调节伺服电机驱动，经过传动支架传动至齿轮箱，再连接制动器，并提供负载转矩。齿轮箱采用单级平行轴减速结构配置，减速比为 3，齿轮箱模数为 0.6，大齿轮齿数为 54，小齿轮齿数为 27。传动支架能够实现电机向齿轮箱的转矩输出。为模拟不同工况，设置实验时的转速分别为 1200r/min、1500r/min、1800r/min，采样频率为 20kHz。

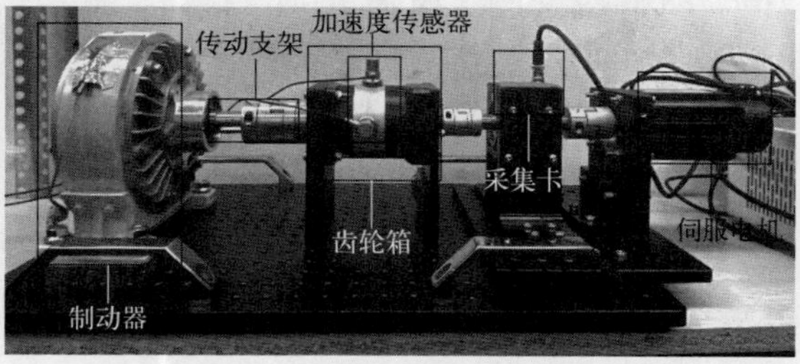

图 9.2.4　齿轮箱故障实验台

① 正常运行状态。进行故障模拟实验之前，使实验台在正常状态运行，以采集得到的振动信号作为故障信号的参考基准。设置电机正常下的转速分别为 1200r/min、1500r/min 与 1800r/min，在对应测点测量该频率对应的稳定转速下的振动数据。采集过程中为防止轴承高频信息的丢失，将采集频率设置为 20kHz，每一测点采集时间 30s，重复做两次，以保证数据的可重复性。

② 故障状态。本节主要对行星轮的断齿、点蚀和裂纹故障进行研究。主要步骤为：将齿轮箱从实验台底板上拆卸下来，卸下齿轮，换上故障齿轮或者轴承；之后，固定好轴承两端端盖后，再将齿轮箱固定在实验台上；最后，进行轴系对中，调整固定好各部分，开始采集数据。过程中的频率设置与正常状态的相同。

齿轮及轴承的早期故障信息（诸如轻微磨损、点蚀）极其微弱，且极易被实验噪声淹没。本节在提取信号特征之前对信号进行小波相关滤波处理有效降噪后，计算 8 个时域特征值以及 6 个频域特征值，对 7 种故障和正常状态下的数据进行分析。所用到的时域特征值分别为：信号均值、均方根、峰值、方差、峭度、峭度指标、波形指标、峰值指标；频域特征值分别为：转频幅值、啮合频率、啮合频率二倍频幅值、重心频率、均方频率、频率方差。

当变频器设置频率为 20Hz 时，分析对齿轮进行逐步磨损的振动信号，监测齿轮的退化状态。实验分析步骤如下。

① 磨损信号降噪处理。

对磨损信号进行小波相关滤波，并同 Db4 小波阈值滤波进行对比，波形图如图 9.2.5 所示。从图中比较可看出，利用传统的 Daubenchies 小波阈值法进行降噪，可以达到降噪的效果，但是在一些高频处，降噪效果仍不明显，降噪结果中仍存在随机噪声。

② 齿轮磨损的主元分析模型的建立及其分析。

当对正常振动信号进行小波相关滤波降噪之后，首先按照特征提取部分步骤提取 120 个样本信号相应的 14 个特征参量，组成正常状态下的样本矩阵 $A_{120\times14}$。

求取标准化后的数据矩阵的统计信息：

变量均值向量 $U=[1.096\times10^{-5},\ 2.1180\times10^{-2},\ 4.4958\times10^{-4},\ 3.9770,\ 1.2903,\ 7.7253\times10^{-2},\ 3.6426,\ 2.3562\times10^{-2},\ 3.4697,\ 6.8602\times10^{-2},\ 2.9112,\ 5.7103\times10^{-6},\ 5.7103\times10^{-6},\ 5.7103\times10^{-6}]$

特征值矩阵 $D_\lambda=\mathrm{diag}(25.427,\ 20.241,\ 18.932,\ 13.711,\ 9.369,\ 5.631,\ 1.466,\ 0.337,\ 0.198,\ 0.048,\ 0.023,\ 3.61\times10^{-5},\ 7.16\times10^{-6},\ 3.1\times10^{-6})$

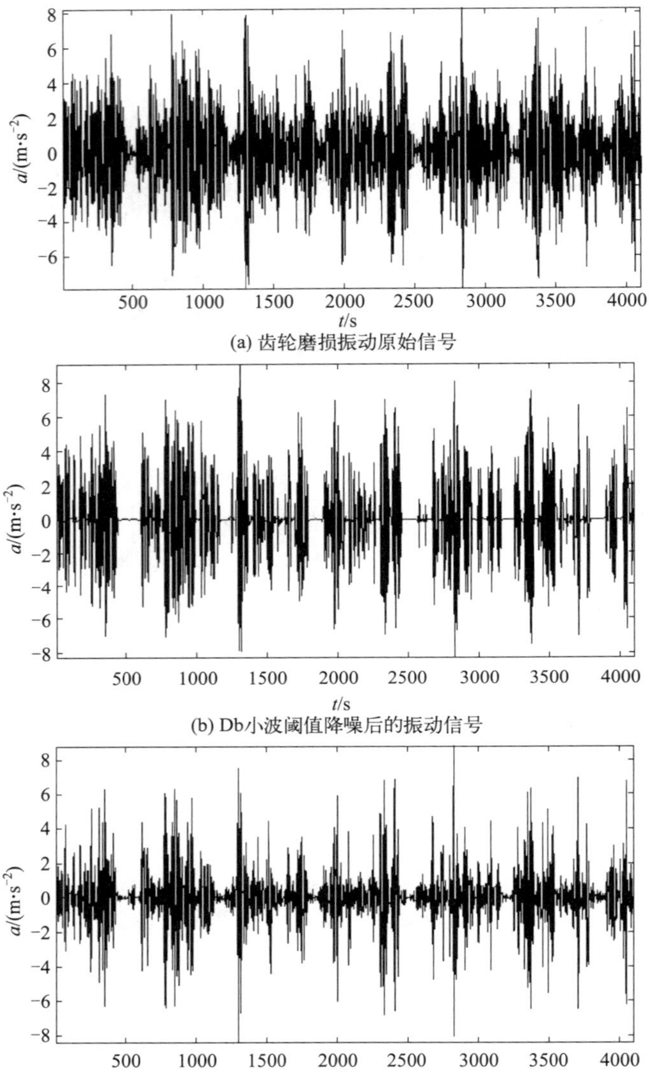

(a) 齿轮磨损振动原始信号

(b) Db小波阈值降噪后的振动信号

(c) 小波相关滤波后振动信号

图 9.2.5 齿轮磨损振动信号分析结果

利用特征值矩阵 D_λ 计算方差贡献率 PV 及累计方差贡献率 CPV，如表 9.2.1 所示。

表 9.2.1 标准化后方差贡献率及累计方差贡献率

主元个数 k	1	2	3	4	5	6	7
PV/%	26.66	21.22	19.85	14.37	9.83	5.9	1.54
CPV/%	26.66	47.88	67.73	82.10	91.93	97.83	99.37

由于前 6 个主元的累计方差贡献率百分比大于 95%，故取主元数为 $k=6$。相应主元变换矩阵为

$$P_6=\begin{bmatrix} 0.9911 & 0.0778 & -0.1077 & -0.0017 & -0.0027 & -0.0003 \\ -0.0533 & 0.6917 & -0.0113 & 0.5996 & 0.3773 & 0.0828 \\ 0.0031 & -0.0015 & 0.0236 & -0.3717 & 0.5752 & -0.1231 \\ -0.0525 & 0.7176 & 0.0534 & -0.5780 & -0.3601 & -0.0789 \\ 0.0040 & -0.0022 & 0.0227 & -0.3807 & 0.6086 & 0.0369 \\ 0.0021 & 0.0009 & 0.0043 & -0.0906 & 0.0595 & 0.8903 \\ -0.0099 & -0.0065 & 0.4372 & 0.1945 & 0.1916 & -0.3642 \\ 0.0075 & -0.0053 & 0.2966 & -0.1290 & 0.1967 & -0.4923 \\ 0.0164 & 0.0004 & 0.0011 & 0.3518 & -0.0673 & 0.1511 \\ 0.0181 & -0.0539 & -0.3910 & -0.4077 & -0.4212 & 0.5281 \\ 0.0098 & -0.0048 & 0.0358 & 0.1398 & -0.4737 & -0.2002 \\ 0.1852 & -0.0042 & 0.0024 & -0.2108 & -0.4100 & -0.3426 \\ 0.0014 & 0.0577 & 0.0096 & -0.0026 & 0.0057 & 0.0019 \\ 0.0056 & 0.0032 & 0.003 & 0.0417 & -0.0128 & 0.0422 \end{bmatrix}$$

检测统计量，计算 Hotelling T^2 统计量的受控限。样本数 $N=120$，主元个数 $k=6$，查 F 分布表，当 $\alpha=0.025$ 时，F_α (k, N) $=2.52$，则

$$\delta_{T^2,\alpha}=15.7905$$

计算 SPE 统计量的受控限。查标准正态分布表，当 $\alpha=0.025$，$c_{0.025}=1.96$，则

$$\delta_{\mathrm{SPE},\alpha}=8.4356$$

通过计算每个正常样本的T^2 统计量和 SPE 统计量，分别绘制正常样本集的T^2 统计量图和 SPE 统计量图，如图 9.2.6 所示，其中的虚线为置信度是 97.5%的统计量对应的控制限。

(4) 齿轮状态退化在线监测

随着齿轮箱运行时间的延长，齿轮磨损逐渐加剧，通过实时在线采集振动信号计算其相应的T^2 统计量和 SPE 统计量，并同正常状态下的控制限进行比较，长期跟踪其发展趋势，以此监测齿轮的状态退化。实验中逐步加剧同一齿轮磨损状态，直至出现断齿故障，分析其统计量，每一次退化采集 40 个数据样本，分 9 组进行，同时加上最初运行的正常状态，共计 10 组 400 个检测样本，分别计算监测样本的 T^2 统计量和 SPE 统计量，得到T^2 统计量和 SPE 统计量图如图 9.2.7 所示，并观测其发展趋势。

对于一个新的检测样本，处于正常状态下时，其T^2 统计量和 SPE 统计量均处在相应控制限以下，一旦出现故障则会超出控制限。图 9.2.7 (a) 中，从第 150 样本点开始，T^2 统计量逐渐出现偏离，超出控制限且偏差越来越大；图 9.2.7(b) 中，从第 160 样本点开始，SPE 统计量逐渐出现偏离，超出控制限且偏差越来越大；这说明第 160 样本点之后，检测样本的各过程变量之间的相关性偏离了正常工况下的允许范围，T^2 统计量和 SPE 统计量不再满足正常运行条件下的两个统计量的统计分布。综合观察分析两个统计量，可以认为齿轮箱运行状态从第 160 个样本点开始出现了异常状况，即故障发生后主元模型迅速检测到了故障的发生。

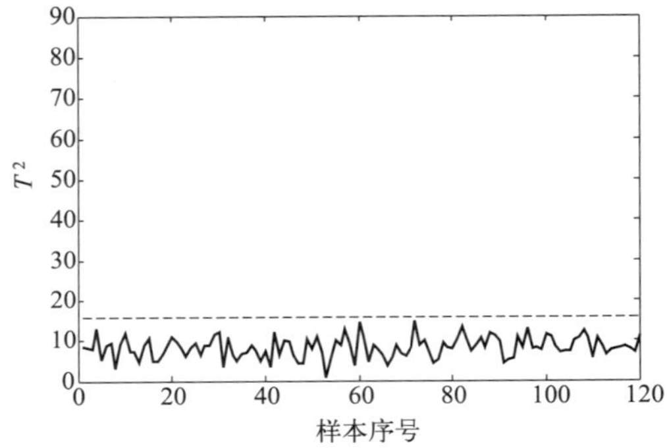

(a) 正常样本T^2统计量图

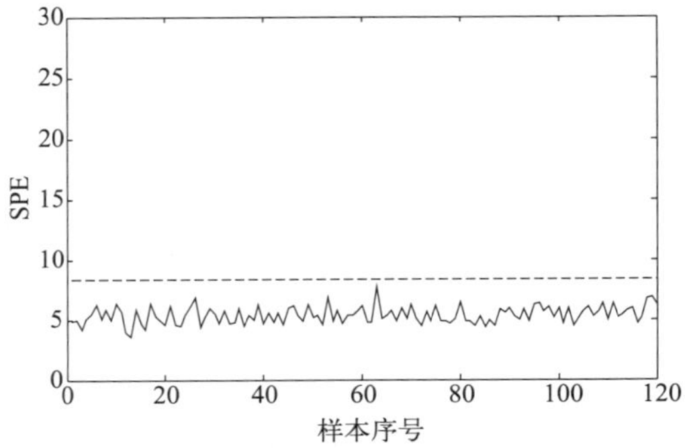

(b) 正常样本SPE统计量图

图 9.2.6　齿轮正常状态下T^2 统计量图和 SPE 统计量图

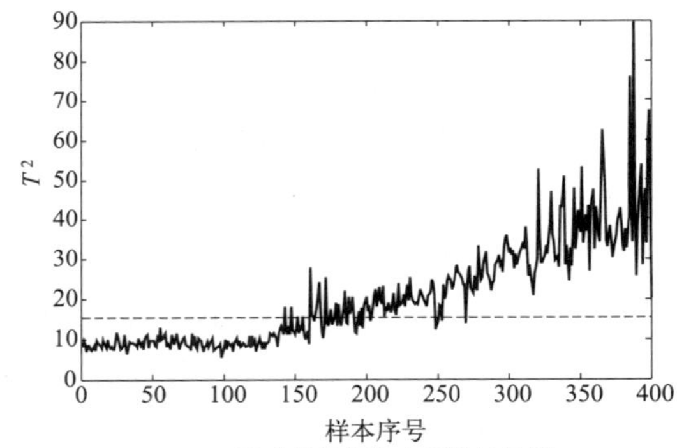

(a) 在线检测样本T^2统计量图

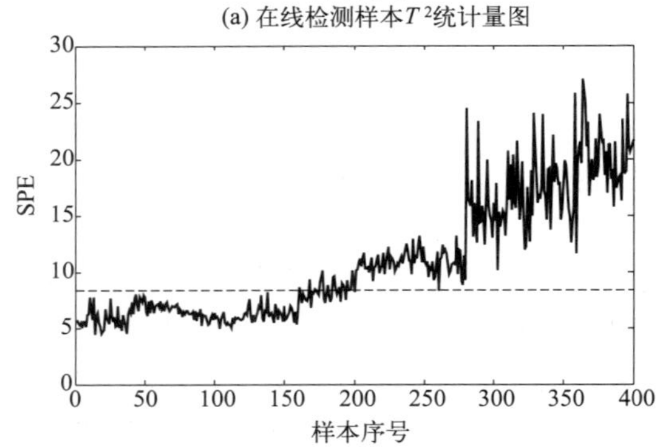

(b) 在线检测样本SPE统计量图

图 9.2.7　齿轮退化状态下T^2 统计量图和 SPE 统计量图

9.3 转子故障及其诊断方法

9.3.1 转子的失效形式

旋转机械在化工、能源开采等各个领域都发挥着巨大作用，其主要结构包括转子、轴承等部件，这些组成部分统称为转子系统。转子是旋转机械的核心，若转子系统出现故障，将会对整个机械设备造成巨大影响。转子的故障类型主要包括3种：转子不平衡、转子不对中以及转子动静碰摩故障。

（1）转子不平衡故障

转子不平衡产生的根本原因是转子横截面质量中心水平坐标偏离几何中心[13]。当转子截面质量中心与几何中心处于同一水平线时，转子旋转过程中没有额外附加作用力，整体处于稳态；相反地，当二者没有处在同一水平线时，转子截面产生额外作用力，导致轴杆较为薄弱处产生形变[14]。

（2）转子不对中故障

转子不对中故障是转子故障中极为常见的一种[15,16]，主要包括平行不对中、偏角不对中以及二者的混合情况。平行不对中即为两个旋转轴彼此平行但不处于同一直线上；偏角不对中即两个旋转轴之间存在夹角，同时二者处于同一平面内。

（3）转子动静碰摩故障

转子在实际运转过程中，由转轴与其他静止物体碰撞摩擦而导致转子动静碰摩故障，轻则导致轴封轻微损坏，重则导致转轴发生变形[17,18]。转子动静碰摩按照碰撞的方向可分为轴向碰摩、径向碰摩及二者的组合情况。

9.3.2 转子的失效机理及特性

（1）转子不平衡故障

转子不平衡故障主要由转子质量偏心以及转子运转过程中部件损坏引起的转动失稳而导致的不平衡。如图9.3.1所示，以偏心转子为例，其质量为M，偏心质量为m，偏心距为e，其质心到两轴承连心线的垂直距离不等于0，挠度为a。

在偏心质量及偏心距存在的情况下，转子转动时将会受到离心力的干扰，其方向与大小均会周期性变化，导致转子运转时产生振动。

转子不平衡故障的主要特性包括：①转子不平衡振动频率与转速一致，振幅随着转动速度而改变，且存在临界值；②转子的轴心运行轨迹为椭圆形；③振动的时域波形为正弦波，且在频谱图中，谐波能量集中于基频，存在较小的高次谐波。

（2）转子不对中故障

转子不对中通常是指相邻两转子的轴心线与轴承中心线发生倾斜或者偏移，该故障会引起一系列效应从而危害设备状态。如图9.3.2所示，转子不对中故障包括平行不对中、偏角不对中以及混合不对中三种情况，其中混合不对中为平行不对中与偏角不对中的组合状态。

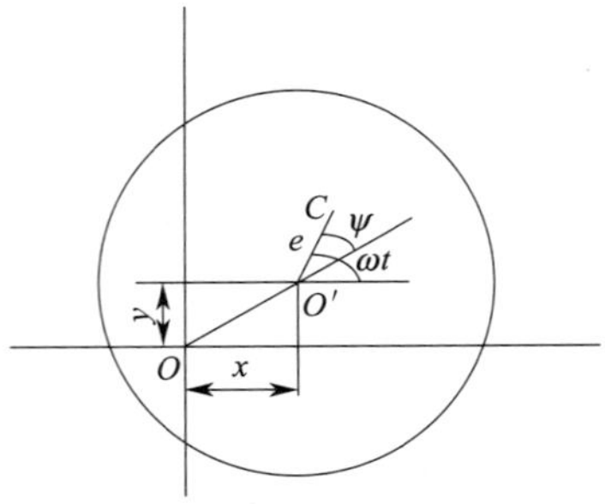

图 9.3.1 偏心转子示意图

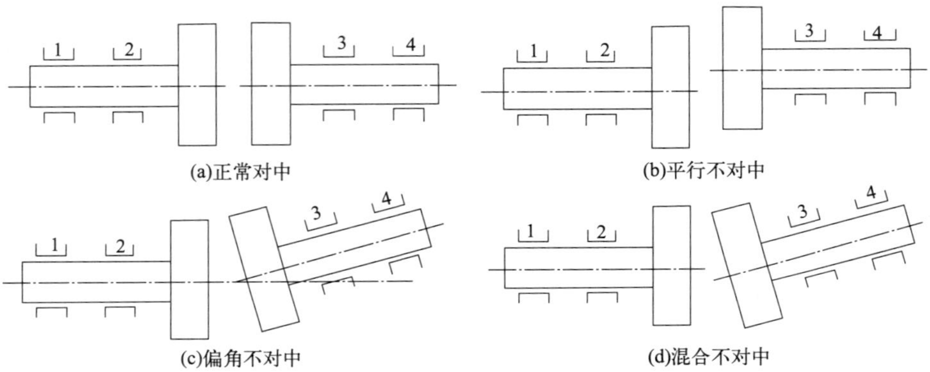

图 9.3.2 转子不对中示意图

① 平行不对中。当两轴相互平行但未处于同一条直线上时，出现平行不对中故障，如图 9.3.3 所示。其中，A 为主动轴的轴心投影，B 为从动轴的轴心投影，K 为二者中间轴套的轴心投影，AK 与 BK 相互垂直。

在平行不对中故障模式下，K 点的转速为转轴转速的 2 倍，因而带来较大的离心力迫使转轴发生振动，该频率为转子基频的 2 倍。

② 偏角不对中。发生偏角不对中时，主动轴的转速与从动轴的转速之间会有微小差异。从动轴的转速可表示为

$$\omega_2 = \omega_1 \cos\alpha / (1 - \sin^2\alpha \cos^2\varphi_1) \tag{9.3.1}$$

式中，ω_1 与 ω_2 分别为主动轴与从动轴的角速度，α 为从动轴的偏斜角，φ_1 为主动转子的转角。

当发生偏角不对中故障时，传动比会每圈变化 2 次，其变化幅度随着不对中的程度而增加。

转子不对中故障的主要特性包括：a. 转子振动频率为旋转频率的 2 倍；b. 不对中故障的影响随着转速的增大而增大；c. 轴心轨迹为香蕉形；d. 在耦合方向相同及相互垂直的方向上，2 倍频的相位差是基频的 2 倍。

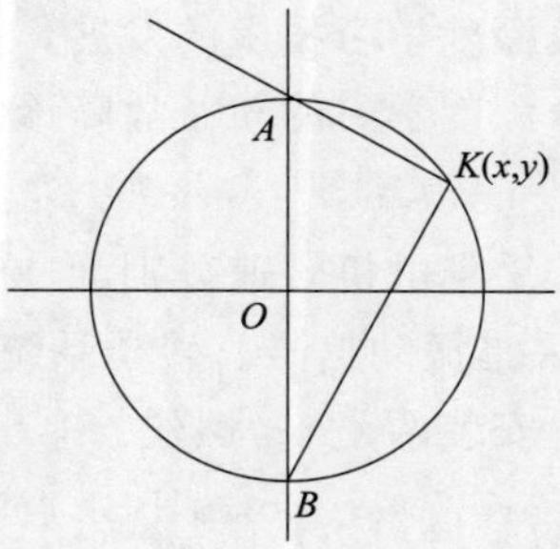

图 9.3.3　平行不对中示意图

(3) 转子动静碰摩故障

在转子转动过程中，由于轴杆变形、间隙不足或者外部静止物体弯曲等使转子与非旋转物体发生碰撞导致转子动静碰摩故障，如图 9.3.4 所示。

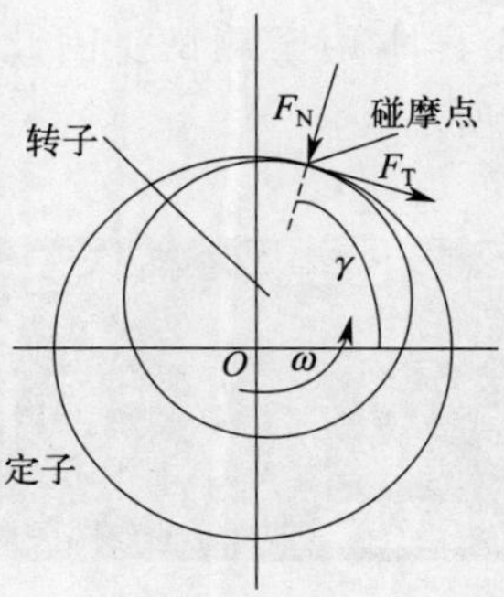

图 9.3.4　转子动静碰摩示意图

转子碰摩系统的运动学微分方程为

$$\begin{cases} m\ddot{x}+c\dot{x}+kx+\dfrac{(e-\delta)k_c}{e}x-\dfrac{f(e-\delta)k_c}{e}y=me\omega^2\cos(\omega t+\varphi_0) \\ m\ddot{y}+c\dot{y}+ky+\dfrac{f(e-\delta)k_c}{e}x+\dfrac{f(e-\delta)k_c}{e}y=me\omega^2\sin(\omega t+\varphi_0)-mg \end{cases} \tag{9.3.2}$$

式中，δ 为静止时动定子的平均间隙，f 为二者摩擦因数，k_c 为静子刚度，$e=\sqrt{x^2+y^2}$ 为转子位移。由式(9.3.2)可知，当发生碰摩前，整体系统与不平衡的影响呈线性表达，振动信号中仅含有同频分量。一旦发生碰摩，系统中将增加非线性刚度，即 $\dfrac{(e-\delta)k_c}{e}$。

转子动静碰摩故障的主要特性表现为：a. 频谱成分复杂且转子失稳后波形发生改变，出现削波现象；b. 振动信号的能量主要集中在一、二倍频；c. 转子碰摩严重时，其轴心轨迹呈现出“8”字形。

9.3.3　转子的故障诊断方法

转子对于旋转机械的正常运转起着至关重要的作用，传统上大多采用基于信号处理的转子故障诊断方法。随着人工智能及深度学习技术的发展，基于深度神经网络的转子故障诊断技术飞速发展，本节主要介绍基于深度学习的转子故障诊断方法。

（1）转子数据采集

转子试验台如图 9.3.5 所示。采集电机转速分别为 900 r/min 和 1050 r/min，在这两种不同工况以下 10kHz 的采样频率采集振动信号。转子系统在第一种运行状态下是无负载的。对于第二种工况，荷载板对称位置安装两个 5g 螺丝。本节考虑了转子系统的 9 种状态，包括健康状态、两级轴承座松动（bearing set loose，BSL）、两级轴向碰摩（axial rub-impact，AR）、两级不对中（轴承设置分别垫 0.3mm 和 0.4mm）和两级不平衡状态。故障类型部分如图 9.3.6 所示。图 9.3.6(a)和(b)分别表示两个水平的 AR。图 9.3.6(c)和(d)分别表示两个水平的不平衡。图 9.3.6(e)和(f)分别表示两个水平的不对中。图 9.3.6(g)和(h)分别表示两个水平的 BSL。对于两个层次的 AR，实现了不同的摩擦影响。对于两种转子不平衡程度，在荷载板的不同位置安装不同的荷载。对于两种不对中程度，通过将轴承座垫到不同的高度实现。对于每一种健康状态，本次实验使用 1500 个样本，长度为 2048 个采样点，其中 1200 个样本用于训练，其余 300 个样本用于测试。因此，本实验共使用 1500×9 个样本。转子数据集的详细信息如表 9.3.1 所示。

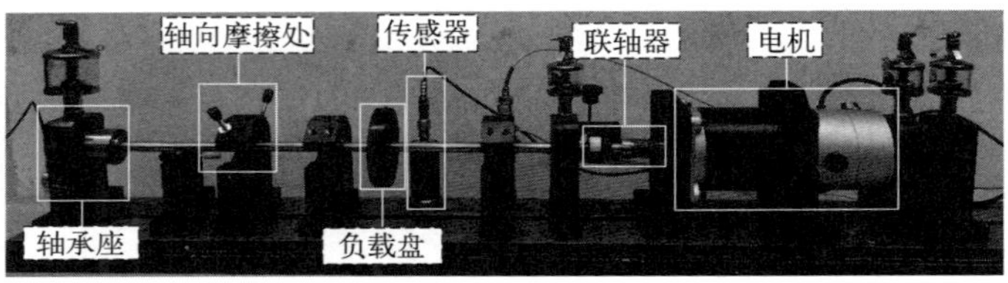

图 9.3.5 转子实验台

表 9.3.1 转子数据集描述

类别标签	状态	运行工况	数据集
C1	健康	900r/min-0g；1050r/min-5g	1500×2048×1
C2	轴承座松动-1	900r/min-0g；1050r/min-5g	1500×2048×1
C3	轴承座松动-2	900r/min-0g；1050r/min-5g	1500×2048×1
C4	轴向碰摩-1	900r/min-0g；1050r/min-5g	1500×2048×1
C5	轴向碰摩-2	900r/min-0g；1050r/min-5g	1500×2048×1
C6	不对中-1	900r/min-0g；1050r/min-5g	1500×2048×1
C7	不对中-2	900r/min-0g；1050r/min-5g	1500×2048×1
C8	不平衡-1	900r/min-0g；1050r/min-5g	1500×2048×1
C9	不平衡-2	900r/min-0g；1050r/min-5g	1500×2048×1

（2）深度神经网络搭建

本节以稀疏代表卷积自编码器（sparse representation convolutional autoencoder，SRCAE）[19]为例，其网络结构如图 9.3.7 所示。在 SRCAE 中，首先对振动信号进行稀疏表示块（Sparse representation block，SR）块处理，有效提取脉冲分量。在 SR 块中，滤波信号是根据卷积图和稀疏向量中原子的线性组合对输入进行稀疏映射而生成的。SR 块的损失由两个部分组成，保真项是保留信号的脉冲分量，稀疏正则化项是抑制信号中隐藏的噪声。滤波后的信号通过卷积自编码器提取有效的缺陷特征。在编码器和解码器之间嵌入无监督选择性特征传输，能够有效优化梯度传播，通过特征滤波提高 SRCAE 的性能。

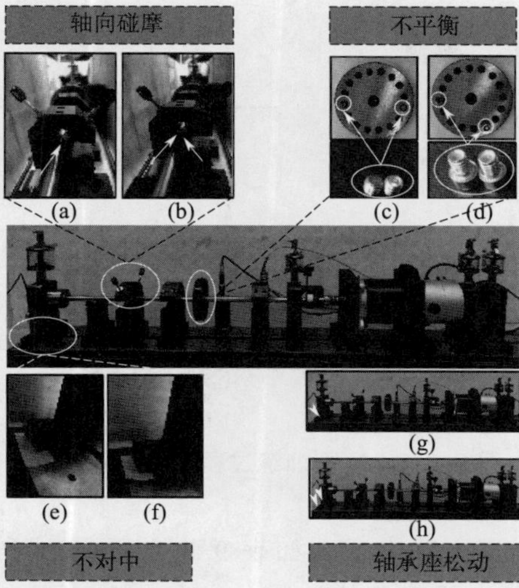

图 9.3.6 转子故障类型示意

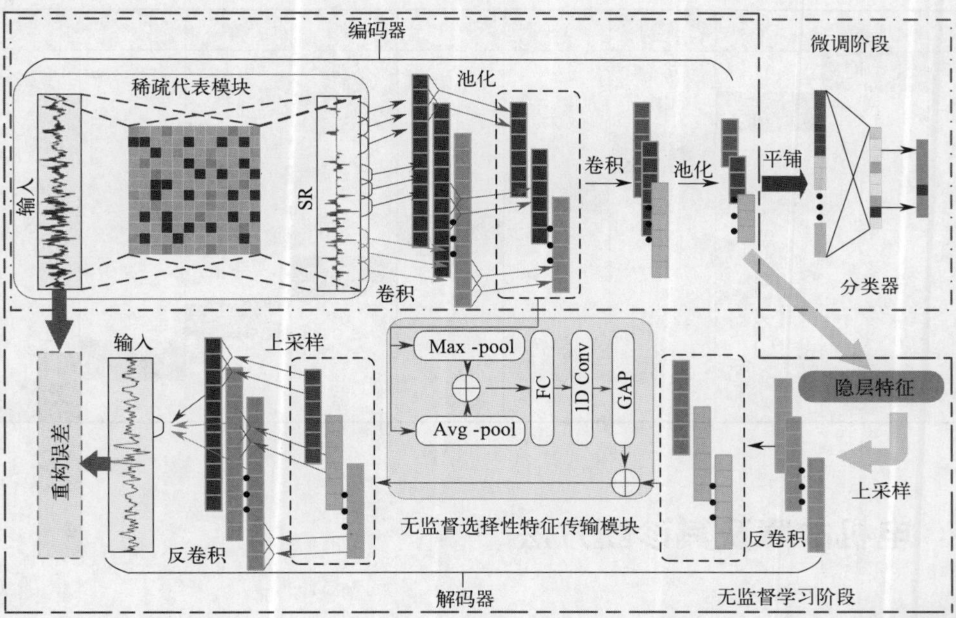

图 9.3.7 SRCAE 网络结构示意图

看彩图

（3）诊断结果分析

SRCAE 故障识别精度如图 9.3.8 所示。可以看出，当迭代次数只有 500

时，SRCAE 的故障识别准确率接近 90%。在 1500 次迭代后，几乎所有的样本都能被 SRCAE 准确地分类。测试数据集的最终识别准确率为 98.73%。

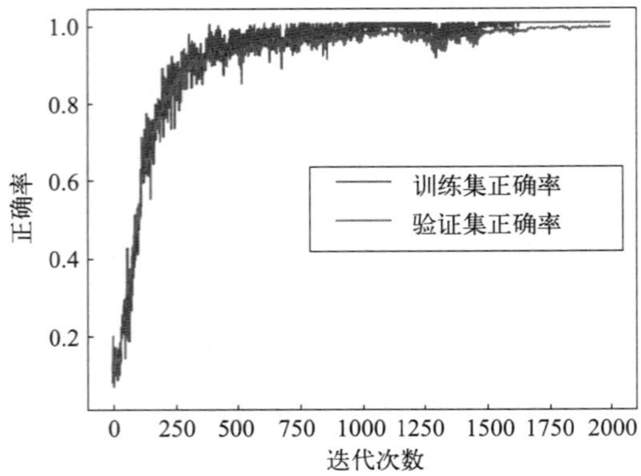

看彩图

图 9.3.8 模型训练过程故障识别精度

SRCAE 的识别结果用混淆矩阵表示，如表 9.3.2 所示。可见，SRCAE 对转子系统的所有健康状态均表现出良好的性能，尤其是轴向碰摩-2 和不平衡-2。SRCAE 的出色性能源于 SR 块的噪声滤波和无监督选择特征传输机制的有效性。

表 9.3.2 转子故障识别率混淆矩阵

故障类别	C1	C2	C3	C4	C5	C6	C7	C8	C9
C1	98.8	0	0.4	0	0	0.4	0.4	0	0
C2	0	97.8	0	1.1	0	1.1	0	0	0
C3	0.8	0	99.2	0	0	0	0	0	0
C4	0	2.2	0	95.9	0	0	0.5	1.4	0
C5	0	0	0	0	100	0	0	0	0
C6	0	0.4	0	0	0	99.6	0	0	0
C7	0.4	0	0	0	0	0	99.6	0	0
C8	0	0	0	2.3	0	0	0	97.7	0
C9	0	0	0	0	0	0	0	0	100

9.4 电机故障及其诊断方法

随着能源和环境问题的日趋严峻，世界各国都在积极发展新能源科技。其中，新能源汽车发展较为迅猛。作为新能源汽车的重要核心部件，动力系统和储能系统起到了能量传递、储存和补给的作用。电机因为其效率高、无污染、经济环保等优点，被作为新能源汽车动力系统的核心。因此，开展针对动力系统主要部件（电机）的健康监测和智能维护是非常重要的。

9.4.1 电机的类型与测定标准

依据不同的分类方式，可以把电机分成各种类型。

(1) 根据工作电源分类

电机分为直流电机和交流电机。直流电机由于具有换向器和电刷，其结构较为复杂，且维护成本更高；交流电机的结构更简单、成本更低，同时由于变频调速技术的广泛使用，交流电机也具有媲美直流电机的性能。因此，交流电机在工业领域已经得到了更为普遍的应用。同时，交流电机有同步电机和异步电机之分，相比于交流异步电机，可以设计得到功率密度更高、效率更高，且调速性能也更优越[19]的交流同步电机。

(2) 根据励磁方式分类

电机根据励磁方式分类，又可分为电励磁电机和永磁体励磁电机[20]。传统感应电机大多采用电励磁方式；相比于采用电励磁的传统感应电机，永磁体励磁的电机具有高功率密度、高效率、转子发热小、没有励磁损耗等诸多优点。

9.4.2 电磁耦合的振动原理

(1) 交流感应电机的电磁振动

在电机气隙中，磁通密度沿着转子圆周的空间而随着时间按正弦波分布，可以表示为[21]

$$B = B_0 \sin(P\theta - \omega t) \tag{9.4.1}$$

式中，ω 是角速度，P 为极对数，θ 为相对位置角，B_0 磁通密度最大值。

由于磁通密度的作用力与磁通密度 B 的平方成正比：

$$F = (B_0)^2 \frac{1}{2\mu_0}\{1 - \cos[2(P\theta - \omega t)]\} \tag{9.4.2}$$

式中，μ_0 是真空磁导率。

(2) 直流及同步电机的电磁振动

直流电机的主磁极和转子绕组之间作用着半径方向的电磁力 $F(x, t)$ 为

$$F(x, t) = F_{\mathrm{Rr}} \cos(\mu Z_{\mathrm{R}} x - \mu Z_{\mathrm{s}} \omega_{\mathrm{r}} t), \omega_{\mathrm{r}} = \frac{2\pi N}{60} \tag{9.4.3}$$

式中，Z_{R} 是转子槽数，Z_{s} 是定子槽数，槽角速度为 $\mu Z_{\mathrm{R}} \omega_{\mathrm{r}}$，$N$ 为绕组每相串联匝数。从电磁力 $F(x, t)$ 式(9.4.3)的第二项可以看出，作为振动频率体现出的成分是槽频率 f_z：

$$f_z = \mu Z_{\mathrm{R}} \frac{N}{60} \tag{9.4.4}$$

电机的电磁力是电机电磁振动的主要原因[23]，电机的电磁振动最后以机械振动的形式表现出来。尤其是在高速转动的情况下，机械振动占据主导地位。电机的机械振动主要是由转子不平衡、轴弯曲、轴承部件损坏等因素引起的。

9.4.3 电机的失效形式和故障特征

根据故障的分布位置及形成机理，交流电机的故障主要分为定子故障、转子故障、偏心

故障和轴承故障四类[24]，其中定子故障和转子故障为电气故障，偏心故障和轴承故障为机械故障。具体如图 9.4.1 所示。

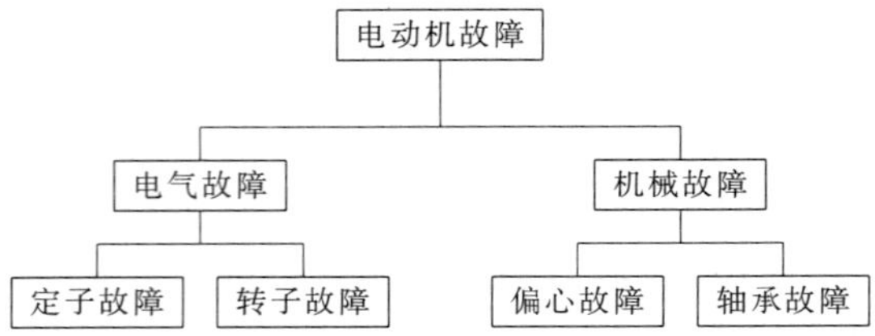

图 9.4.1 电机失效形式

定子故障主要包括定子铁芯故障、绕组开路故障、定子高阻连接及绕组短路故障[24]。绕组短路又可以进一步分为匝间短路、单相对地故障、相间短路及三相短路故障。在这些故障中，研究最为广泛的是定子绕组匝间短路故障，这种故障可进一步发展为线圈间故障、相间故障或相对地故障。绕组故障是未检测到匝间缺陷增长的结果。匝间缺陷的主要原因是长期热老化，最终导致绝缘失效。由于过热（热应力）、电源不平衡（电应力）、转子杆断裂、不平衡或未对准（机械应力）撞击、振动、安装过程中的故障和油污染，可能会发生绕组故障。绕组故障可能导致一个或多个绕组回路开路、短路或接地、过热和机器完全损坏。这些故障在智能开关的气隙中产生不均匀磁场，导致气隙电压和线电流不平衡，机械振动大，转矩脉动增大。

转子故障是指电机转子上的电磁故障[25]。不同类型的电机所体现出的转子故障不同。鼠笼式感应电机的转子故障包括转子断条及端环故障。电机在运行时由于电磁力、热应力、机械应力及残余应力等多种因素共同作用，会产生转子导条或者端环断裂；由于在额定电压下频繁启动、启动过程中的热不平衡和过载（热应力）、不平衡磁拉力、电磁力和噪声（磁应力）以及制造缺陷（机械应力），可能会出现转子断条故障。转子断条故障的主要原因是电气相关的，因此它以电气故障为特征。这些故障会在转子中产生局部发热或电弧、由转子膨胀和弯曲引起的振动、杂散漏磁、速度波动、电源电流和转矩脉动。

偏心故障是指由电机定子和转子之间的气隙不均匀引入的故障[26]。轴承损坏、负载不对中、齿轮箱故障、转子质量不平衡以及定子内径不圆等都可能在电机中产生偏心故障。

轴承故障是指由于金属疲劳、机械振动、过载、装配不合适、异物侵入、轴电流、腐蚀及润滑不良等而产生的轴承损坏[27]。轴承故障包括内圈故障、外圈故障、滚动体故障和保持架故障。

9.4.4 电机故障的诊断方法

当电机处于异常运行或者故障状态时，必将引起相关的物理量（如电流、电压、功率、磁场、转矩、转速、温度、振动、噪声等）发生变化。监测这些物理量可判断出转子是否发生断条故障，甚至能判断出故障的严重程度。

- 振动监测、声信号分析。利用加速度传感器和声发射传感器对振动信号和声信号进行收集，从而对机械故障和电气故障进行监测。

• 电流、电压、转矩、磁场检测。利用连接到电机电流供应电缆上的传感器对电流信号进行收集，完成对电气故障（转子断条、定子故障）的诊断。

• 热监测。为了测量局部温度，通常将传感器安装在电机绕组上或插入绝缘层（与仪表绝缘）中。热监测通常使用热电偶、嵌入式温度检测器或电阻温度检测器或者红外图像。

基于以上从电机收集得到的信号，可以对电机故障类型进行诊断。主要的诊断方法包括基于信号处理的故障诊断方法、基于模型的故障诊断方法和基于人工智能的故障诊断方法。具体如图 9.4.2 所示。

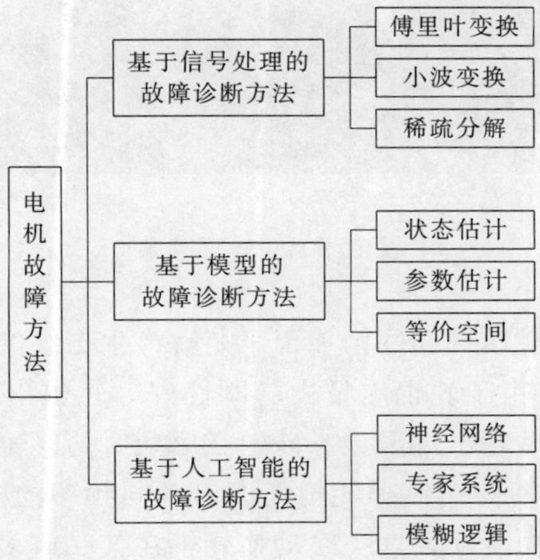

图 9.4.2 电机故障诊断方法

9.5 轧辊磨床故障及其诊断方法

轧辊磨床作为冶金行业的关键装备，其工作的可靠性在很大程度上决定了冷轧板、带的表面质量。加之轧辊磨床又属于复杂精密的磨削工艺设备，其价格高昂，如果发生故障不便于拆解床体排查。因此，为保障其在工作过程中的可靠性、安全性与可维护性，提高轧辊修磨的自动化和智能化水平，对轧辊磨床实行实时的状态监测，并对其故障进行评估和诊断就具有十分重要的意义。

9.5.1 轧辊磨床的失效形式

轧辊磨床机械系统的主要结构部件包括：头架、尾架、砂轮架，砂轮修整器、拖板、工件测量装置以及砂轮动平衡仪等，如图 9.5.1 所示。其中，头架、工件、尾架构成主轴回转系统。在磨削加工过程中，主轴系统动力由一台低额定转速、大启动扭矩的交流伺服电机提供，经皮带轮进行一级减速，再由齿轮进行二级减速带动头架主轴旋转；头架带动工件与尾架旋转；砂轮架纵向进刀并沿工件横向来回位移；按照此运动方式，主轴回转系统与砂轮架配合完成磨削加工作业[28]。

在对某钢企冷轧厂精密轧辊磨床异常振动分析及消除的实践中发现：磨削后的轧辊表面

轴向产生周期性横向贯通的直线振痕，偶尔夹杂单条或多条无规律的、肉眼难以辨别的振痕，但在亮光反射下偶尔可见。使用存在此类缺陷的工作辊进行轧制时，将在轧制的带钢表面“印”出横向亮纹，产生与该类缺陷频率相同的振纹[29]。

图 9. 5. 1　轧辊磨床

详细分析轧辊磨床的机械结构和磨削加工工艺，产生振纹的根本原因是在磨削时，砂轮与轧辊的接触存在跳动[30]。由于轧辊质量大、刚性好，轧辊出现颤振的可能性非常小，因此跳动主要有两种来源：①砂轮出现颤振。砂轮在磨削时与轧辊接触面的法向上相对轧辊存在某一频率的振动，这类周期振动使得轧辊表面出现同频率的横向振纹；②由于支撑问题，轧辊某个或多个位置出现定向跳动，这类跳动使轧辊在某一或多个位置出现横向振纹，引起砂轮颤振和轧辊跳动的原因分析如下：

（1）砂轮颤振

砂轮由砂轮轴承支撑，经砂轮主轴、皮带轮与砂轮电机连接，其中任一部分的振动都有可能导致砂轮的颤振[31]。轧辊磨削时，引起砂轮强迫振动的主要原因有：①砂轮不平衡，由于砂轮不平衡产生的离心力使砂轮产生振动，振动的频率等于砂轮回转频率，振动幅值由砂轮不平衡量的大小决定，该振动直接作用在工件上，产生等于砂轮转频的振纹；②砂轮驱动电机的转子不平衡，该组件的不平衡产生等于砂轮电机转频的振动，该振动通过传动链传给砂轮而作用在工件上，产生频率等于电机转频的振纹；③砂轮电机传动皮带长短不一致，对于三角皮带传动，由于长短不一致而引起皮带的拍打，形成固定频率的强迫振动源，对于磨削用量很小的精磨和光磨作业，此类振动的影响不可忽略；④电机驱动系统的谐波电流，由于电机驱动系统主回路的谐波电流引起电机转矩波动，形成频率等于基频或其谐波的强迫振动源。

（2）轧辊不平稳

轧辊在被加工时，由于自身的安装、外界扭矩的输入及各种干扰的影响，也可能发生运转不平稳[32]。轧辊磨削时，引起轧辊跳动的主要原因有：①轧辊轴颈与支撑架润滑不良，由于轧辊轴颈与支撑接触处润滑不良，轧辊轴颈表面油膜覆盖不均匀，轧辊轴颈与中心架直接接触发生局部干摩擦，产生类似爬行的间歇运动，引起复杂振动；②轴颈表面质量不良，工作辊在安装、轧制、再加工等工程中，对工作辊轴颈都存在不同程度的损伤，如划痕、磨损等，这些缺陷都将在轧辊的再次磨削时，对轧辊的加工质量有所影响；③扭矩输入不平衡，轧辊磨削时，床身电机转动套耳带动工作辊旋转实现转矩输入，当上下耳受力不等时，也会导致轧辊旋转不平稳。

9.5.2 轧辊磨床磨削颤振机理

在实际生产中，轧辊磨床上的砂轮、轴承等部件在加工过程中会发生不平衡、局部破损等现象，从而导致磨床出现强迫激励振动。强迫激励振动会逐渐形成一种较为密集的分布，导致某一强迫激励的频率和机床磨削系统的本身固有频率接近，产生再生型颤振。再生型颤振会影响加工工件的尺寸精度、表面粗糙度和表面波纹度等，并使砂轮寿命降低。若不及时对其进行有效处理，还会降低工作效率，损害磨床主轴，造成相应的经济损失。磨床磨削过程复杂，影响因素众多，因此基于磨床的磨削颤振判断、识别与监控一直是国内外学者的研究难点[33]。

颤振按照形成的物理条件可大体分为三种形式：摩擦型颤振、振型耦合型颤振和再生型颤振[34]。其中再生型颤振和振型耦合型颤振是目前国内外学者的主要研究对象。1907 年，美国学者 Taylor[35] 发表了第一篇关于切削过程中颤振的文章，认为切削颤振是机床系统的某一阶固有频率与切削力振动的频率接近引起的共振激发的，但并没有完全揭露颤振的本质。1964 年，Ward[36] 研究了再生颤振理论的非线性部分，并着重考虑了外界环境因素和机床结构等对机床产生颤振的影响。1988 年，Tlusty 等首次提出耦合型颤振，并进行了相关模型验算，验证了该理论的可行性。此外，Srinivasan[37] 对磨削过程中的特征方程进行了数学运算，从而提出了再生谱的概念，并验证了其正确性。此外，国内学者在磨床再生颤振理论和抑制颤振方面也做了诸多研究。于骏一、韩相吉等[38] 发现变速磨削可以有效地抑制相关颤振现象的出现，并进行了相应的理论研究。王龙山，崔岸等[39] 对磨床砂轮和工件间的接触刚度非线性角与颤振频率之间的关系进行了相应的理论分析。

磨削颤振由于其产生机理复杂，迄今还没有找到可在生产中推广应用的有效监测与控制方法，其主要的技术难点在于对磨削过渡过程信号的处理和分析。许多研究表明：磨削过程从平稳磨削阶段到发生颤振阶段都需要经历一段磨削过渡过程，磨削过渡阶段的信号包含了绝大多数的磨削颤振特征信息，具有重要的研究意义。磨削颤振过渡阶段的输出信号为非平稳、非线性信号，信号的频率和幅值是随着时间的变化而变化的，且信号特征重复再现性差，常见的时频分析方法无法对其进行有效的处理与分析。针对磨床颤振信号的特点，需要寻找一种实际有效的信号处理技术和颤振状态监测方法对振动信号进行处理与监测。

9.5.3 轧辊磨床的故障诊断方法

在对轧辊磨床的状态监测与故障诊断中，目前普遍采用的是基于振动信号的状态监测技术。轧辊磨床的磨削特点是工件为质量大、刚度高的轧辊，其转速较低，精磨用量小，因此振动并不明显。当振动频率在 10kHz 以上时，仅凭手感和耳感无法判断，因此需要利用测振仪器准确诊断和分析磨削缺陷根源，及时采取正确而经济的方法消除振动。振动的主要诊断方法有时域诊断、频域诊断、全息谱诊断、动平衡等[40]。

在对轧辊磨床的状态监测中，多采用基于振动信号的方法。所用的振动传感器主要有电涡流式位移传感器、磁电式速度传感器和压电式加速度传感器 3 类，在实际应用中考虑到经济性和实用性等因素，电涡流式位移传感器和压电式加速度传感器一般为主要选择[41]。选择传感器时考虑的主要因素有：灵敏度、频率响应范围和环境因素等。目前国内外的振动传感器制造厂商都有适用于不同需求的传感器可供选择，在轧辊磨床的状态监测中应根据具体的轧辊磨床工作转速、监测部件情况综合、经济地选取振动传感器。

大量磨削实验表明，若要在磨床早期颤振发生阶段对磨床状态进行监测和识别，则需要提取能够准确反映磨削过程本质和特征的特征指标，且门限值易定。因此，在磨削颤振特征指标和提取上，国内外学者进行了大量的研究，并取得了一定的成果。Nair等[42]采集磨削过程中的声音信号，并将信号中的排列熵作为特征指标，预测颤振的发生。Gradišek 等[43]提取切削力信号中的粗粒度熵率特征作为指标量，用来识别颤振的状态。此外，Gradišek 等[44]在先前研究的基础上对方法进行改进，选定信号的标准化细粒信息率作为特征指标来预测和判断颤振的发生。同时，国内的研究学者也对颤振监测进行了相关研究。程瑶[45]开发基于经验模态分解方法的监测模块，并将其嵌入到机床实时监测系统中，验证方法的有效性和实用性。杨叔子、师汉民等[46]研究了自相关函数和加速度信号的方差与颤振状态之间的映射关系，选用融合方差特征指标判断颤振状态，仿真结果表明了指标的正确性。

这里的实例采用的是时域诊断，即通过观察振动信号的时间历程，对其信号的周期性和随机性给出定性评价，从而判断出设备所处的状态。对于轧辊磨床而言，存在的变量较多，如砂轮直径、轧辊直径及材质、轧辊转速和砂轮转速等。没有可参照的绝对标准，但可以通过控制变量的类比法来判别。具体方法就是对设备同一部位的振动进行定期检测，以设备正常情况下的值为原始值，根据实测值和原始值的比值是否超过标准来判别设备状态。

案例分析：某冷轧厂的轧辊磨床，加工出的轧辊有轻微振痕，在轧制过程中，在轧辊上的振痕反映在钢板上。设备人员仔细检查了轧辊磨床，未见异常。通过修改工艺参数仍旧无法解决，于是用振动诊断方法进行诊断[47]，诊断方法和结果如下。

轧辊磨床的原始加速度振动信号如图 9.5.2 所示，横轴显示信号采集的对应时间，纵轴表示信号的振幅。在原始振动信号中已经可以初步判断轧辊磨床为非平稳运行状态，信号的幅值存在阶段性的起伏变化。通过计算相关指标来进一步判断设备是否异常，选取三个常见且有效的指标，均方根值、方差、能量进行了分析（图 9.5.3、图 9.5.4 与图 9.5.5）。依据人为设定的阈值基本可以分开磨削阶段的颤振工况与正常工况，即在 14：08 至 15：00 阶段，该轧辊磨床一直处于颤振阶段，在 15：00 之后处于正常磨削阶段。

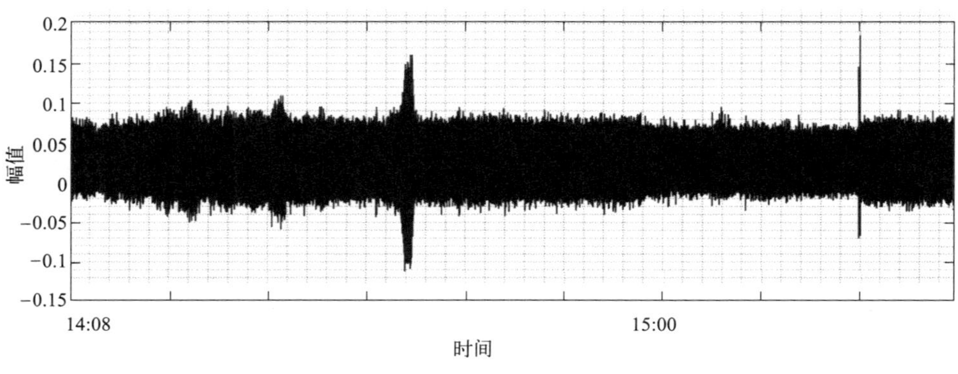

图 9.5.2　轧辊磨床原始加速度振动信号

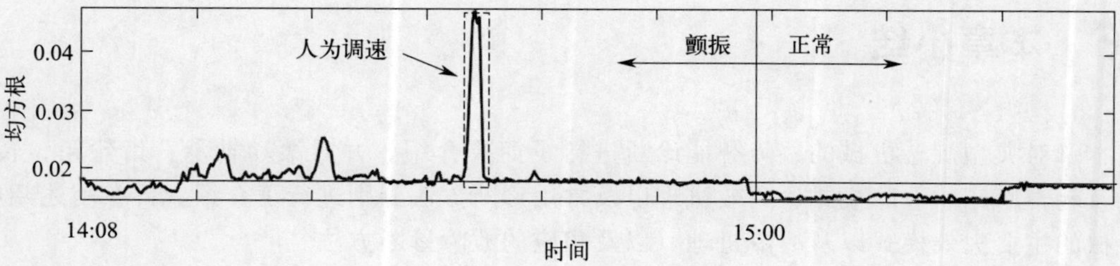

图 9.5.3 信号均方根指标判别

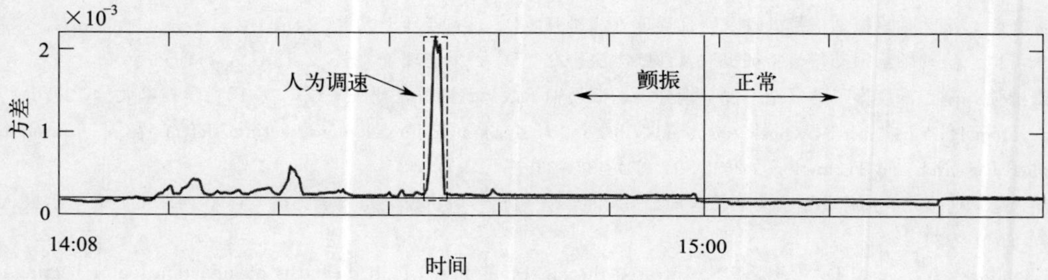

图 9.5.4 信号方差指标判别

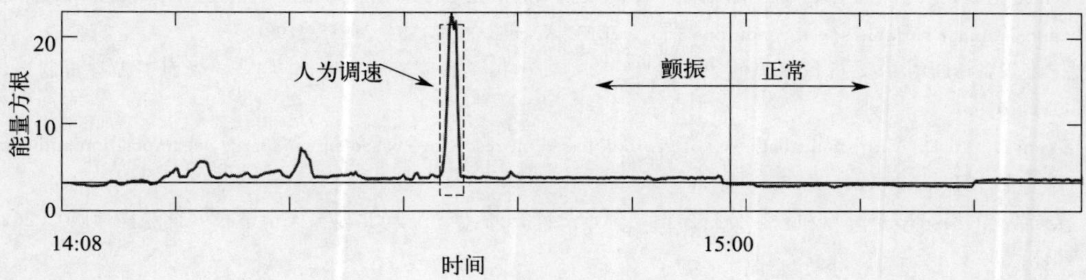

图 9.5.5 信号能量指标判别

振动监测诊断作为一种成熟的无损检测方法，已被广泛应用于设备的劣化倾向管理中，可以在不停机不解体的情况下，查找出故障原因。但是由于轧辊磨床本身的固有特点，相关技术的应用上又具有一些有别于传统机械的特点，因此这就为其状态监测与故障诊断提出了如下挑战。

① 轧辊的修磨时间较长，在工作过程中极易受到外界和自身多种信号噪声的干扰，需要研究有效的降噪方法并克服数据量小的缺陷。

② 轧辊磨床的输出信号多是非线性、非平稳信号，因此需要研究有效的信号特征提取方法，以对磨床状态进行评估。

③ 轧辊磨床可行的故障预测方法目前尚未有统一的标准，单一参数、单一模型方法又有很大的局限，因此需要研究专用于轧辊磨床的故障预测方法。

9.6 本章小结

本章对典型旋转机械的故障智能诊断进行了简要介绍。并对滚动轴承、齿轮箱、转子、电机及轧辊磨床的故障模式、失效机理以及常用诊断方法分别进行了介绍。旨在阐述经典旋转机械的主要失效模式以及故障机理，以及相应的故障诊断方法。

参考文献

[1] 苏文胜．滚动轴承振动信号处理及特征提取方法研究［D］．大连理工大学，2010.

[2] 朱可恒．滚动轴承振动信号特征提取及诊断方法研究［D］．大连理工大学，2013.

[3] 金国强．基于深度学习的复杂工况下端到端的滚动轴承故障诊断算法研究［D］．中国科学技术大学，2020.

[4] Saruhan H，Saridemir S，Qicek A，et al. Vibration analysis of rolling element bearings defects［J］．Journal of Applied Research and Technology，2014，12（3）：384-395.

[5] 李法忠，何增水，张林，等．滚动轴承局部故障的声发射信号解析模型与频域特征［J］．西北工业大学学报，2021，39（04）：831-838.

[6] Choudhary A，Goyal D，Letha S S. Infrared thermography-based fault diagnosis of induction motor bearings using machine learning［J］．IEEE Sensors Journal，2020，21（2）：1727-1734.

[7] 雷亚国，贾峰，周昕，等．基于深度学习理论的机械装备大数据健康监测方法［J］．机械工程学报，2015，51（21）：49-56.

[8] Chen X，Feng Z，Time-frequency analysis of torsional vibration signals in resonance region for planetary gearbox fault diagnosis under variable speed conditions［J］．IEEE Access，2017，5：21918-21926.

[9] 佚名．设备诊断的专家 机械故障的“克星”——专访中国工程院院士高金吉［J］．表面工程与再制造，2015（005）：015.

[10] Zhang D，Yu D. Multi-fault diagnosis of gearbox based on resonance-based signal sparse decomposition and comb filter［J］．Measurement，2017，103：361-369.

[11] 程秀芳，王鹏．基于时域和频域分析的滚动轴承故障诊断［J］．华北理工大学学报（自然科学版），2020，42（01）：58-64.

[12] LeCun Y，Bengio Y，Hinton G. Deep learning［J］．nature，2015，521（7553）：436-444.

[13] Ehrich F F. Some Observations of Chaotic Vibration Phenomena in High-Speed Rotordynamics［J］．Journal of Vibration and Acoustics，1991，113（1）：50-57.

[14] 周永举．微速差双转子系统高精度动平衡关键技术研究［D］．郑州大学，2014.

[15] 陆钟，李惠昌．转子不对中故障的振动特性和试验［J］．上海机械学院学报，1987（03）：49-54.

[16] 魏伟．转子不对中故障机理与诊断［J］．石油化工设备，1997（04）：50-53.

[17] 胡茑庆，温熙森．转子碰摩故障振动特征的数值分析与辨识方法［J］．中国电机工程学报，2002，（12）：71-74.

[18] 杨文刚．转子碰摩故障模拟实验台及其分析系统［D］．华北电力大学（河北），2007.

[19] Dabbousi R，Savinovic D，Anundsson Y. A comparison between induction & synchronous motors for applications in the oil & gas industry［C］//2008 55th IEEE Petroleum and Chemical Industry Technical Conference. IEEE，2008：1-7.

[20] Filippini F，Pastura M，Bianchi N. Pm and pm-less motors for electric vehicles：A comparative analysis［C］//2024 International Conference on Electrical Machines（ICEM）．IEEE，2024：1-7.

[21] Miao M，Sun Y．Yu J. Sparse representation convolutional autoencoder for feature learning of vibration signals and its applications in machinery fault diagnosis［J］．IEEE Transactions on Industrial Electronics，2021.69（12）：

13565-13575.
[22] 张键，机械故障诊断技术［M］．北京：机械工业出版社，2014.
[23] 李国华，异步电机振动抑制与故障诊断方法研究［D］．辽宁工程技术大学，2020.
[24] Mustafa M O，Nikolakopoulos G，Gustafsson T. Faults classification scheme for three phase induction motor［J］. International Journal of System Dynamics Applications（IJSDA），2014：3（1）：1-20.
[25] Gao H，Yu Y，Pan Y. Rotor Fault Identification and Diagnosis of PM Motor［C］//Annual Conference of China Electrotechnical Society，Singapore：Springer Nature Singapore，2022：277-283.
[26] 许允之，严宇苇，边宁，等．三相异步电动机转子断条故障的谐波分析［J］．煤矿机电，2016（04）：70-73.
[27] Peng H，Zhang H，Shangguan L，et al. Review of tribological failure analysis and lubrication technology research of wind power bearings［J］. Polymers，2022，14（15）：3041.
[28] 谭兴强，陈新德．精密轧辊磨床故障振动分析及消除［J］．机床与液压，2014，42（10）：64-67，199.
[29] 翟鹏，顾廷权，王学敏，等．轧辊磨床状态监测与故障预测技术进展［J］．冶金自动化，2019，43（02）：47-54.
[30] Li T，Wang X，Zhang Y. Dynamic Analysis and Vibration Control of Roll Grinding Machines［J］. Journal of Mechanical Science and Technology，2016，31（12）：5589-5597.
[31] 陈建华．大型数控磨床磨削颤振在线监测方法研究［D］．浙江理工大学，2013.
[32] 易永余．基于广义S变换的磨床磨削颤振监测研究［D］．浙江理工大学，2017.
[33] 刘海宁．基于稀疏编码的设备状态识别及其重型轧辊磨床监测应用［D］．上海交通大学，2011.
[34] 卢晓红，王凤晨，王华，等．铣削过程颤振稳定性分析的研究进展［J］．振动与冲击，2016，35（01）：74-82.
[35] Taylor F W. On the art of cutting metals［M］. American society of mechanical engineers，1907.
[36] Ward Jr J H. Hierarchical grouping to optimize an objective function［J］. Journal of the American statistical association，1963，58（301）：236-244.
[37] Srinivasan J，Cess R D. The effects of scattering and conduction upon radiative transfer in lunar and mercurian surfaces［J］. Icarus，1973，19（4）：542-546.
[38] 于骏一，韩相吉，吴博达．变速切削的研究［J］．机械工程学报，1988，24（4）：57-62.
[39] 王龙山，崔岸，于爱兵．砂轮与工件接触刚度对磨削颤振频率的影响［J］．吉林工业大学学报，1995（04）：26-32.
[40] 董新峰，张为民，李冰．最大熵与交叉熵在平面磨削颤振预测中的研究［J］．振动工程学报，2013，26（05）：786-791.
[41] 初光勇．数控轧辊磨床振动信号检测系统研究［D］．贵州大学，2016.
[42] Nair U，Krishna B M，Namboothiri V N N，et al. Permutation entropy based real-time chatter detection using audio signal in turning process［J］. The International Journal of Advanced Manufacturing Technology，2010，46（1）：61-68.
[43] Gradišek J，Govekar E，Grabec I. Using coarse-grained entropy rate to detect chatter in cuttiing［J］. Journal of Sound and Vibration，1998，214（5）：941-952.
[44] Gradišek J，Baus A，Govekar E，et al. Automatic chatter detection in grinding［J］. International Journal of Machine Tools and Manufacture，2003，43（14）：1397-1403.
[45] 程瑶．经验模态分解在切削颤振分析与监测中的应用研究［D］．华中科技大学，2013.
[46] 杨叔子，刘经燕，师汉民，等．金属切削过程颤振预兆的特征分析［J］．华中工学院学报，1985（05）：79-86.
[47] Xiao C，Wang L，Yu J. Order-difference of normalized square envelope spectrum and its applications in early chatter detection of roll grinder［J］. Mechanical Systems and Signal Processing，2025，224：112067.

第10章

端边云集成技术在机械设备智能维护中的应用

本章介绍了端边云集成系统（终端-边缘-云协同架构）在设备智能维护（如工业设备、物联网设备、智能终端等的预测性维护、故障诊断、远程运维）中的必要性，源于其对传统维护模式痛点的针对性解决，以及对智能维护核心需求（实时性、精准性、高效性、低成本）的深度适配。传统设备维护多依赖定期检修或故障后抢修，存在过度维护（无故障时仍停机检修）或维护不足（未及时发现潜在故障）的问题，而智能维护的核心是预测性维护（基于数据趋势预判故障，提前干预），其精准性高度依赖“数据深度 ＋ 模型适配”，在端边云集成系统下实施设备健康智能维护有如下优势。

① 云端优势。可整合多设备、多场景的历史数据（如 10 个工厂的同型号空压机运行数据），训练泛化能力强的深度预测模型，精准预判设备故障概率。

② 边缘层优势。结合本地设备的实时工况（如当前车间温度、设备负载），对云端模型进行本地化微调（如修正因地域温差导致的预测偏差），让预测结果更贴合具体场景。

③ 终端层优势。通过高精度传感器（如光纤应变传感器）采集设备微观数据（如轴承磨损的微米级位移），为边缘和云端的模型分析提供原始数据锚点，避免因数据失真导致预测失误。

这种“云端全局建模 ＋ 边缘本地适配 ＋ 终端精准采集”的协同，让预测性维护的准确率从传统定期维护的 60％ 提升至 90％ 以上，显著减少误报和漏报。

10.1 端边云集成系统构成及作用

端边云集成系统如图 10.1.1 所示。智能边缘分析仪利用边缘网关作为数据采集核心，采用高速模拟采集卡采集模拟信号、串口转 485 采集离散信号，再利用有线或无线将数据上报至服务器。数据可通过设备界面及服务器进行显示及配置。远程云端的 Web 管理系统，则对分布式的边缘分析仪进行管控。

采用边缘网关作为数据采集核心，采用高速模拟采集卡采集模拟信号（16 路振动信号、

4-8 路声纹信号、2 路转速信号）、各类工况信号（温度、湿度等），可选择有线或无线将数据上报至远程服务器（云端），进行远程分布式通信，实现端边云集成系统，从开展各类装备智能维护与精准运维。信号数据可通过设备界面及服务器进行采集、管理与配置。边缘智能分析仪嵌入有先进的信号处理与人工智能算法，以进行大型装备健康的监测、故障诊断、健康评估与预测。

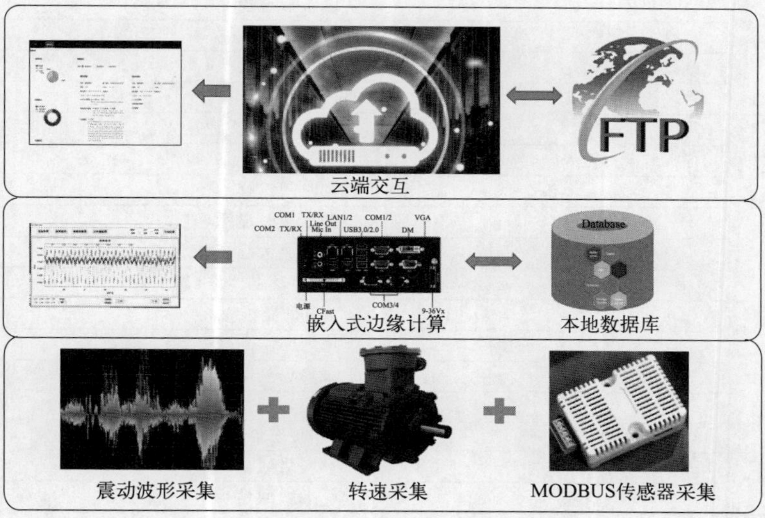

图 10.1.1　端边云集成系统

端边云集成系统功能如下。

① 加速度及转速采集功能。采用高速数据采集卡，实时采集端口的振动数据，按秒汇总数据并存储到本地，同时上报到 FTP 服务器，服务器可选择时间段实现曲线显示，最高可支持 24 路同时采集。

② 边缘客户端配置与数据展示功能。基于 Windows 系统运行，可在本地配置各端口的数据采集场景，并显示实时或历史曲线。

③ 数据采集格式灵活配置功能。高速采集数据采样频率、采样时长、采样后的格式、采样保存路径等参数可由上位机配置。

④ MODBUS 离散量采集与管理功能。通过服务器进行配置寄存器地址等参数，时间定时数据采集汇总到服务器。

10.2　系统功能

10.2.1　边缘终端功能

边缘终端的功能如表 10.2.1 所示，主要包含数据监控、设备管理、大数据展示、基础配置、远程通信。

表 10.2.1　边缘终端功能

界面	功能
数据监控	关键数据最新值的显示
	设备信息
	传感器的最新值
	传感器历史数据查询
	包括速度传感器采集的数据
设备管理	设备信息控制
	回路读取数据
	采集场景手动执行
	时控计划执行历史
大数据展示	显示振动的历史数据
	通道选择
	时间选择
	数据实时显示
	图表放大缩小
	数据存储及上传 FTP
基础配置	485 回路配置
	速度回路配置
	采集场景配置
	时控计划配置
	振动传感器配置
远程通信	网络通信
	无线通信

10.2.2　云上系统功能

云上系统的功能如表 10.2.2 所示，主要包含数据监控、设备监控、数据统计、设备管理、告警管理、系统管理。

表 10.2.2　云上系统功能

功能模块	功能主题	描述
协议对接		
系统框架搭建(FTP/MQ)		
数据监控	设备数据监控(实时)	接入设备状态监控
	项目数据监控(实时)	接入服务状态监控
	平台信息展示	
	告警全局提示	告警全局弹窗提示
设备监控	传感器监视	
	传感器控制	
	历史数据展示	
数据统计	传感器数据分析图表	速度
		振动
		设备状态
设备管理	设备管理(CRUD)	系统运行基础数据配置
	回路管理(CRUD)	系统运行基础数据配置
	传感器管理(CRUD)	系统运行基础数据配置
	采集场景管理(CRUD)	系统运行基础数据配置
	时控计划管理(CRUD)	系统运行基础数据配置
	设备实时日志(CRUD)	系统运行基础数据配置

续表

功能模块	功能主题	描述
告警管理	告警处置(RUD)	系统告警处置流程
系统管理	用户管理(CRUD+角色授权)	系统运行基本功能
	角色管理(CRUD+资源授权)	系统运行基本功能
	资源管理(CRUD)	系统运行基本功能
	组织部门(CRUD)	系统运行基本功能
	操作日志(RD)	系统运行基本功能
	项目管理(CRUD)	系统运行基本功能

10.3 智能边缘分析仪

如图 10.3.1 所示，智能边缘分析仪硬件配置包括 3 块加速度采集卡与声音采集卡，可采集振动、声信号（每块卡 8 个通道，共可采集 24 个通道）；4 个 MODBUS 接口，可采集转速、电流电压、红外数据。采集卡的编号分别是 1、2、3，对应采集程序中的 0、1、2（下面使用采集程序的时候会提到）。使用时将左下角红色按钮往左按，点击电源键启动仪器，插上无线网卡即可使用。使用 MODBUS 采集数据时要把供电开关打开，向左是开，向右是关。

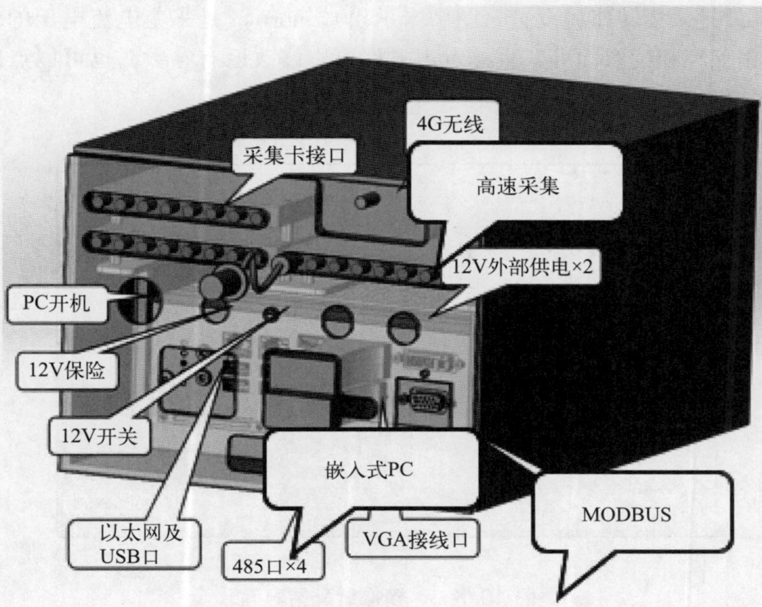

图 10.3.1 智能边缘分析仪

智能边缘分析仪程序主界面如图 10.3.2 所示。主要包含设备管理（用于采集数据）、趋势监控（显示实时采集的振动信号）、模拟量配置（配置采集相关信息）。

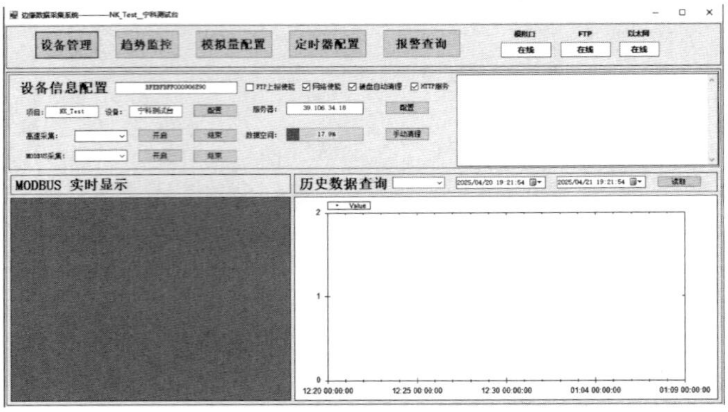

图 10.3.2　智能边缘分析仪程序主界面

采集数据第一步，如图 10.3.3 所示。在模拟量配置界面配置相应参数，左侧的高速采集卡配置用来对采集振动信号的相关参数进行配置，包括场景号（当前采集实验名称）、量程、增益（对采集信号的增益，一般为默认）、（采样）频率、IEPE（采集振动信号时需要把对应通道的 IEPE 打开，如图 10.3.4 中打开了 8 个通道的 IEPE）、ACDC（默认配置即可）、采集时间、速度场景。右侧的 MODBUS 采集用于对转速、电流电压等数据的采集进行配置，包括场景号、采集时间、地址（默认即可）、功能码（默认即可）、寄存器、长度（1 是采集转速的设置，2 是采集电流电压的设置）、系数（1 是采集转速的设置，2 是采集电流电压的设置）、周期（几秒采一次）、串口、类型［speed 是采集转速的设置（图中未示出），normal 是采集电流电压的设置］。所有参数配置完成后点击保存和读取即可，直接点击方框可以修改已有参数，也可以点击删除/添加按钮进行删除和添加操作。

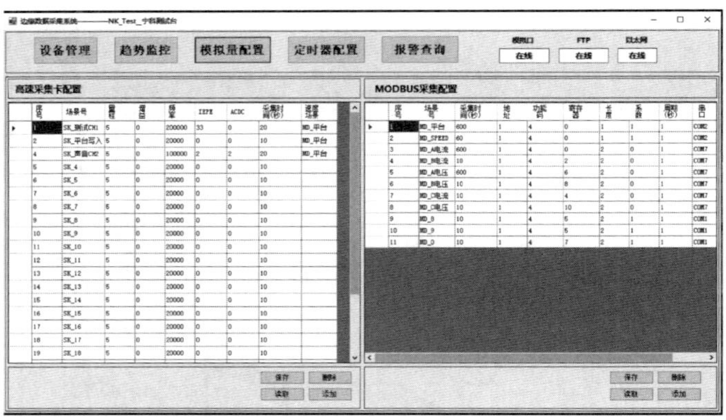

图 10.3.3　模拟量配置界面

采集数据第二步，如图 10.3.5 所示。回到设备管理界面进行采集。首先配置项目、设备名称，确定后点击配置按钮。然后选择在模拟量配置中设置好的高速采集和 MODBUS 采集相关的参数，点击开启按钮即可采集。其中，MODBUS 中可以选择多个场景进行采集（同时采集转速、电流电压），其值会实时显示采集的值，更新时间会实时显示（根据设置的采集周期几秒显示一次)。界面右上方显示了高速采集保存的文件结果(格式为 .bin)。

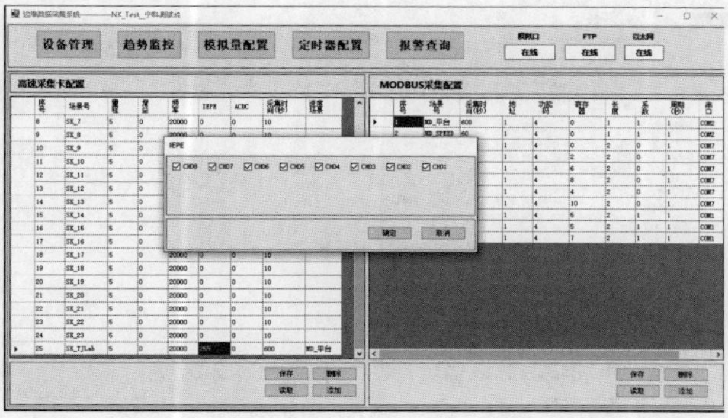

图 10. 3. 4　IEPE 打开示意

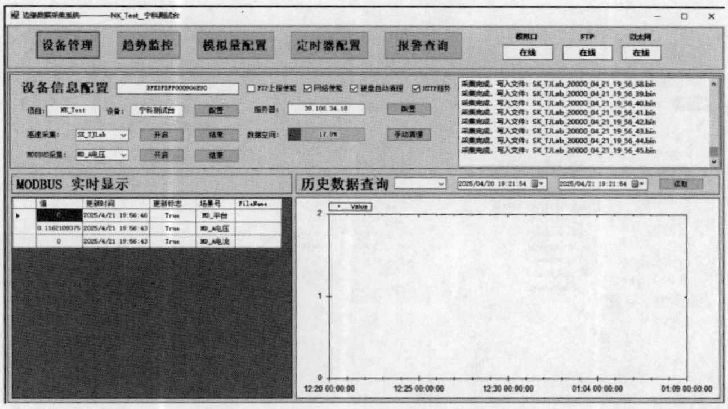

图 10. 3. 5　采集数据示意

如图 10. 3. 6 所示，采集数据可以在趋势监控界面实时显示，选择相应通道后点击显示按钮即可显示对应通道的实时数据。

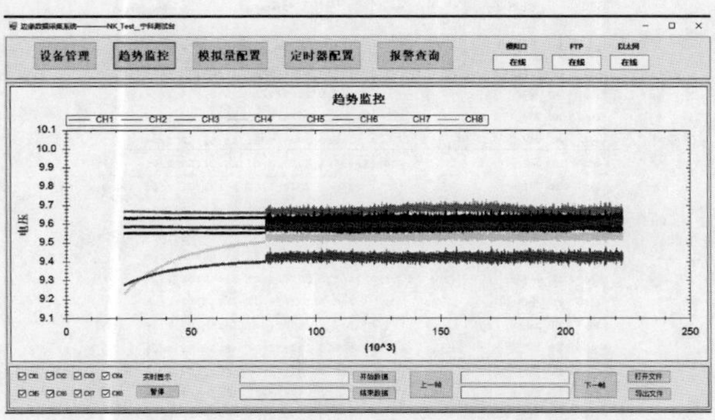

图 10. 3. 6　趋势监控界面

通过边缘终端，可对振动数据按日期存储，例如 4 月 21 日的文件存储路径为 C：\

DTCData \ BFEBFBFF000906E90 \ 04 \ 21，如图 10.3.7 所示。

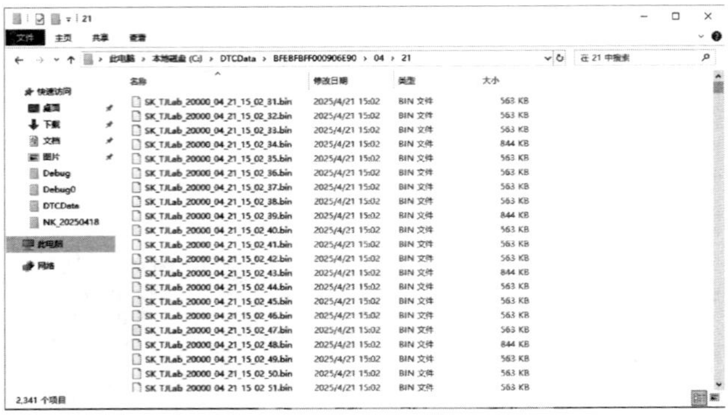

图 10.3.7　振动数据保存

转速数据存储在 SQLite 数据库中，数据的路径为 C：\ DTCData \ DataCollect0.db，如图 10.3.8 所示。可以在 StationResLog 表中查看采集的转速、电流电压等数据，如图 10.3.9 所示。

图 10.3.8　MODBUS 采集数据保存路径

	Station	Value	Lasteventtime	Updateflag
456	MD_平台	166.0	2025/4/21 15:51:06	True
457	MD_A电压	4.584716796875	2025/4/21 15:51:05	True
458	MD_平台	166.0	2025/4/21 15:51:04	True
459	MD_A电流	0.0	2025/4/21 15:51:04	True
460	MD_A电流	0.0	2025/4/21 15:51:02	True
461	MD_A电压	4.586181640625	2025/4/21 15:51:02	True
462	MD_平台	166.0	2025/4/21 15:51:01	True
463	MD_A电压	4.5921630859375	2025/4/21 15:51:00	True
464	MD_平台	166.0	2025/4/21 15:50:59	True
465	MD_A电流	0.0	2025/4/21 15:50:59	True
466	MD_A电压	4.58935546875	2025/4/21 15:50:58	True
467	MD_平台	166.0	2025/4/21 15:50:57	True
468	MD_A电流	0.0	2025/4/21 15:50:57	True
469	MD_A电压	4.5869140625	2025/4/21 15:50:55	True
470	MD_平台	166.0	2025/4/21 15:50:54	True
471	MD_A电流	0.0	2025/4/21 15:50:54	True
472	MD_平台	166.0	2025/4/21 15:50:52	True
473	MD_A电流	0.0	2025/4/21 15:50:52	True
474	MD_A电压	4.5870361328125	2025/4/21 15:50:52	True
475	MD_A电流	2...	2025/4/21 15:50:50	True
476	MD_A电压	4.5863037109375	2025/4/21 15:50:50	True
477	MD_平台	166.0	2025/4/21 15:50:49	True

图 10.3.9　MODBUS 采集数据查看

10.4 基于 Web 的分布式边缘分析仪管控系统

本节基于 Web 的分布式边缘分析仪管控系统，实现对分布式边缘分析仪的远程管控。

首先，如图 10.4.1 系统界面需要鉴权后才可进行后续操作，以此来保证系统数据安全。

图 10.4.1 基于 Web 的分布式边缘分析仪管控系统首页

正确登录后，系统默认进入首页，如图 10.4.2 所示。页面板块分区如下。

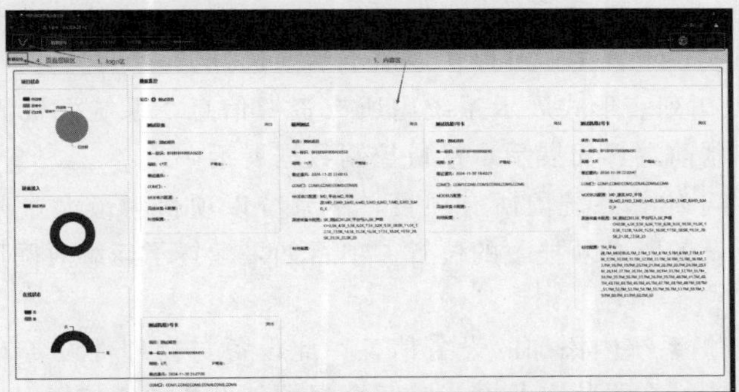

图 10.4.2 系统首页

① logo 区。本系统 logo 展示。

② 菜单导航区。当前用户所拥有的菜单权限，对应系统内不同业务功能展示。

③ 登录信息区。当前用户信息，包括头像、名称以及登出功能操作。

④ 页面层级区。展示当前页面所在页面板块的层级，也称为快捷导航区。

⑤ 内容区。业务功能展示。

如图 10.4.3 所示，本模块用于系统的基础功能维护以及个人账户数据维护。

① 个人资料。左侧展示当前用户的基本信息，包括头像、账户、名称、性别等基础资料，也可以快速查看当前用户关联的角色以及项目。同时界面提供修改头像、基本信息、密码等功能。右侧显示当前用户在平台内的所有登录历史，可以快速查看是否有账户泄漏风险。

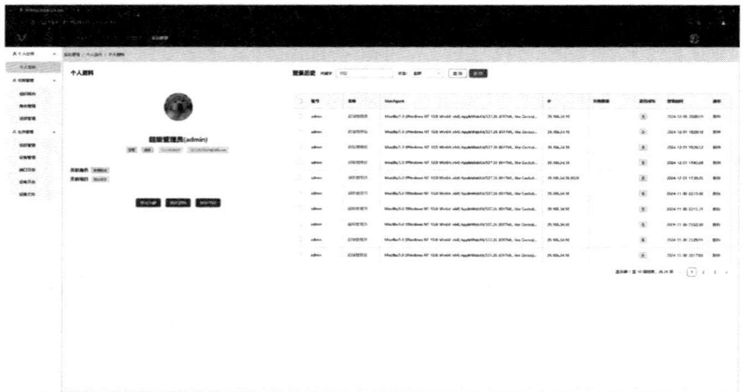

图 10.4.3　系统管理

② 组织架构。左侧展示当前系统内维护的组织架构信息，以公司为根节点，点击一个节点，右侧会展示关联了当前节点以及所有递归子节点的用户信息。右侧展示用户列表信息，包含用户基础信息展示以及对应操作（修改，修改基础资料信息，并配置角色、项目权限；重置，重置此用户登录密码；锁定/解锁；即设置此用户是否可以登录系统；删除，即删除此用户所有权限及操作记录）。筛选功能可以按条件过滤用户信息，以便快速查找对应用户。操作区按钮可以添加用户或批量删除用户。

③ 角色管理。左侧展示系统内维护的角色信息。通过授权按钮，在右侧配置此角色的菜单权限及接口权限，在配置后需要点击保存按钮。右侧展示系统内维护的菜单资源及接口资源，为级联选择形式，重置按钮可以快速清空当前选择。

④ 资源管理。以树列表形式展示系统内所有资源信息，系统把资源分为菜单资源及接口资源，菜单资源控制前端界面展示，接口控制数据展示。

⑤ 项目管理。用于维护系统内所有项目，本系统以项目为最大业务力度，同时也是用户数据隔离的基础及设备所必须挂载的位置。项目如果配置了运维时间区间，系统会自动计算修改项目状态。

⑥ 设备管理。维护系统内添加的设备信息，此设备与物理件设备对应，其中的唯一标识用于区分不同的设备。在线状态及同步时间会根据与设备的通信情况由系统自行处理。周期会根据设备添加的时间开始累计，以天为单位，计算出设备运行的总时长。

⑦ 接口日志。记录了系统内所有用户操作本系统的动作，通过接口位置及操作类型可以有效关注到用户的危险操作，用于问题溯源。同时，接口耗时以及结果可以用于判定接口是否存在 bug 或性能问题。此功能只记录添加、修改、删除等影响系统运行的操作。

⑧ 设备日志。记录了系统与硬件通信的全部交互数据，通过方向判定是由系统发给设备或由设备发给系统，通过数据内容快速查看双方交互是否正确、符合规范。

⑨ 设备文件。记录了设备放往系统的全部采集到的业务文件，同时可以下载对应记录的文件来做其他线下操作。

如图 10.4.4 所示，告警模块记录了系统运行、与设备交互或设备主动上报的各类异常告警信息，同时提供一套告警处理业务流程逻辑。及时发现及消除告警是系统运维的重要工作。

其中，设备离线告警在设备于一定时间内没有与系统通信的情况下产生，在设备与系统正常通信后，告警会由系统自行处理。

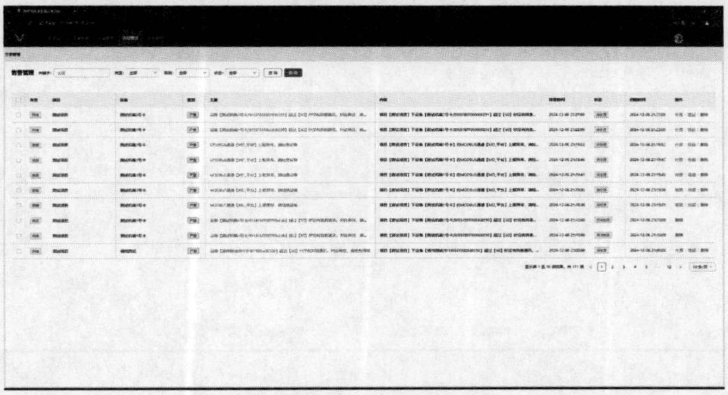

图 10.4.4　告警管理

任何告警均会通过 websocket 实时推送到前端，并在界面右下角弹窗显示，以便快速发现并处理。

如图 10.4.5 所示，设备管理模块用于展示设备基础信息以及配置信息，此模块功能提供系统与设备的双向同步功能，以同步目标方数据作为最新信息展示及所应用信息。此功能配置需要同步给设备才可正常使用，各项配置如下。

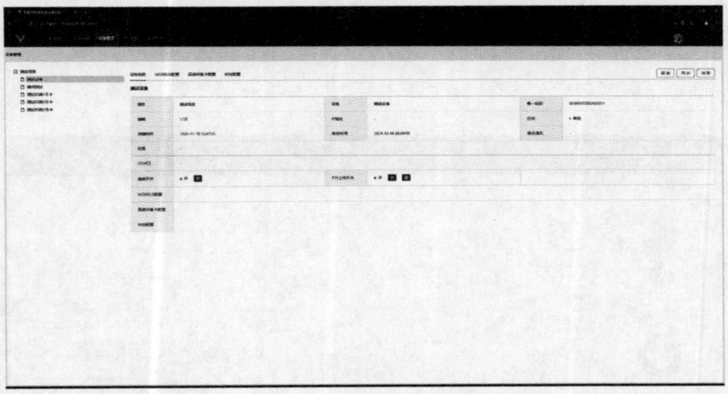

图 10.4.5　设备管理

① 设备配置。可以同步设备侧配置信息，也可以通过页面开关控制系统是否接收设备数据。

② MODBUS 配置。按设备侧业务配置。

③ 高速采集卡配置。按设备侧业务配置。

④ 时控配置。按设备侧业务配置。

如图 10.4.6 所示，此功能模块通过从设备侧获取的数据作为业务功能展示，主要分为两块：MODBUS、高速采集卡。需要先选择左侧对应的设备后，右侧功能才能正常使用。此功能区图表需要加载大量业务数据展示，存在一定的性能需求，建议打开浏览器硬件加速功能，以避免使用 CPU 资源绘制导致的卡顿，图表支持鼠标滚动来切换显示区域，小范围的区域可以得到更快的渲染速度。同时图表数据可以按需导出成 .csv 或 .excel 文件（高速采集卡还可以直接下载源文件）。

图 10.4.6 设备数据

① MODBUS。通过日期区间展示此时间段内系统获取到的设备 MODBUS 数据。可以通过点击图表上不同维度来减少或增加显示内容。

② 高速采集卡。此功能由于需要读取设备上传的大文件解析并展示，接口响应有 1～5s 的延迟。

此模块的使用流程为：选择对应的高速采集卡配置→选择日期→选择文件→查询。

如图 10.4.7 所示，数据监控模块主要展示系统内业务数据的概览，即设备及项目的数据统计分析及展示。

① 左侧。以统计图表形式展示项目及设备状态。

② 右侧。以项目→设备层级展示设备的基础信息。

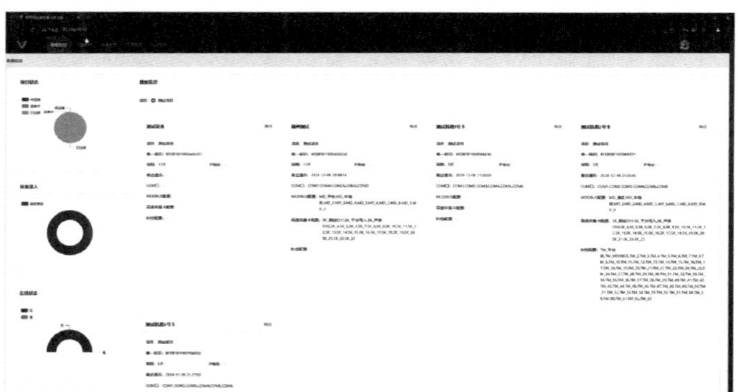

图 10.4.7 数据监控

第11章

机械设备故障智能诊断系统

本章将数字孪生技术、云计算技术、边缘计算技术、信号处理技术、深度学习、预测式维护等最新理论与方法系统地引入到机械设备故障预测维护与故障诊断系统中，以智能传感技术、模型仿真技术、特征提取技术、缺陷探测与分离、故障辨识、知识发现与运维等关键共性技术为突破口来解决设备在运转过程中存在的可预测性潜在故障，实现设备的智能故障诊断和预测式维护。本章以旋转机械设备为研究对象，建立机械设备故障智能预警及诊断技术开发和应用。通过信号处理技术、深度学习技术以及预测式维护等最新理论系统地解决设备的预测维护和故障诊断问题，从理念和方法上对现有设备智能维护和故障诊断进行全新拓展。

11.1 信号处理故障诊断系统

旋转机械实时监控、故障诊断与预诊维护系统旨在提供一个操作简便的能够实现旋转机械设备运行状态实时监控、设备故障精确诊断和设备预诊维护管理的操作平台，以便提供给用户更加直观的人机交互界面，使得即便是没有故障诊断专业知识的一般工作人员也可以对系统进行操作，从而实现对设备的维护管理，降低因设备故障而引起的一系列重大损失及对经济及人身安全的影响。软件系统总体功能模块由设备故障诊断与预诊维护模块、设备运行监控模块、数据库操作模块和数据采集与管理模块组成。其功能模块划分如图 11.1.1 所示。

11.1.1 设备故障诊断与预诊维护模块

系统主要对旋转机械运行状况进行监控与分析，实现对旋转机械进行实时状态监测、健康状况评估、剩余寿命预测和故障预诊维护的目的。此模块主要包含 4 部分：信号分析处理、特征选择提取、性能退化评估和剩余寿命预测。其中信号分析处理和特征选择提取主要依赖于故障诊断工具箱 ToolBox 中的故障诊断领域基础算法理论的应用，将这些基础算法用 C＋＋语言编写成需要的函数方法并以类的形式进行封装，当对数据进行处理时只需调用相应的类函数即可获得数据处理结果。

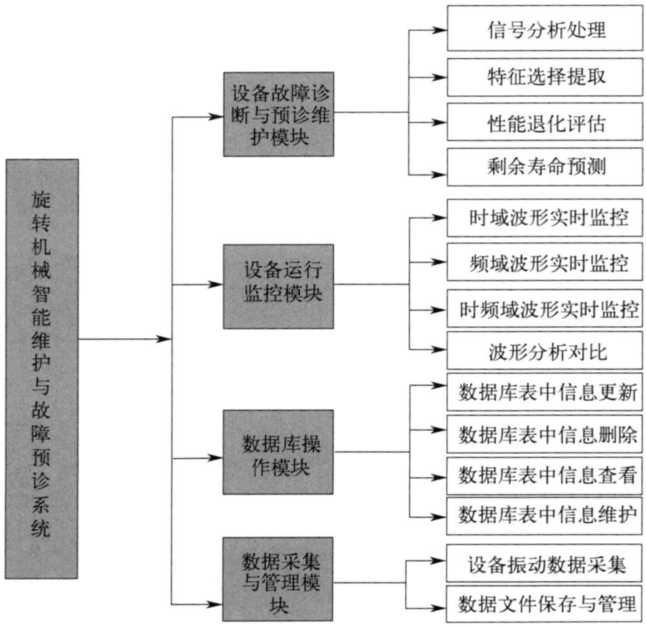

图 11.1.1　系统功能模块示意图

11.1.2　数据库操作模块

此模块主要存储采集信号的文件位置信息、设备信息、用户信息、维护和故障管理信息等数据，针对数据库系统操作的人员主要包含系统管理者、设备拥有者和设备维护人员。存储的数据主要包括系统相关信息、用户信息、设备相关信息、传感器采集数据信息等。系统管理员主要对设备和用户的静态属性数据进行管理，设备用户可以实时监控和查询设备的状态参数、查看故障信息和维护计划执行过程，维护人员主要对设备进行监控、管理、查询和维护。其数据库操作流程如图 11.1.2 所示。

11.1.3　数据采集与管理模块

此模块主要实现设备实时数据的采集与存储，制定文件管理方式，实现状态参数数据文件的统一管理，将文件路径保存于数据库中以便用于数据的后续处理。其中，数据采集模块为数据库操作模块、设备故障诊断与预诊维护模块、设备运行监控模块提供数据支撑，采用 LabVIEW（Laboratory Virtual Instrument Engineering Workbench）这种图形化编辑语言编写模块代码程序。LabVIEW 利用一种全新的图形式编程方法而非传统的基于文本语言的方法进行程序流程的编写，LabVIEW 按照框图节点间数据流方向采用数据流编程形式确定 VI（虚拟仪器）的执行顺序和功能，而在利用 VI 建立图形化界面的编程过程中也是充满乐趣的。LabVIEW 综合满足了硬件通信的相关协议和利用数据采集卡进行通信的所有功能，利用内嵌的函数库可方便地实现数据采集、串行控制、数据分析、数据显示和数据存储等功能，是一个功能强大且应用灵活的软件。因此，LabVIEW 可方便地应用到振动信号采集系统的开发当中。作为全新的开发式程序语言，它学习起来较为容易，程序开发周期较短，符合本软件对数据采集与管理模块的设计要求。

数据采集系统采集来的数据，将通过数据管理操作将文件路径、文件建立时间、文件所属设备编号、传感器位置等信息存储到数据库相应表中，以便于后续数据处理与数据查询。另外，此模块还可对存储的数据文件进行维护管理，实现数据文件的检索、查看和删除功能。

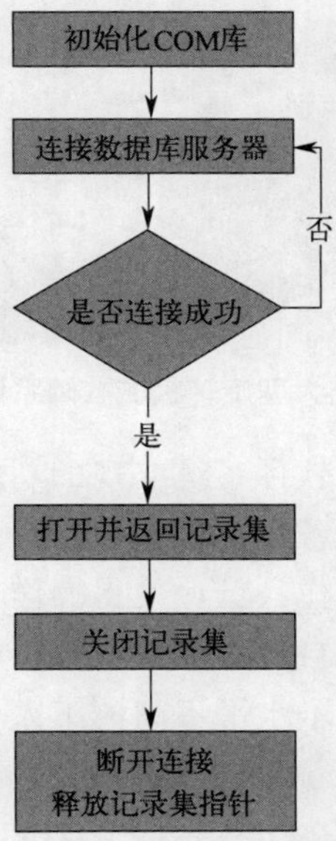

图 11.1.2　数据库操作流程图

11.1.4　设备运行状态监控模块

此模块采用面向对象的 C＋＋语言进行编写，并利用第三方画图控件 TeeChart 完成图像波形的绘制与显示。TeeChart[1] 是能够支持多类型开发系统平台的图表制作组件群，能满足 VS（Visual Studio）、C＋＋、VS. NET 和 ASP 等系统平台的开发需要。TeeChart 通过多年与客户的互动交流建立起了方便用户操作的产品特征集，所以 TeeChart 不仅是一个功能强大的图表控件，它还可以提供非常高效、直观的、易于二次开发的编程接口。并且，在图表领域，TeeChart 的实时绘图、三维显示、立体建模等功能与其他绘图工具相比更具有无可比拟的优越性。通过调用其所提供的大量封装函数即可完成例如伯德图、三维瀑布图、转速谱图、单多值棒图等复杂图形的绘制，大量减少了图形绘制开发所需要的时间，减少了开发周期与开发人员的工作量。并且，通过这个控件所绘制的图形，实时显示性能更加良好，图形表达更加直观准确，操作人员通过观察设备运行数据的实时波形就可以对设备状态进行监测。因此，此模块采用 TeeChart 控件完成实时数据、历史数据时域及频域波形图的显示符合技术要求。

11.1.5 页面设计

大型旋转机械故障诊断系统主控界面如图 11.1.3 所示，通过此界面可以使用户了解软件总体功能分布，左侧的树形视图能够响应用户的操作，并能根据数据库中的信息对树形视图进行更新，当用户点击视图界面的某一功能项时，即可显示相应的分析界面。

图 11.1.3 大型旋转机械故障系统主控界面

从主控界面可以看到，该上位机软件系统实现的功能主要有数据通信，系统监测，转子故障诊断、报表生成，报警诊断，设备事件记录等。图形化的操作界面，以更加明了直观的方式将设备的实时运行状态展现给操作人员，使得操作更加简便，无需特定状态监测方面的专家对系统进行维护与监测，系统可自行生成设备运行状态报表。依据报表，生产操作人员可对设备进行维护与检修，即使是技术水平不高的工人也可应用此软件对设备进行监测。

11.2 基于 Python/PyQt5 的故障诊断系统

本节从故障诊断系统的整体设计出发，根据最新的开发技术进展，选定工具箱的工作环境——Python，然后对系统的整体框架和结构做出分析，确定系统需要实现的功能以及基本的界面优化需求。在完成系统的整体设计之后，分模块设计需要实现的故障诊断算法，并在每个模块完成之后加以仿真案例进行测试，确保工具箱功能的准确性。本节将主要对系统的工作环境、设计需求、基本结构、实现功能和界面设计五个部分进行介绍，详细地阐述整个系统设计和实现过程。

11.2.1 故障诊断工具箱工作环境

Python 是一类高效的面向对象的编程语言，提供了非常丰富的库函数且具有非常强大的数据和图像处理能力，其代码简单且移植性高，能够满足目前绝大多数的工程需要[2]。因此，Python 凭借其自身优势在各种应用编程软件中获得了大量工程人员的青睐，特别是人工智能的兴起也大大推广了 Python 的使用。

Python 的 GUI 工具非常丰富，比较常见的工具有 Tkinter、PyGtk 以及 PyQt 等等[3]。Python 内置的标准 GUI 设计工具就是 Tkinter，由于其不需要额外下载配置、不存在配置不兼容问题，因此操作简单易上手，适用于 Unix、Windows、Mac 系统，但是由于该工具箱中组件功能较少，因此在实际应用中适用于设计较简单的界面，Python 中被称为“开放式图形库”的界面设计工具是 OpenGL，它是用来绘制 2D 以及 3D 矢量图形的一个跨语言、跨平台的应用程序接口（application programming interface，API），其内部含有大量的函数调用。PyGtk 是用 C 和 Python 编写的 GUI 工具包，主要由四个库组成：用于结构布局和设计的库 Pango、基础核心库 Glib、提供可访问性函数的库 ATK 以及用于绘制 2D 图像的库 Cairo。PyQt 是 Phil Thompson 开发的一款将 Python 语言和 Qt 库结合起来的 GUI 工具。Qt 是一个可以跨平台的 C＋＋开发库，包含了大量的库函数，除了应用于图形界面开发之外，还能够实现访问数据库、处理图像和音频视频、多线程等功能[4]。PyQt 实质上是一个 Python 的模块集，它有超过三百个类模块、六千多个可调用函数，在实现的过程中几乎保持了 Qt 全部的 API，因此其本质还是 Qt。PyQt 的界面设计与业务代码隔离稳定性高，可以实现可视化设计[5]；界面设计可以采用 Qt Designer 拖拽不同的组件完成，然后通过 PyUIC 将界面组件 ui 文件自动编译为 . python 文件，无需通过大量的代码编译界面布局的优势就大大降低了初学者门槛；采用网格布局的方式，将复杂的设计简化；使用信号和槽机制实现窗口变量参数的传递，在编程过程中只需要将功能子函数进行函数封装，与界面组件建立信号槽联系，即可实现点击界面某一组件触发关联子函数就可以得到对应结果的功能。PyQt 的功能很强大，可用于复杂度较高、美观性要求较高的界面设计，但是由于其功能丰富，其学习难度也比较大。然而，PyQt 的这些优势还是大大提高了其在工程中的应用，且随着版本的不断更新，目前最新版本 PyQt5 能够更好地适用于 Python3。

综上所述，本节选择采用 Python/Pycharm 的编程平台，使用 PyQt5 作为 GUI 设计平台，设计实现故障诊断的工具箱。

11. 2. 2　故障诊断工具箱设计需求

本章中对故障诊断工具箱的设计需要满足以下几个基本需求。

（1）应用性功能

按照目前国内外学者的讨论，将故障诊断分为故障检测、故障隔离和故障估计三部分[6]。故障检测主要用于检测故障是否发生，通常可以采用设计合理的阈值对系统某一状态量进行限定，当超出阈值时则可以判断系统出现故障。故障隔离主要用于确定某一状态变量发生了异常，从而确定系统发生故障的具体位置，现有文献中的鲁棒观测器得到了广泛的应用，主要是通过生成残差方程对残差进行分析以确定某一残差与故障之间存在的逻辑关系，对照残差故障逻辑表可以得到故障位置。故障估计用于将故障具体大小数据进行估计，目前最为流行的方法是通过增广矩阵采用区间估计的方法获得故障大小。一般地，当判断系统中发生了故障、确定了故障的具体位置之后就可以对系统进行维修，此时故障的具体大小在工程应用的价值相较之下重要性稍弱了一些。鉴于故障诊断在实际工程的应用中更加侧重于故障检测和隔离，因此本节设计的故障诊断工具箱主要实现检测和隔离的功能。除此之外，本工具箱采用三种不同的诊断方法。由于不同的算法往往会得到不同的检测结果，采用多种算法，不仅能够验证本工具箱的正确性，同时也能够对不同方法所得到的效果进行比较和分析。

（2）可视化功能

在故障诊断过程中，涉及原始数据的输入、故障诊断算法选择以及故障诊断结果显示。由此，本工具箱需要实现对原始数据处理后的图像显示、算法选择以及故障诊断结果的可视化。

11.2.3 故障诊断工具箱基本结构及体系

根据设计需求，本节中工具箱的整体架构可以分为数据加载、数据处理以及结果显示三个方面。使用者通过界面指令能够选择自定义数据加载到工作区，数据加载到工具箱之后，通过内置算法对数据进行处理和分析得到结果，然后通过界面显示并同时给出相关的结论。

通过上述分析可以按照功能性要求将工具箱的基本结构分为四个模块，即数据加载模块、数据预处理模块、故障诊断算法设计与实现模块以及结果显示模块。其中，数据加载模块可以一分为二，包括无故障数据以及待检测数据导入模块，而无故障数据除了可用于测试工具箱的准确性也可以作为数据驱动的故障诊断算法的训练集。数据预处理模块就是对原始数据进行标准化处理，避免由数据量纲不同而导致的计算复杂。故障诊断算法设计与实现模块主要实现算法选择和参数选择两部分功能，此处可以通过下拉框或者单选按钮组等组件来增加使用者对界面的可操作性。结果显示模块对经过相关算法计算之后得到的结果进行可视化处理。工具箱的具体结构如图 11.2.1 所示。

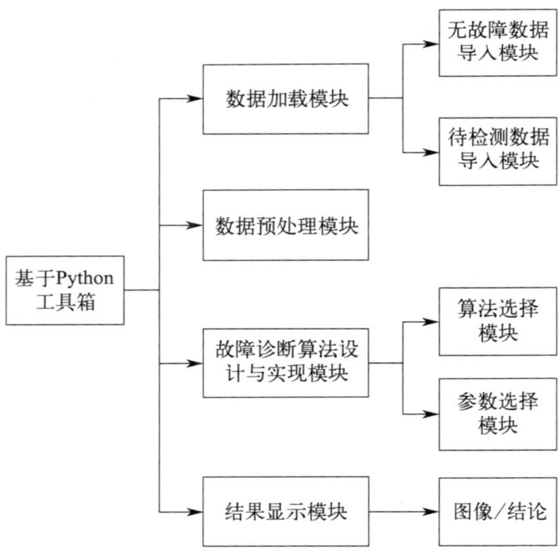

图 11.2.1 工具箱设计结构图

11.2.4 故障诊断工具箱基本功能

结合上文中的设计需求与工具箱的基本结构，可以进一步完成关于工具箱的功能描述。工具箱基本功能如图 11.2.2 所示，鉴于当前故障诊断应用性最为广泛的算法主要是基于数据和模型的方法，因此本系统中采纳了基于数据的诊断算法和基于模型的诊断算法。

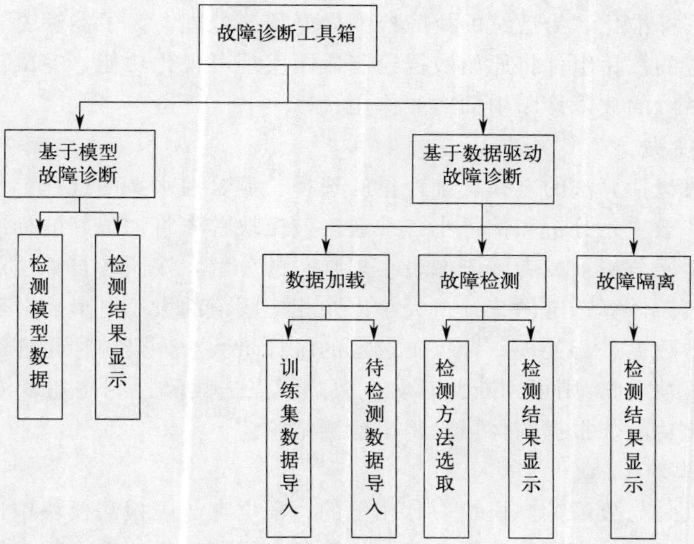

图 11.2.2　工具箱基本功能

基于模型的故障诊断方法中，内部算法按照卡尔曼滤波方法建立模型，然后向工具箱中输入实际测量数据（一般可以直接采用传感器采集数据），然后对实际测量数据施行故障检测以及故障隔离的功能。步骤如下。

① 检测模型数据输入。通过传感器或者其他设备采集数据，将样本数据上传到上位机，一般的传感器采集的数据保存为 .txt 格式文件，读取 .txt 文件中的数据。并将样本数据中不同的观测变量分别命名以区别开来，然后将处理后的样本数据通过 Python 中的读取函数将传感器数据加载到工作区。为了更好地对原始数据进行分析，设置相应的下拉菜单或者是组合按钮等组件将需要显示的某一种传感器数据绘制成图，实现可视化功能。

② 检测结果显示。首先，按照预先设置的卡尔曼的滤波模型采用传感器测量的样本数据计算出各个状态变量的行为轨迹，从而实现基于卡尔曼滤波的状态估计。然后，将状态变量的预定行为轨迹和通过卡尔曼滤波估计得到的状态轨迹绘制到同一副图像之中，通过比较可以得到预设卡尔曼滤波模型的估计效果。除此之外，在利用卡尔曼滤波进行状态估计的同时，内置算法也设置了残差矩阵进行故障检测，并根据 3σ 原则设置合适的阈值。当系统没有发生故障时，残差信号是接近于零的；当系统中某一部件发生故障，残差信号将不再收敛于零且会超出所设阈值。如果传感器发生故障，那么利用卡尔曼滤波得到的状态估计就是不准确的，必然与预定轨迹出现很大的偏差，此时的残差信号必然不会无限趋近于零，而是超过 3σ 阈值，此时即判断系统发生故障。最后，设置相关的按钮组件，建立信号与槽关联将检测结果直接在界面显示出来。

基于数据的故障诊断方法包括数据加载模块、故障检测模块和故障隔离模块。

① 数据加载模块

数据加载模块是实现故障诊断的第一步。通过数据加载模块，将传感器或者其他设备测量得到的数据给予相应的变量名并加载到工作环境中，基于数据故障诊断中涉及的训练集和测试集两部分进行加载。训练集中包含的是无故障正常数据，测试集中则包含了故障信息，数据加载模块能够分别实现训练集和测试集的加载。为了提高故障检测的检测性能，在将数据加载到工作区之后，添加数据预处理功能以消除变量自身变化、数值大小以及量纲不同的影响，也即将数据标准化，为后续的故障检测做好预备处理。为了能够更直观地表示这些初始数据，设置相应的按钮组件将原始数据绘制成图实现可视化功能，完成对原始数据的初步分析，也方便在后续的故障诊断中的对照作用。

② 故障检测模块

故障检测模块包括算法的选择、统计量的选择、显著性水平的选择。基于数据的故障诊断方法主要包括基于主元分析和偏最小二乘法。该模块首先将加载好的标准化后的训练集样本数据进行基于主元分析（或者基于偏最小二乘）的分解，按照各自算法的要求自动生成合适的主元数目，然后计算选定的统计量大小以及相应阈值的大小，最后对已经加载好的标准化后的测试集样本数据进行处理，计算出选定的统计量大小，当统计量连续性大于阈值（为了避免出现虚报警情况），则可判断此时发生故障。点击故障检测按钮，绘制相应的故障检测图像实现可视化功能，根据图像可以得出检测结论。

③ 故障隔离模块

故障隔离模块是与故障检测模块一脉相承的。根据在故障检测模块中选定的检测方法以及相应统计量，根据贡献率图的计算方式，计算各个观测变量的总贡献，绘制贡献率图。点击故障隔离按钮，绘制相应的故障隔离贡献图以实现可视化功能。根据计算所得贡献率可以推断出现故障的观测变量为哪一个，进而得到故障信号。

11.2.5 故障诊断工具箱界面设计

根据对工具箱基本结构模块和基本功能的表述，对工具箱的界面做出设计。本节在 Python 的平台上通过 PyQt5 实现 GUI 的设计，完成基于数据的和模型的故障诊断工具箱设计。使用者只需要通过界面上的菜单选项和不同的按钮组件选择需要加载的数据集、输入相应的参数或者选择不同的诊断算法，即可实现针对特定系统的故障诊断功能。最后结合 Python 中强大的绘图功能，实现故障诊断结果的可视化。

如图 11.2.3 所示，Qt Designer 平台左侧工具栏中包含了大量的常用组件（包括容器组件和非容器组件），右侧工具栏中分别是对象查看器以及各个组件的属性编辑器。拖拽组件按钮、下拉框、垂直布局方式、文字编辑器、窗口容器到中间空白处即可实现界面布局的任务。

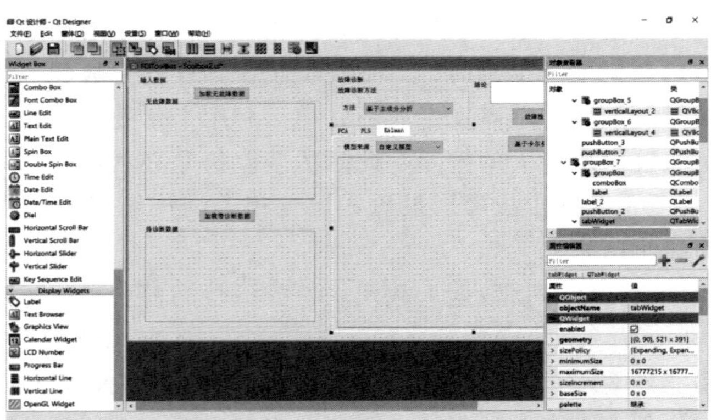

图 11.2.3 Qt Designer 编辑器界面

利用 PyUIC 工具包，将 Qt Designer 中实现的界面布局转换为具体 Python 代码，最终界面如图 11.2.4 所示。

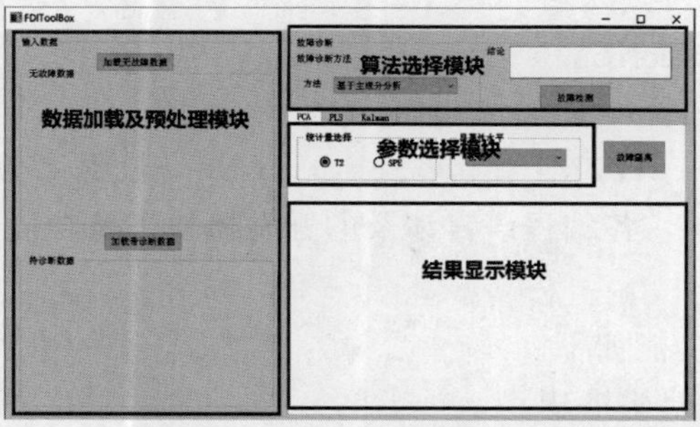

图 11.2.4　GUI 设计界面

采用信号与槽机制将界面中的具体按钮与故障诊断算法子函数进行联动，“信号”就是当前界面上组件发生的动作，“槽”就是动作发生后需要调用的子函数，界面上每一个组件都可以设置与之相对应的“槽”。例如，当按下“加载无故障数据”按钮时，该按钮会产生一个信号，该信号会发送到其事先设定的“槽”内，即打开文件的函数 selectedFiles（），该函数可以打开任意一个文件，通过函数 load（）即可实现数据加载。

11.3　基于 Python/Flask 的故障诊断系统

基于 Python/Flask 的故障诊断系统融合了目前各种先进的信息智能分析算法，以工具箱的方式，采用了一种开放的、模块化的结构实现振动信号等各种分析处理，采用 Python 编程语言，满足不同平台（包括 Windows、Linux）需求。系统对各种装备运作过程的振动情况实施监控与故障诊断，对装备工作状态下关键部件的振动数据进行实时采集，结合信号处理技术与深度学习技术对冗余的数据进行清洗、降维与多层特征提取，建立实时异常振动检测模型、缺陷识别与故障诊断模型，实现缺陷早期预示，能够及时发现异常值，并对装备进行诊断与维修。系统主要融合了目前各种先进的信号处理算法，人工智能算法以及振动机理算法，采用全 Python 语言，以 B/S（browser/server）模式，通过前端与后端集成开发，采用开放的、模块化、多层架构的设计思想实现故障诊断与健康预测。

11.3.1　软件运行环境

① 软件环境。Microsoft Windows XP 以上版本的操作系统，包括各类 Linux 操作系统，IE7.0 及以上版本浏览器，推荐使用 Microsoft Edge 以及 Chrome 等 IE 内核浏览器，或 360 极速浏览器兼容模式进行访问。

② 硬件环境。个人 PC 机，Intel i3 及以上的 CPU，8G 以上的 RAM，装载对应驱动的独立显卡/集成显卡。

11.3.2　编程语言版本

源程序均基于 Microsoft Visual Studio Code 1.70.0（User Setup）平台开发，详细信息如下。

· Electron：18.3.5

· Chromium：100.0.4896.160

· Node.js：16.13.2

· V8：10.0.139.17-electron.0

· OS：Windows_NT x64 10.0.19043

编程语言涉及 Python、HTML、JavaScript、CSS，数据库采用 MongoDB，数据库连接涉及 MongoDB 查询语句，各编程语言涉及的开发模块以及功能如下。

（1）Python

主要负责后端开发，功能如下。

① Flask 轻量级 Web 架构搭建。

② 后端自动化处理脚本编写及运行（自动数据读取、自动指标计算、自动预警、自动事件、数据备份、数据库操作等）。

③ 路由接收并调用各功能模块（基于控制图的实时监控，基于信号方法的故障预示、基于深度学习的健康预测）。

④ 后端事件日志采集（数据读写 log、事件触发 log）。

⑤ 深度学习算法编写（长短期记忆网络、自组织映射网络）、信号处理算法编写（高/带/低滤波、快速傅里叶变换，时域重采样等）。

（2）HTML

主要负责 Web 交互界面开发，功能如下。

① Web 界面的模块分区、层级以及框架构建。

② 交互控件应用。

（3）JavaScript

主要负责前端调控，共有约 10000 条语句，功能如下。

① Web 界面的实时动态变化、前端数据读取、传输，中间变量暂存。

② 路由发送端（http 请求发送）。

③ 后端返回数据接收端（http 请求返回）。

④ 前端事件日志采集。

（4）CSS

主要负责前端界面的样式设计，功能如下。

① Web 界面交互反馈。

② Web 界面主题美术设计。

11.3.3 软件设计

该系统为实现在变化工况下对大型装备关键部件智能监控、早期故障预示以及智能健康预测的 B/S 智能维护系统，构建以运行机理为基础、数据驱动为主线、智能预诊维护为核心的复杂生产环境下的智能监控与预测系统。该系统通过监控对象关键部件的智能感知与环境监测，对开放场景下大型生产设备（如锅炉用风机、通风换气风机、工业炉用风机）关键部件进行基于实时数据的智能监控、基于信号方法的早期故障预示以及基于深度学习的智能健康预测。

实现复杂作业环境（如异常温度、异常湿度、异常光照强度、异常噪声及异常辐射等恶劣条件）下完全代替人工方式的设备目视巡检及警示，可实现实时信号检测、基础数据管理、测试数据管理、训练数据管理、事件查询与传感控制、信号特征故障预示、自适应健康评估、智能故障诊断以及故障溯源等功能。

通过上述系统集成性功能可有效地对生产机械关键部件进行实时信号监测、历史数据管理以及基于既往数据的智能化建模分析，充分发挥深度学习方法的高鲁棒性与适应性，实现对生产机械关键部件的智能管控，为大型产线提供强有力的连续生产保障，实现全程智能监测与个性化健康预测，对提高生产机械自身设备的可靠度以及安全性意义重大。

11.3.4 系统软件架构设计

软件的架构即软件的体系结构，是具有一定形式的结构化元素，包括连接构件、数据构件和处理构件的集合。连接构件把体系结构的不同部分组合起来，数据构件是被加工的数据集，处理构件完成对数据的加工。逻辑清晰、结构清楚的软件体系结构划分有利于团队的开发效率，提高软件的稳定性，便于后期的维护和升级。

（1）系统软件架构设计

本系统采用 B/S 架构，服务器（Server）端软件采用 B/S 架构。作为 Web 兴起后的一种软件结构设计模式，B/S 架构使用浏览器的方式完成客户端的兼容统一，将系统负责的重要业务（包含处理后台、数据库、日志库、功能模块）放置在 Server 上，简化了系统的开发、维护，特别减少了系统软件的使用成本。近年来，Ajax 技术的兴起，给工业场景下基于 B/S 架构的工业软件系统提供了更加可靠高效的数据传输解决方案，催生了实用性更高，观赏性更强，延迟率更低的新一代工业化智能软件。

（2）多层软件架构

按照软件开发“高内聚、低耦合”的设计思想，结合系统感知层作业环境的特殊性及恶劣程度，软件系统采用多层架构设计方式，如图 11.3.1 所示。多层架构是从经典的三层架构，数据层、业务层、表示层发展而来。业务层负责软件的业务逻辑，承上启下，是系统的核心，一个软件的鲁棒性、灵活性、可维护性的好坏很大程度上由业务层决定。所以为了显示对业务层的重视，将业务层又拆分成数据访问层、业务规则层和业务外观层。多层的好处是能够使软件层次感更加清晰，内聚性更强，代码的可读性和可维护性更强。软件系统各层如下。

① 用户表现层。位于客户端直接与用户交互。在采用 B/S 结构的上位机软件中称之为前端，通过 HTML、CSS、JavaScript 等技术实现，主要需达到的指标是美观性和兼容性。

② 业务外观层。为表现层提供调用业务的接口，主要作用为将用户界面与各种业务隔离起来。

③ 业务规则层。现实功能需求用代码实现者。

④ 数据访问层。位于多层架构的底端，负责提供对数据库表进行插入、更新、选择、删除以及它们的组合操作的接口。

⑤ Web 服务层。它是系统内部沟通的桥梁。如系统质检人员需要获取设备测试信息，可通过系统服务器端数据库获取。

⑥ 框架层。凌驾于各个逻辑层之上并为各层提供通用功能服务，如设备管理、日志管理、异常中断等。

⑦ 实体层。是对现实世界实体的数据模型化表达。每一个实体与数据库的一张表对应，

作为一种数据格式在各层传递。

多层架构各逻辑层之间的设计尽量相互独立，这样业务的变动不会影响数据访问层、用户表现层、Web 服务层等其他层级，使软件的升级和维护更加便捷。同时，不同的层担负的功能不同，应采用不同的安全级防护，以提升系统防黑客攻击功能。

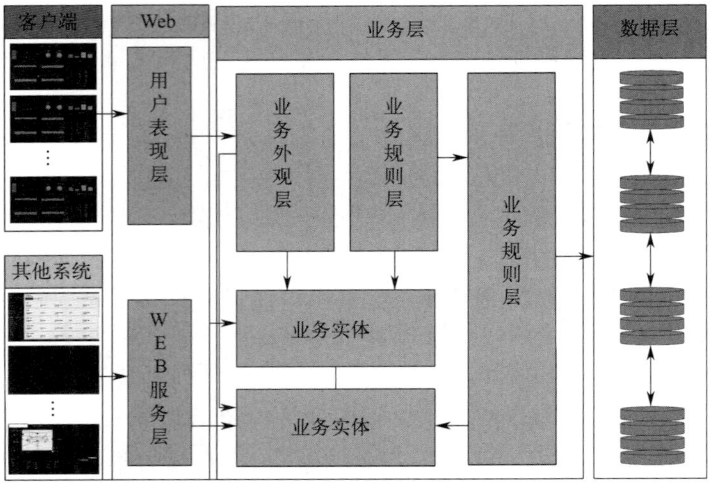

图 11.3.1　软件系统多层架构

（3）开发技术平台选择

系统开发平台选用 Python、HTML5、JavaScript、CSS 以及数据库操作语句并配备相应的开发调试工具。考虑深度学习驱动的机械设备关键部件监测与健康预测系统的适用场景多为工业生产及其他复杂恶劣作业场地，因此选择基于 Flask 轻量级 Web 框架对系统进行开发。

11.3.5　需求分析

设备状态监测与故障诊断系统要能为操作人员提供方便、快捷、可靠的技术支持，为企业的生产过程提供实时在线监测与故障诊断，并且提高企业生产过程的效率，节省企业成本。本系统的具体设计目标需求如下。

① 用户能够在主界面选择所要查看的部件，以及该部件所有实时传感信息，各部件对应的历史数据可以根据用户需求查询。

② 一旦发现生产过程中出现故障，系统提供报警指示并且给出故障诊断信息，操作人员可以通过故障诊断的信息对生产过程进行相应的调整。

③ 系统应具备较高的实时性，一旦生产过程出现故障情况，系统应能快速且准确地进行诊断，提供必要的故障诊断信息，使操作人员能让出现故障的生产过程尽快恢复正常。

④ 通过该故障诊断系统，企业的技术人员可以查询系统中的各种信息，包括生产过程的数据信息、故障信息、用户信息以及历史信息。

⑤ 系统应模块化并具备可拓展性。如果在特殊的情况下，出现了一种新的故障类型，系统无法找出此类故障或者在系统中的数据库无法找到此类故障，软件开发人员还可以根据

需求对此系统进行扩展和升级。

设备状态监测与故障诊断系统的功能需求如图 11.3.2 所示。

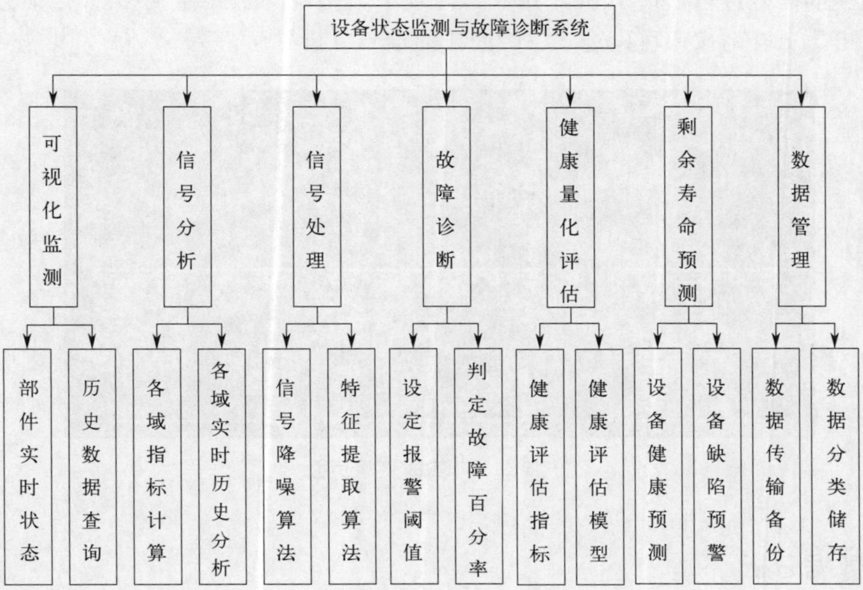

图 11.3.2 系统功能需求

11.3.6 系统页面

（1）系统首页

系统首页（图 11.3.3）显示设备整体运行情况与预警信息，可选择不同检测点查看实时信号波形，也可通过历史查询功能查看指定日期的信号波形，通过点击时域分析、时频域分析、健康评估、故障诊断按钮跳转至对应的功能界面。

图 11.3.3 系统首页

（2）实时查看页面

该界面（图 11.3.4）可以实时显示当前的设备振动波形、健康指标与时域的各指标情况，以对收集的信号进行实时分析，并依据现场采集情况与数据量的多少实现定时更新功能。通过点击历史查询按钮可以进入各时间段的信号分析界面。

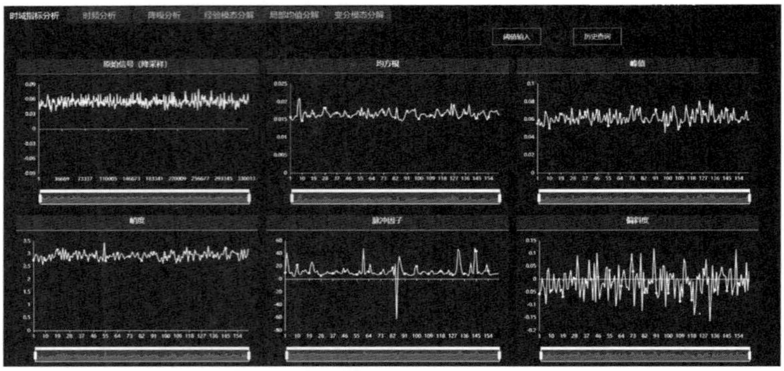

图 11.3.4　实时查看页面

11.3.7　数据分析

筛选出时域中对信号异常振幅变化较为敏感的 6 个指标：峭度、均方根、峰值、方根幅值、脉冲因子与偏斜度，根据所选时间段的振动信号，分别计算对应的六个指标的值，并通过所设的阈值判断设备是否处于异常振动状态。

（1）时频域整体结果界面

界面如图 11.3.5 所示。

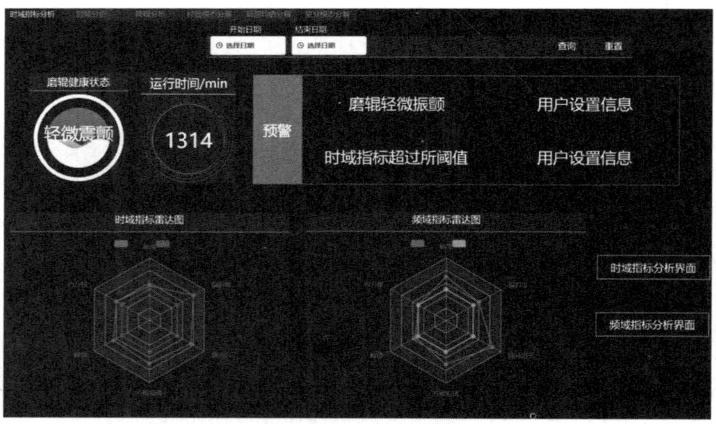

图 11.3.5　系统时频域整体结果界面

（2）具体时域指标分析

系统界面如图 11.3.6 所示。每个图示都可以实现放大缩小显示，鼠标移至任一点可提示对应数值。后续通过多组数据计算验证，可以依据这六个指标的有效程度进行加权，融合给出一个综合有效的指标，用于在首页直接判断设备所处的状态，并进行预警。

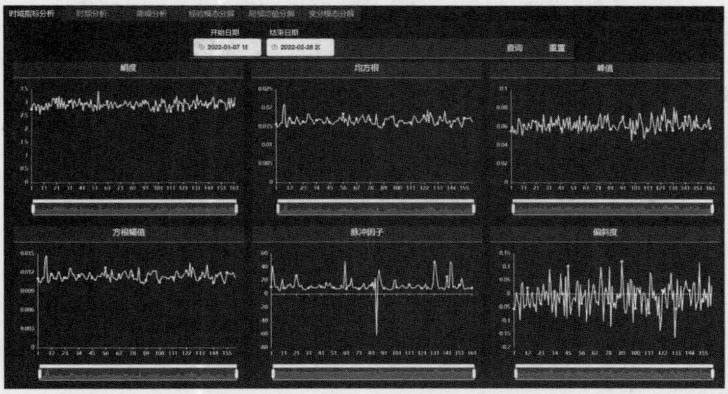

图 11.3.6　具体系统时域指标分析

（3）时频域分析界面

系统时频域分析界面如图 11.3.7 所示。可实现对设备振动信号的傅里叶变换频谱分析、包络谱分析以及时频分析功能，显示设备的原始振动信号。频谱与包络谱分析可以直接反映信号在频域中的特征信息以及变化情况，时频图可以同时分析信号频率、幅值随着时间的变化情况。

之后，通过对比设备健康状态与异常振动的多组振动信号，可以发现设备出现异常振动时频域中出现脉冲的位置，并针对异常频率段进行针对性的处理与放大显示。该界面辅助时域指标对设备状态实现进一步的判断，以分析其具体的异常振动频率。

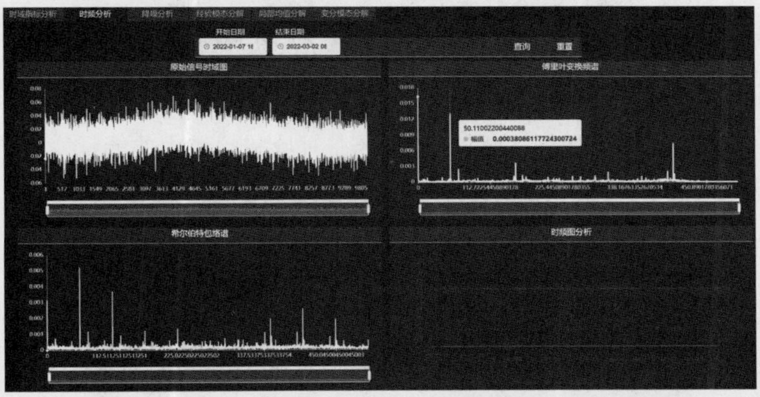

图 11.3.7　系统时频域分析界面

11.3.8　信号处理

通过降噪算法过滤设备原始振动信号中的噪声成分，并显示降噪后信号对应的频谱分析，能够减少信号中无关成分，突出能反映设备运行状态的周期性脉冲，使得时域图与频域图都更加清晰。

（1）降噪分析整体界面

系统降噪分析整体界面如图 11.3.8 所示。

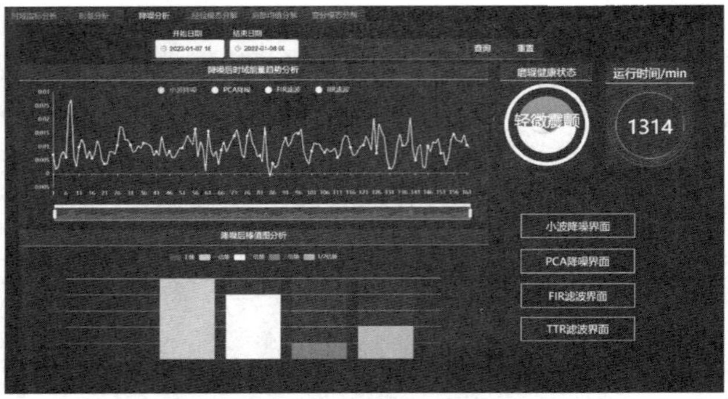

图 11.3.8　系统降噪分析整体界面

（2）各个具体算法界面

小波降噪与主成分分析降噪算法分析界面如图 11.3.9 所示。

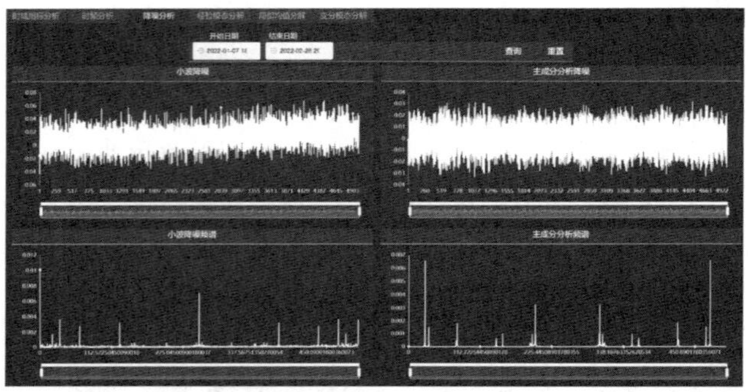

图 11.3.9　系统降噪算法分析界面

（3）降噪后能量变化趋势界面

对降噪后的信号进一步分析，分别显示信号在时域和频域中的能量变化趋势情况，依据能量趋势来判断设备振动情况。系统能量变化趋势界面如图 11.3.10 所示。

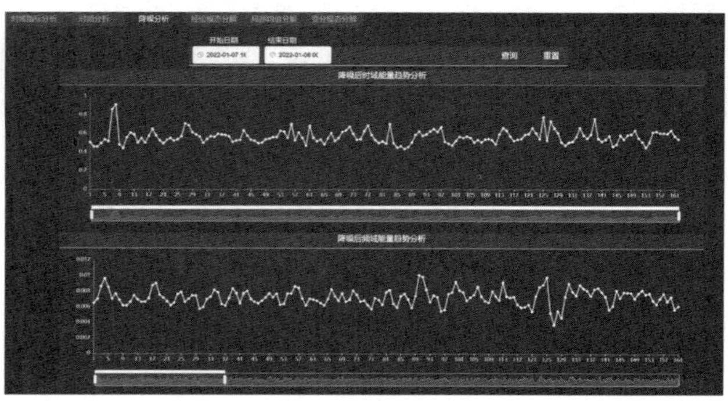

图 11.3.10　系统能量变化趋势界面

11.3.9　模型评估

模型评估界面可实现数据健康指标判别模型的训练与建立，依据健康指标可以有效区分设备振动异常与正常状态，通过正常工况数据进行训练，并根据其他工况的数据验证健康指标的有效性。异常状态的数据以红色显示，也可实现具体数据放大、缩小及查看功能。目前有Kmeans健康评估模型、自组织映射神经网络健康评估模型（SOM）、长短时记忆自编码器健康评估模型（LSTM-AE）与隐马尔可夫健康评估模型（HMM）、逻辑回归5种健康评估模型。

（1）Kmeans健康评估模型界面（图11.3.11）

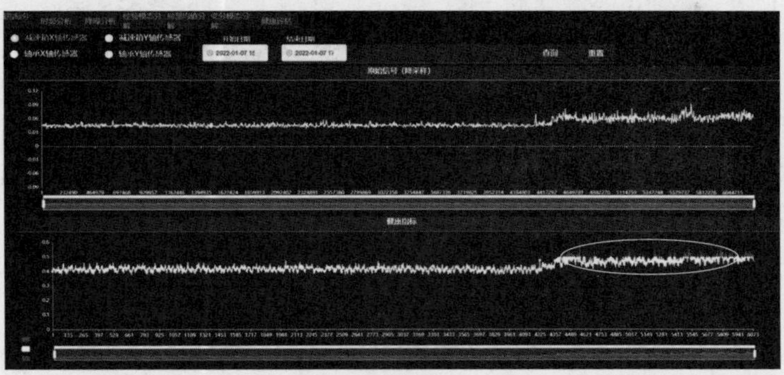

图11.3.11　Kmeans健康评估模型界面

（2）自组织映射神经网络健康评估模型（SOM）界面（图11.3.12）

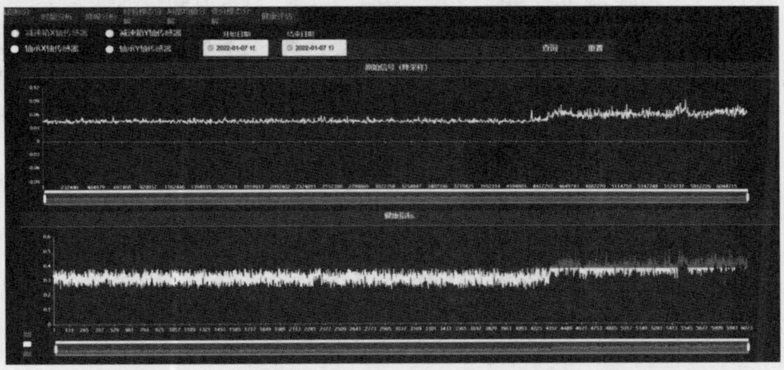

图11.3.12　自组织映射神经网络健康评估模型界面

（3）长短时记忆自编码器健康评估模型（LSTM-AE）界面（图11.3.13）

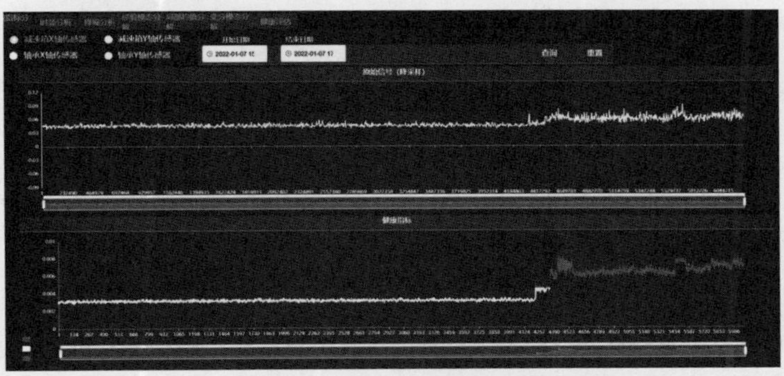

图11.3.13　长短时记忆自编码器健康评估模型界面

（4）隐马尔可夫健康评估模型（HMM）界面（图 11.3.14）

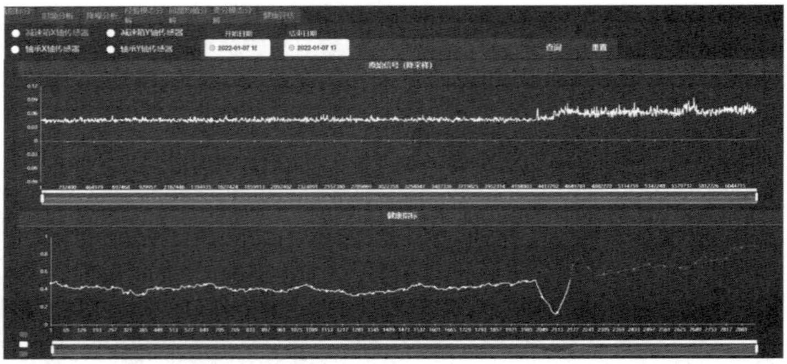

图 11.3.14　隐马尔可夫健康评估模型界面

（5）逻辑回归健康评估模型界面（图 11.3.15）

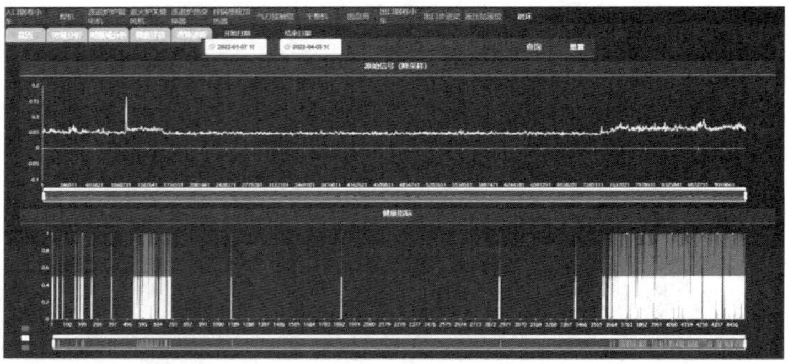

图 11.3.15　逻辑回归健康评估模型界面

11.4　本章小结

本章以实现旋转机械设备的实时状态监控、故障诊断与预诊维护为研究对象，对软件系统的数据采集与管理、运行状态实时监控、故障诊断管理与预诊维护计划管理等功能的实现进行了深入研究，应用故障诊断领域先进的算法理论开发出了一套完整的故障诊断系统，工作研究成果主要体现在以下几个方面。

① 建立了旋转机械设备故障诊断与预诊维护系统的总体框架，设计了多层系统软件的多层体系架构，并给出了数据库的设计方案，开发了数据库操作管理子系统模块；利用旋转机械设备故障诊断领域先进的算法理论对旋转机械的转子故障类型进行有效诊断，通过建立性能退化评估模型，在线分析设备运行过程中的状态参数信息，评估设备的性能衰退过程，为进一步制定维护计划提供重要的设备健康信息。

② 从工具箱设计的整体框架出发，对基于 Python 平台的故障诊断工具箱进行了详细的介绍。本章中设计实现的工具箱以 Python 作为工作环境，利用强大的 PyQt5 实现用户界面的设计；从功能性需求和展示性功能上对工具箱的设计需求进行分析；根据设计要求完成整体框架的搭建，将设计需求与工具箱的整体体系以及基本结构模块相结合，完成工具箱的功

能性设计，并完成工具箱的整体设计流程。

③ 通过一个 Python/Flask 技术开发的系统实例分析，对设备状态进行监测，用户能够在主界面选择所要查看的部件，一旦发现生产过程中出现故障，系统提供报警指示并且给出故障诊断信息，快速且准确地进行诊断，提供必要的故障诊断信息。操作人员可以通过故障诊断的信息对生产过程进行相应的调整。软件开发人员还可以根据需求对此系统进行扩展和升级。

参考文献

[1] 曲景辉 . TeeChart 应用技术详解：快速图表制作工具 [M]. 北京：中国水利水电出版社，2007.

[2] Slatkin B. Effective Python：编写高质量 Python 代码的 59 个有效方法 [M]. 北京：电子工业出版社，2016.

[3] Van Rossum G，Drake F L. PYTHON 2. 6 Reference Manual：(Python Documentation MANUAL Part 2) [J]. Python Software Foundation：Beaverton，OR，USA，2009.

[4] Blanchette J，Summerfield M. C++ GUI Qt 4 编程 [M]. 闫峰欣，曾泉人，张志强，等译 . 2 版 . 北京：电子工业出版社，2013.

[5] Rempt B. Python's PyQt Toolkit [J]. Dr. Dobb's Journal：Software Tools for the Professional Programmer，2001，26 (1)：88-91.

[6] 张文瀚，王振华，沈毅 . 线性系统传感器故障的区间估计 [J]. Control Theory & Applications/控制理论与应用，2019，35 (6)：923-930.

[7] Verma J G. Kumar S，Kankar P K. Crack growth modeling in spur gear tooth and its effect on mesh stiffness using extended finite element method [J]. Engineering Failure Analysis，2018，94：109-120.

[8] Sun Z，Zhao M. Short-term wind power forecasting based on VMD decomposition，ConvLSTM networks and error analysis [J]. Ieee Access，2020，8：134422-134434.

[9] B. Deng，W. Cui，Q. Zeng and C. Li，"Gear fault diagnosis based on Empirical Mode Decomposition and Signal diversity merging，" Computer Measurement & Control，2021.